JN443022

Statistical Thinking

제2판

통계적 사고

남궁평 박종선 허문열

博 英 社

제2판 머리말

통계학을 처음 공부하는 학생들에게 통계적인 개념에 대하여 생각하고 학습할 수 있도록 기존 통계학 입문서의 틀을 과감히 버리고 중요한 개념들을 설명하는 데 중점을 두고 만들어진 본서는 2005년 3월부터 3년 동안 성균관대학교 및 여러 대학의 학부 1학년 학생들을 대상으로 하는 기초교양과정의 강의에 사용되었다. 그동안의 강의를 통하여 강의를 수강하는 학생들과 강의를 담당하였던 강사들 및 저자들의 의견을 종합하여 많은 부분을 개정하고 수정하여 제 2 판을 출간하게 되었다.

제 2 판에서는

[1] 초판의 제 3 장에 포함되었던 정부 · 공공기관의 자료가 기본적인 통계적 개념들을 공부하는 데 많은 도움이 되지 않는 것으로 판단되어 삭제하였으며,

[2] 통계분석에 필요한 자료를 획득하는 방법에 대한 상세한 설명을 담고 있었던 제 4 장 표본조사와 제 5 장 실험설계를 뒷부분으로 이전하여 앞의 기본적인 개념들에 대한 학습을 한 후 더욱 심도 있게 학습할 수 있도록 하였다.

[3] 그 이외에 제 2~5 부에 포함된 내용들 중 이해하기 어렵게 기술된 부분들을 수정하고 설명이 부족한 부분들에 대하여는 이해에 도움이 될 수 있도록 상세한 설명을 추가하여,

통계적인 개념을 처음 학습하는 학생들이 명확하고 쉽게 개념을 배우고 이해할 수 있도록 하였다.

끝으로 제 2 판의 출간에 최선을 다해주신 박영사 여러분과 그동안의 강의를 통하여 초판의 여러 문제점을 개정하는 데 많은 도움을 주신 강사 여러분들 그리고 제 2 판의 개정에 좋은 의견을 준 성균관대학교 통계학과 대학원 학생들에게 감사드리며, 이 책이 어렵게 생각해 왔던 통계학의 기본적인 개념들을 쉽게 이해하는 데 도움이 될 수 있기를 바라는 바이다.

2008년 3월 17일

공 저 자

머 리 말

우리나라는 이제 고령화시대에 들어섰다고 한다. 언제부터 고령화가 시작되었고 이렇게 되면 무엇이 좋고 무엇이 문제인가? 젊은이 한 사람이 부양해야 할 부담이 얼마나 늘어나는가? 국가적으로 이를 위한 대비책은 무엇인가?

우리나라의 지방대학들이 학생이 부족하여 난리들이다. 이러한 문제는 앞으로 더 심화될 것인가? 아니면 일시적인 현상인가? 이를 위한 대비책은 무엇인가?

젊은이의 실업이 큰 사회적인 문제로 대두되고 있다. 실업률이 높아지면서 사회적 범죄가 증가할까? 부모의 지능이 높으면 자손의 지능도 높을까? 흡연을 하면 폐암으로 사망하는 비율이 높아지나? 이 TV 프로그램은 인기를 끌 것인가? 이번에 발표하는 신기술에 의한 제품은 시장에서 히트를 칠 것인가?

이 모든 문제를 대처해 나가는 기본은 모두 통계이다. 21세기 지식사회를 현명하게 대처해 나가는 데 통계가 가장 핵심적인 도구라는 것은 누구도 부정할 수 없는 사실이다. 그러나 통계학을 공부하는 것이 어렵다는 데 모든 사람이 다 한 의견이다. 통계학이 왜 어렵다고 느끼는 것일까? 혹자는 통계적 방법들이 모두 복잡한 수학으로 되어 있기 때문에 이것들을 이해하는 데 어려움이 있다고 한다. 그러나 저자가 그 동안 학교에서 가르치고 상담해 본 경험에 의하면 수학 때문이 아니라고 단언할 수 있다. 사실 교양과정 수준에서 배우는 통계학은 대부분 더하기, 빼기, 곱하기, 나누기 등의 4칙연산으로 이루어져 있다. 따라서 통계학이 어렵다는 것은 수학이 어려워서가 아니다. 문제는 통계적 개념이다. 통계는 평균과 표준편차에 기본을 두고 있으며, 통계적 개념은 여기서부터 출발한다. 그러면 평균과 표준편차의 공식만 알면 모든 문제는 해결되지 않겠는가? 문제는 여기에 있다.

통계학은 실제 문제를 해결하기 위해 존재하는 것이며, 각각 주어진 상황에 따라 문제의 조건이 달라지고, 해결하는 방법도 달라진다. 따라서 모든 문제에 일괄적으로 적용할 수 있는 방법이 존재하지 않는다. 혹자는 문제의 유형을 정리하여 놓고, 이 유형에 따라 적용할 수 있는 통계적 방법을 분류해 놓으면 되지 않겠느냐고 한다. 즉, 요리책과 같은 통계적 조리방법을 정리하면 된다는 얘기다. 그러나 요리는 먹고 싶은 것이 미리 정해져 있지만, 현실적인 문제는 미리 정해진 틀에서 나오는 것이 아니다. 따라서 평균과 표준편차의 개념이 문제마다 달라지고 이래서 통계가 어려워진다. 즉, 통계학은 방법을 공부하는 수학이 문제가 아니고 기본적인 개념이 문제다.

이 책은 어려운 통계를 쉽게 공부할 수 있는 마술의 책이 아니다. 이 책은 복잡한 통계적 방법을 공부하기 위한 것이 아니고 현실적인 다양한 문제를 예제로 제시하면서 통계적 개념을 공부하는 것을 목적으로 만들어졌다. 이러한 점에서 이 책은 기존의 통계학 입문서의 틀을 과감히 벗어버렸다. 기존의 통계학 교재는 통계적 방법들을 쉽게 설명하려고 노력하였다. 그러나 이 책은 통계적 개념을 설명하는 데 목적을 두고 작성하였다. 이 책이 저자들의 의도가 반영되어 독자들의 통계적 사고력을 기르는 데 도움이 되길 바란다.

2005년 2월 17일

공 저 자

차　　례

제 1 부　자료의 획득

제 2 부　데이터의 관리와 탐색

제 3 부　가능성과 확률

제 4 부　확률모형과 기댓값

제5부 추측과 검정

제 1 부

자료의 획득

제 1 장
자료는 어디로부터 오는가?

제 2 장
자료의 형태

통계연구에 있어 최우선적으로 중요한 질문은 "자료는 어디로부터 오느냐?"인데, 이 질문에 대한 해답의 열쇠는 관찰자료와 실험자료의 구별이다. 양질의 통계는 자료를 생산하기 위한 양질의 설계에 있다. 따라서 제 1 장에서는 자료의 집합에 의해 묘사되는 대상인 개체와 개체의 어떤 특성인 변수를 인식하고, 우리가 정보를 알고 싶어하는 대상들의 전체 집합인 모집단으로부터 일부를 조사하는 표본조사의 개념과 인구조사를 다룬다. 그리고 특정현상 또는 이들의 상호관계 등을 연구하는 실험을 다룬다.

제 2 장에서는 우리가 수집한 자료가 이산형 자료인가 연속형 자료인가를 구별하고, 척도의 유형별로 자료를 분류한다. 그리고 측정의 타당성과 신뢰성을 평가하는 방법을 다루고, 자료의 검색, 수정 및 갱신을 효율적으로 진행할 수 있도록 구조화시켜 놓은 데이터베이스를 기술한다.

제 1 장 자료는 어디로부터 오는가?

우리는 수식을 이해하지 못해도 신문을 읽거나 TV 뉴스를 보는 데 아무런 문제가 없다. 이렇게 수식이 생활과 무관하다고 생각하는 것은 이상한 일이 아니다. 왜냐하면 우리는 통계를 통해 수식없이 자료(data)를 이해할 수 있기 때문이다. 신문과 방송은 "지난달 실업률이 4.5%이고, 18~29세 연령은 항상 21%만이 투표하며, 65세 이상은 59%가 투표한다"고 보도를 한다. 또한, 과거 신문기사에서는 양질의 보호를 받는 저소득층 아이들이 다른 또래의 아이들보다 작년 대학시험에서 더 나은 점수를 얻었고, 대학 진학률이 높았으며 좋은 직업을 갖는다고 보도를 하였다.

그러면 이러한 자료는 어디로부터 오는가? 우리는 이러한 자료를 신뢰할 수 있을까? 또는 신뢰할 수 없을까? 이와 같이 좋은 자료는 지적인 인간 노력의 소산이며, 나쁜 자료는 게으름이나 이해결핍의 결과이다. "자료는 어디로부터 오는가?"라는 질문은 당신에게 숫자를 주었을 때 묻는 첫번째 질문이다.

1.1 자료에 대한 이야기

통계학은 데이터 과학이다. 혹자는 "데이터의 예술"이라 말한다. 왜냐하면 올바른 판단과 수학을 통해 양질의 통계를 생산할 수 있기 때문이다. 올바른 판단의 대부분은 우리들의 관심사를 밝힐 데이터를 생산하기 위해 무엇을 측정할 것인가를 결정하는 것이다. 이제 데이터화되는 원자료를 설명하기 위한 용어를 정의해 보자.

개체(individuals): 개체는 데이터 집합에 의해 묘사되는 대상이다. 개체는 사람일 수도 있으며, 동물이나 물체도 될 수 있다.
변수(variable): 변수는 개체의 어떤 특성이며, 성, 연령 그리고 교육수준과 같이 둘 이상의 값이나 범주를 갖는 개념을 말한다.

예를 들어 개체는 통계학 과목을 수강한 학생이다. 각각 학생의 이름에 3개의 변수를 추가해 보자. 그러면 첫번째 변수는 학생의 전공이고, 두 번째 변수는 통계학 과목에 대한 500점 중 학생이 받은 점수이며, 세 번째 변수는 학생이 부여받은 등급이다.

통계학은 숫자를 다룬다. 그러나 모든 변수가 숫자는 아니다. 이 예에서 세 변수 중 총 점수만이 숫자이다. 이와 같이 다른 변수를 가지고 통계를 내기 위해서는 셈이나 백분위수를 사용해야 한다. 예를 들어 A를 받은 학생의 백분위수를 구하거나 경제학 전공자의 백분위수를 구할 수 있다.

변수를 선택할 때 많은 시간과 비용을 들여가며 데이터를 이끌어내는 것은 올바른 판단이 아니다. 따라서 올바른 판단은 토론의 여지가 어느 정도 있어야 한다. 이제 어떤 데이터를 수집할 것인가를 결정하는 예제를 다루어 보자.

성 명	전 공	점 수	등 급
홍 정 선	경 제 학	397	B
이 영 길	경 영 학	323	C
김 철 수	통 계 학	446	A
박 종 훈	심 리 학	405	B
심 경 애	영 문 학	461	A

예제 1-1: 누가 재활용을 하는가?

이웃동네인 명륜동과 혜화동에서 재활용을 위해 내놓은 자재의 무게를 재는 데는 많은 시간과 비용이 든다. 여기서 개체는 가구이다. 왜냐하면 쓰레기와 재활용 수거는 한번 오고가는 사람에 대해서가 아니라 주택에 대해 행해지기 때문이다. 그리고 변수는 매주 길거리 재활용 쓰레기통의 무게로 측정된다.

명륜동은 혜화동보다 평균적으로 주당 더 많은 쓰레기를 내놓는다. 그렇다고 명륜동이 재활용 쓰레기를 더 많이 내놓는다고 말할 수는 없다. 명륜동의 재활용 쓰레기통에는 무거운 유리병들이 포함되어 있으며, 혜화동에는 PET병들과 맥주병, 캔들이 들어 있다. 따라서 재활용 쓰레기통의 무게는 변수로 다루기는 부적절하다.

예제 1-2: 당신의 종교는 무엇인가?

인구주택 총조사는 모든 가구의 모든 사람에게 "당신의 종교는 무엇입니까?"라고 묻는다. "종교"는 변수이고, 통계청은 그것을 어떻게 측정할 것인지를 알려야 한다. 조사표는 종교의 종류를 보여줌으로써 조사를 행한다. 이 종류 뒤에는 논쟁이 숨어 있다.

얼마나 많은 종교를 나열해야 하는가? 소규모의 종교도 포함해야 하는가? 기독교의 경우 신도 수가 많기 때문에 개신교, 천주교로 세분화되어 있다. 토속종교 또한 신도 수가 증가함에 따라 유교, 원불교, 천도교 등 좀더 많은 종교 범주로 나누어지길 원한다.

2005년 인구주택 총조사 양식([그림 1-1])은 우리가 대규모로 생각하는 3개의 종교(불교, 개신교, 천주교)와 3개의 토속종교(유교, 원불교, 천도교)로 확정되었다. 거기에는 나머지 소규모 종교의 항목은 없으나 기타란에 자신의 종교를 기입할 수 있다. 종교는 개인이 결정할 수 있는 사회적인 개념이므로 인구주택 총조사에서 당신의 종교가 무엇인지를 말하는 것이다. 종교는 민감한 문제이므로 이후에 종교 단체에서 자신들의 종교가 조사항목에 포함되길 원할 수도 있다.

그림 1-1 2005 인구주택 총조사 시범예행조사 조사표(자료: 통계청)

2005 인구주택총조사 시범예행조사

조 사 표

2005

통계법에 의하여 모든 국민은 이 조사에 응답할 의무가 있으며, 조사된 모든 내용은 비밀로서 엄격히 보호됩니다.

조 사 대 상

1. 가구원에 관한 사항 **가구원이 6명 이상이면 조사표를 2부 사용합니다.**

※ 2004년 11월 1일 0시 현재 혈연, 주민등록과는 관계없이
실제로 이 댁에서 같이 살고 있는(취사, 취침 등 생계를 같이 하는) 모든 사람

이 댁에서 조사되어야 할 사람

- 출장, 친지방문, 여행, 행상, 입원, 환자간호 등으로 **잠시 집을 떠나 외지(국내, 국외)에 있는 사람**
- 선박, 항공기, 철도, 시외·관광버스 등의 **탑승 승무원**
- **예비군 훈련 또는 공익요원으로 근무중인 사람.** 가족과 함께 살고 있는 직업군인
- 구직·무단가출 등으로 집을 떠나 정착여부를 알 수 없는, 떠난 지 아직 **1개월이 되지 않은 가족**
- **숙식을 같이하는 가정부와 하숙인**

이 댁에서 조사되어서는 안될 사람

- 군(전투경찰, 의무경찰 포함)에 **입대한 가족** ☐명
- **직장이나 학업 때문에 외지**에서 살고 있는 가족 **국내** ☐명, **해외** ☐명
- 결혼 등으로 분가하여 따로 살고 있는 자녀와 그 가족
- 보육원, 양로원, 모자원, 특수병원, 부녀보호소 등의 **특수 사회시설에** 수용되어 있는 가족
- 2004년 11월 1일 0시를 기준으로 그 이후에 **출생한 아이나 그 이전에 사망한 사람**

2. 가구에 관한 사항

- **가구**란 1인 또는 2인 이상이 모여서 취사, 취침 등 생계를 같이 하는 생활 단위를 말합니다.

3. 주택에 관한 사항

- 한 주택에 여러 가구가 함께 살고 있는 경우에는 **주인가구**, 주인가구가 없는 경우에는 세든 가구 중 그집을 **대표 할 수 있는 가구**가 주택 전체에 대해 대표로 작성합니다

시·도	시·군·구	읍·면·동	통·리	번지	공동주택명	동.호
				-		동 호

조사구번호	거처번호	가구번호	가구원수	농림어가 구분
-				① 농가 ③ 어가 ② 임가 ④ 비 농림어가

• ☐ 은 조사원이 기입하는 난입니다.

가구당 조사표부수	총		부중		부

통계청 · 경상북도

문의전화 : 080-456-2005(무료)

1.2 관찰연구

관찰이란 특정현상에 대한 객관적 자료를 수집하기 위한 절차이다. 관찰연구(observation study)의 절차는 첫째, "무엇을 관찰할 것인가?"로 미시적 접근방법과 거시적 접근방법이 있다. 둘째, "언제, 어디서 관찰할 것인가?"로 관찰시기와 장소를 선정해야 한다. 셋째, "어떻게 관찰할 것인가?"로 직접관찰과 간접관찰 중 적절한 관찰방법을 선정해야 한다. 그리고 관찰자료는 질적 혹은 양적인 자료로 변환해야 하며, 기록방법은 서술형식과 행동목록형식 그리고 평정척도로 기록해야 한다. 넷째, "정확한 관찰이 이루어졌는가?" 는 관찰대상을 관찰 · 기록 · 평가하는 절차이기 때문에 관찰 상황 자체와 관련된 문제가 발생한다. 즉, 관찰자가 상황에서 일어나는 행동을 사실적으로 기록하는 것이 아니라 일어나기를 기대하는 방향으로 결과를 기록하는 관찰자의 기대 오류와 관찰자가 관찰한 행동에 대한 평가가 다른 평가 혹은 전반적 평가에 영향을 미치는 것 등 관찰자 오류(observer bias)가 발생한다. 이를 줄이기 위해서는 관찰자에 대한 철저한 교육이 필요하다.

관찰연구란 두 개 이상의 집단을 통하여 어떤 문제의 원인이나 연관된 요소들을 밝힘으로써 문제를 설명하거나 이해하려는 시도이다. 일반적으로는 문제를 가지고 있는 집단과 가지고 있지 않은 집단을 비교함으로써 이루어진다. 이러한 관찰연구는 연구자가 어떤 중재행위를 하지 않고 관찰과 조사를 하는 연구가 되기 때문에 많은 조사에서는 집단의 특성을 설명하는 것과 마찬가지로 비교하는 것에 중점을 두는 경우가 많다.

예제 1-3: 영양실조에 대한 조사

어느 지역의 5세 이하 어린이들에 대한 영양실조 조사는 다음과 같은 내용을 알아볼 수 있다.

첫째, 특정 연구 집단에서의 영양실조 어린이들의 발생 백분율

둘째, 어린이들이 모유를 먹는가, 우유를 먹는가의 상태

셋째, 어린이들에게 모유 또는 우유로 먹이고 있는 부모나 연관된 사람들이 어린이들이 먹는 것에 대하여 가지고 있는 생각과 인식의 평가

넷째, 어린이들을 먹이는 것에 연관된 사회경제적, 신체적, 정치적 변수. 예를 들어 가난한 집 어머니는 밖에 일을 나가야 하기 때문에 아이들을 유아원에 맡길 수밖에 없어 우유를 먹인다든지 하는 것 등이다.

그림 1-2 영양실조에 걸린 북한 어린이들

이와 같은 연구는 단지 연관된 내용이나 변수들을 서술하는 것에만 그치는 것이 아니라 영양실조인 아이들과 영양실조가 아닌 아이들을 비교하는 것, 어떤 사회경제적, 행동적, 또는 기타 다른 독립변수가 아이들의 영양실조를 일으키는 것과 연관되는가를 보게 한다. 이런 관찰연구를 할 때 연구자는 매우 다양한 연구 설계를 할 수 있다.

예제 1-4: 고압선이 어린이 백혈병의 원인이 되는가?

전기는 자기장을 생성한다. 전기와 함께 하는 삶은 인간을 자기장에 노출시킨다. 특히, 고압선 근처에 사는 것은 자기장의 노출을 증가시킨다. 실제로 강한 자기장은 실험실연구에서도 세포가 살아가는 것을 방해한다. 만일 우리가 고압선 근처에 살고 있다면, 미약하지만 자기장에 관한 경험을 할 수 있다.

고압선 근처에 사는 어린이들이 백혈병에 더 많이 걸린다는 자료가 있다. 우리는 윤리적으로 자기장에 어린이를 노출시키는 실험을 할 수 없다. 자기장에 더 많이 노출되어 살고 있는 어린이와 그렇지 않은 어린이간에 백혈병 발생비율을 비교하는 것은 어려운 일이다. 그 이유는 백혈병은 희귀하기 때문이다. 하지만 백혈병을 앓고 있는 어린이와 그렇지 않은 어린이를 비교하는 것은 쉬운 일이다. 왜냐하면 우리는 백혈병을 앓고 있는 어린이의 음식, 구충제, 식수, 자기장 등을 살펴볼 수 있기 때문이다. 그러나 실제로 자기장을 주의 깊게 관찰하는 것은 5년의 시간과 5억원의 비용이 필요하다. 연구자는 638명의 백혈병을 앓고 있는 어린이와 620명의 정상적인 어린이를 비교하기 위해 그들의 집을 방문하여 어린이들 침실과 다른 방문 앞의 자기장을 실측한다. 또한, 고압선 주위에 살았는지 그리고 어머니가 임신하였을 때의 거주지도 조사한다.

관찰연구는 개체를 관찰하고 관심변수들을 측정하지만 반응에 영향을 끼치지 않는다. 관찰된 연구의 목적은 몇몇의 그룹이나 상황을 기술하는 데 있다.

1.3 표본조사

"소고기가 질긴 것을 알아보기 위해 소들을 전부 먹어 볼 필요는 없다." 이것은 단지 일부분을 조사해서 전체의 정보를 얻는다는 표본추출의 개념이다. 표본조사(sample survey)는 관찰연구의 중요한 부분이다. 어떤 집단에 속한 단지 몇 개의 요소들을 연구함으로써 개별적인 요소들의 집단을 조사하는데 그 요소들은 특별히 관심이 있어서가 아니라 더 큰 집단을 대표하기 때문에 선택되어진다. 다음은 우리가 표본을 토론할 때 사용할 용어들이다.

모집단(population): 모집단은 우리가 정보를 알고 싶어하는 대상들 전체의 집합이다.

표본(sample): 모집단의 일부분으로 전체에 대한 결론을 내리기 위해 사용된다.

모집단은 연구하기 위한 그룹이라는 사실에 주목하자. 전체 한국 대학생들의 정보를 원한다면, 그것은 단지 한 학교만 표본추출이 가능할지라도 모집단이 된다. 어떤 표본의 결과에 의미를 두려면, 표본이 어떤 모집단을 대표하는지 알아야 한다. 예를 들어, 사전선거여론조사를 할 때 모든 성인들의 의견을 조사하는 것인지, 단지 시민들만 혹은 선거명부에 등록된 사람들 만인지, 아니면 민주당원들만의 의견을 조사하는 것인지를 명확히 할 필요가 있다. 이 때 표본은 우리가 정보를 갖고 있는 사람들로 구성된다. 만약 여론조사에서 선택된 모집단의 사람 중 접촉할 수 없는 사람들이 있다면, 그 사람들은 표본에 들어가지 않는다.

모집단과 표본을 구분하는 것은 통계학의 기초가 된다. 다음 예제들은 이러한 구분들을 보여주고, 표본추출의 주요 용도도 소개하고 있다. 또한 간략하게 기술해서 표본의 각 단위에서 측정변수들이 무엇인지도 설명하고 있다.

예제 1-5: 여론조사

한국사회여론 연구소가 여론조사 전문기관인 TNS에 의뢰해 2004년 5월 25일 전국 성인 700명을 상대로 실시한 언론개혁에 대한 전화조사 결과에 따르면, 언론개혁을 “시장에 맡기면 된다”(59.9%)가 “정부가 주도해야 한다”(37.1%)에 비해 높았다. “언론개혁을 시장에 맡기면 된다”는 의견은 민노당 지지층(67.4%)에서 가장 높았고, 다음은 한나라당 지지층(63.1%), 열린우리당 지지층(52.7%)의

그림 1-3 언론개혁에 대한 여론조사

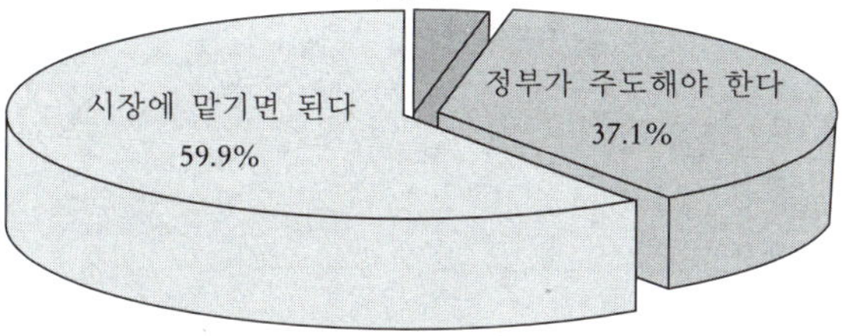

순이었으며, 모든 정당의 지지층에서 다수를 차지했다.

정간법 개정의 주요 쟁점인 언론사주 소유권 제한에 대해서는 "언론도 기업인만큼 소유주의 권리를 제한해서는 안 된다"(19.7%)란 반대 의견이 "언론의 공익적 성격이 큰 만큼 소유주의 권리를 제한해야 한다"(44.2%)에 비해 다소 높았다. 지지 정당별로 언론사주 소유권 제한에 대한 반대 의견은 한나라당 지지층(54.3%)에서 가장 높았고, 민노당 지지층(49.2%)과 열린우리당 지지층(48.4%)에서도 절반 가량에 달했다. 이 조사의 최대허용 표본오차는 95% 신뢰수준에서 ±3.7%p이다.

이 여론조사에서 모집단은 전국 성인 3,500만 명이며, 표본은 성인 700명이다.

예제 1-6: TV시청률 및 시청시간

전국 약 33,000표본가구의 15세 이상 가구원 약 70,000명을 대상으로 통계청이 2004년 6월 20일부터 6월 29일까지 10일간 조사한 자료이다. [표 1-1]을 보면 평소 일주일에 1시간 이상 TV를 시청하는 비율은 96.4%로 2000년 96.5%보다 0.1%p 감소하였다. 지역별로는 읍면부가 동부보다, 성별로는 여자가 남자보다 TV를 시청하는 비율이 높으며, 요일별로 살펴보면 '평일'의 시청률은 93.2%, 일요일 · 공휴일은 92.7%, 토요일은 91.9%로, 평일에 TV를 많이 보는 것으로 나타났다.

또한 1주간 TV 시청시간은 22.2시간으로 2000년 23.7시간보다 1.5시간 감소하였으며, 특히 토요일과 일요일 · 공휴일의 경우 동지역의 시청시간이 읍면지역보다 많은 것으로 나타났고, 성별로는 여자가 23.6시간으로 남자 20.6시간보다 3시간 더 많이 TV를 시청하는 것으로 나타났다.

여기서 모집단은 전국 12,222,000가구이며, 표본은 33,000표본가구의 15세 이상 가구원 70,000명이다.

표 1-1 TV 시청률 및 TV 시청시간 (단위: %, 시간)

	15세 이상 인 구	TV 시청률				1주간[1] TV 시청시간			
			평일	토요일	일요일, 공휴일		평일	토요일	일요일, 공휴일
2000	100.0	96.5	95.0	94.2	94.2	23.7	3.0	4.0	4.6
2004	100.0	96.4	93.2	91.9	92.7	22.2	2.9	3.6	4.2
동 부	100.0	96.3	92.7	91.3	92.3	22.2	2.9	3.7	4.2
읍 면 부	100.0	97.0	95.2	94.5	94.7	21.9	2.9	3.5	3.9
남 자	100.0	96.3	92.6	91.3	92.5	20.6	2.6	3.4	4.0
여 자	100.0	96.5	93.6	92.5	93.0	23.6	3.1	3.8	4.3

주: 1주간 TV시청시간 = (평일평균시청시간 × 5) + (토요일평균시청시간) + (일요일 · 공휴일 평균 시청시간)

자료: 통계청(2004).

예제 1-7: 전공과 직업의 일치도

전국 약 33,000 표본가구의 15세 이상 가구원 약 70,000명을 대상으로 2004년 6월 20일부터 6월 29일까지 10일간 조사한 자료이다. 실업고 및 3년제 이하 대학 이상 졸업자로 취업한 적이 있거나 현재 취업중인 가구원을 대상으로 전공과 직업의 일치도를 조사한 결과, [표 1-2]를 보면 '일치' 한다는 응답이 30.0%, '보통' 25.2%, '관계없음' 44.8%로 나타났으며, 성별로는 남자(30.4%)가 여자(29.4%)보다 높고, 연령대별로는 20대 이후 계속 낮아지다 50대에서 다시 높아졌다.

학력별로 살펴보면, '일치' 한다는 응답비율이 실업고 졸업은 14.9%, 3년제 이하 대학은 34.8%, 대학교 이상은 44.2%로 나타나 교육 정도가 높을수록 전공과 직업의 일치도가 높아지는 것으로 나타났다.

표 1-2 전공과 직업의 일치도 (단위: %)

	계	일치	매우 일치	일치하는 편	보통	관계 없음	관계 없는 편	전혀 관계 없음
2000	100.0	29.3	10.3	19.0	23.8	46.9	26.5	20.4
2004	100.0	30.0	11.4	18.6	25.2	44.8	26.7	18.1
남자	100.0	30.4	11.2	19.2	24.6	45.0	27.4	17.6
여자	100.0	29.4	11.6	17.8	26.0	44.6	25.9	18.7
20~29세	100.0	33.2	13.1	20.2	23.2	43.6	24.7	18.9
30~39세	100.0	29.7	10.9	18.8	25.4	44.9	26.8	18.1
40~49세	100.0	27.4	10.4	17.1	26.3	46.3	28.8	17.5
50~59세	100.0	28.0	11.3	16.6	26.0	46.1	28.4	17.7
60세 이상	100.0	30.2	12.6	17.6	29.9	39.9	25.5	14.4
실업고졸	100.0	14.9	2.6	12.3	28.1	57.0	33.8	23.2
대학(3년제 이하)	100.0	34.8	13.8	21.0	22.9	42.3	24.9	17.3
대학교 이상	100.0	44.2	19.8	24.4	23.5	32.3	20.0	12.3

자료: 통계청(2004).

그림 1-4 성별, 연령별, 학력에 따른 전공과 직업 일치 정도 (단위: %)

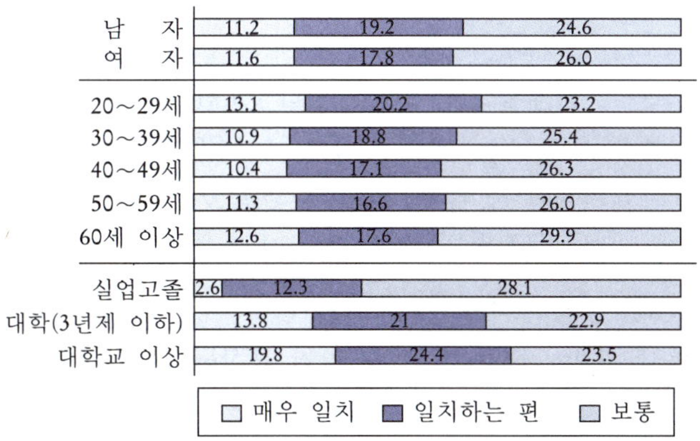

대부분의 통계학 연구에서는 광의의 표본을 사용한다. 한 예로 [예제 1-4]에서 백혈병을 앓고 있는 638명의 어린이는 백혈병을 앓고 있는 모든 어린이를 대표한다고 가정한다. 일반적으로 어떤 특별한 모집단에 대하여 대표하는 표본을 선택하는 체계화된 방법을 사용하는 학문을 학술용어로 "표본조사"라 부른다. 백혈병에 걸린 어린이는 어린이 암을 다루는 전문화된 기관의 환자이다.

1.4 전수조사

표본조사는 모집단의 일부만을 조사하는 것이다. 왜 모집단 전체를 조사하지 않고 일부만을 조사하는 것일까?

> **전수조사**는 모집단 전체를 조사하는 조사이고 **표본조사**는 모집단의 일부를 조사하는 조사이다.

모집단 모두를 조사한다고 해서 항상 정확한 결과를 얻을 수 있는 것이 아니다. 우리나라는 5년마다 인구주택총조사(census)라는 전수조사를 실시한다. 인구주택총조사는 시간이 오래 걸리고 비용이 많이 들고 결과도 부정확한 경우가 많다. 우리나라의 인구이동이 높고 노출을 원하지 않은 사람이 많아 실제로는 누락되는 경우가 있고 학업 및 직장 문제로 거주지와 주민등록지가 달라 초과 계산되는 경우도 있다. 또한 비용문제로 인한 조사원에 대한 충분한 교육 부족, 불완전한 응답에 대한 해결방법의 어려움 등이 존재한다. 이러한 문제점 때문에 대부분의 조사에서는 표본조사가 더 선호된다. 정부가 전수조사를 할 수 있는 상황이라 할지라도 고용정보 등 시의적인 정보를 생산하기 위해서 표본조사를 실시한다. 만약 정부가 한국의 전체 성인 남녀에게 고용에 대한 질문을 한다면 이에 조사된 실업률은 다음 달이 아닌 다음 연도에 이용될 가능성이 높다. 따라서 5년마다 실시하는 인구주택총조사는 전수조사만 하는 것이 아니라 표본조사도 포함되어 있다. 인구주택총조사는 전체 국민을 대상으로 하는 부문과 전체 국민의 10%만 응답하는 표본조사 부문 두 가지로 이루어진다.

표본조사가 전수조사보다 더 효율적인 경우는 다음과 같다. 첫째, 모집단이 무한대이거나 크기가 확정되지 않는 경우(공장의 생산되는 물건에 대한 조사나 공기 오염도 조사 등), 둘째, 정보를 획득하는 것이 정보주체를 파괴하는 경우(베터리 수명 조사, 자동차 출동 실험 등), 셋째, 시의적인 결과를 얻어야 하는 경우 등이 있다. 반면 모집단의 규모가 작아 비용이 적게 드는 경우나 필요한 표본크기가 모집단 크기와 비슷하게 되는 경우, 데이터베이스가 존재하는 경우는 전수조사를 수행하는 것이 더 낫다.

1.5 실 험

많은 사람들은 과학자나 엔지니어 그리고 생물의학자들이 수립한 자료를 분석하는 것이 통계학자들이 주로 하는 일이라고 생각한다. 그러나 실제로는 통계학자들이 초기 단계부터 아주 중요한 공헌을 하고 있다. 즉, 통계학자들은 연구자가 실험을 계획하거나 실험을 설계하는 것을 도와줌으로써 이러한 실험으로부터 어떤 자료를 분석해야 하는지를 알게 해 준다. 적절하게 계획된 실험을 통하여 연구자는 그렇지 않았을 때보다 훨씬 훌륭한 정보를 얻을 수 있다. 우리는 이러한 사실을 몇 가지 예를 통하여 아주 쉽게 설명할 수 있다.

실험(experiment)

특정 현상 또는 이들의 상호관계 등을 연구하기 위해 인위적으로 조정하고 조성한 조건하에서, 적당한 기구나 장치를 이용하여 인위적으로 특정 현상을 일으켜서 그 결과를 관측하고 측정하는 것이다.

어떤 생물의학자가 흡연이 폐암에 미치는 영향을 연구한다고 하자. 이러한 관계를 연구하기 위한 자료를 모으는 확실한 방법은, 공공기관의 보건기록을 보고 흡연자들의 폐암 사망률이 얼마인가와 비흡연자들의 폐암 사망률이 얼마인가를 조사하는 것이다. 흡연자들의 폐암으로 인한 사망률이 훨씬 높다면 그것은 폐암과 흡연 사이에 상당히 밀접한 관계가 있다는 사실을 증명해 주는 것처럼 보일 것이다.

이런 소급적 연구방법에는 몇 가지 어려움이 도사리고 있다(소급적으로 자료를 모으는 것은 실험을 계획하여 수집한 자료와는 차이가 있다).

1. 각각의 개인에 대해서 그가 흡연자였는가 아닌가를 기록들이 상세히 설명해 주지 못할 수도 있다. 이와 마찬가지로 죽음의 원인이 언제나 정확하게 설명될 수 있는 것은 아니다. 다시 말하면 자료가 완전하지 않을 수도 있다는 것이다.
2. 흡연자보다 비흡연자가 많을 수도 있고 그 반대일 수도 있다. 이것은 어떤 비율이 다른 비율보다 더 신뢰할 만한 추정값이 되게 할 수 있다.
3. 자료상에 오류가 있을 수 있다. 예를 들면 죽음의 원인을 잘못 기록해 놓았을 수도 있다.
4. 자료가 기대한 만큼 세밀하지 못한 것일 수 있다. 예를 들면, 자료를 연구하는 사람은 흡연자가 궐련을 피우는지 아니면 시가를 피우는지 또는 파이프 담배를 피우는지와 흡연량이 얼마인지를 알고 싶어 할 수 있다. 그러나 자료에는 이와 같은 상세한 내용이 나와 있지 않을 수도 있다.
5. 흡연자와 비흡연자라는 두 가지 범주는 폐암의 발병률에 영향을 끼치는 방법이 다를 수 있다. 예를 들면, 어떤 종교에서는 흡연이 금지되어 있다. 이 종교를 믿는 사람들의 생활양식은 아마 다른 방법으로 폐암 발병에 영향을 미칠 것이다. 따라서 흡연자들 사이에서 폐암 발병률이 높은 이유는 흡연이 아닌 다른 요인 때문일 수도 있다는 것이다.

과학적인 결론에 이르기 위해 자료를 소급적으로 사용하는 것은 이상적인 방법이 아니다. 그러면 무슨 대안이 있겠는가? 정확한 결론에 이르게 하는 다른 접근방법은 실험설계를 통하여 자료를 얻는 것이다.

연구자가 사람들을 다음과 같이 짝지었다고 생각해 보자. 두 사람 가운데 한 사람은 흡연자이고, 다른 한 사람은 비흡연자이며, 다른 모든 면에서는 두 사람이 모두 똑같다. 예를 들면, 두 사람은 나이도 같고 성별도 같고 국적도 같고 직업도 같다. 물론 연구자는 가능하면 많은 사람들을 이렇게 짝지으려 할 것이다. 그리고 흡연자들 중에서의 폐암 발생률과 비흡연자들 중에서의 폐암 발생률을 알아본 후 그 둘을 비교할 것이다. 분명한 것은 외부적인 요인들이 미치는 영향이 크게 줄어들었다는 사실이다. 각각의 쌍 내에서 비교되는 두 사람은 거의 비슷한 사람이므로 흡연의 영향이 더욱 분명하게 드러날 것이다. 이렇게 만들어진 자료로부터 얻어지는 결론은 신뢰할 만하다.

이 경우에 짝을 짓는 방법은 두 가지가 있다. 하나는 이미 일어난 사실들에서 얻은 자료로부터 이러한 쌍을 찾아내는 방법이다. 다른 하나는 실험하는 사람이 찾아낼 수 있는 사람들의 쌍을 만들어서 자료를 얻어내는 방법이다. 두 번째 경우는 미래에 폐암으로 사망할 흡연자들의 비율과 비흡연자들의 비율을 비교할 수 있다. 두 번째 방법의 장점은 완전한 짝짓기를 할 수 있다는 것이다. 실험자는 각각의 쌍에, 자신이 중요하다고 생각하는 많은 기준들에서 아주 비슷한 사람들을 골라 넣을 수 있다. 이미 일어난 사실들에서 얻은 자료로부터 짝을 찾아내는 첫번째 방법을 사용할 경우에는 통계학자가

그림 1-6 흡연과 폐암

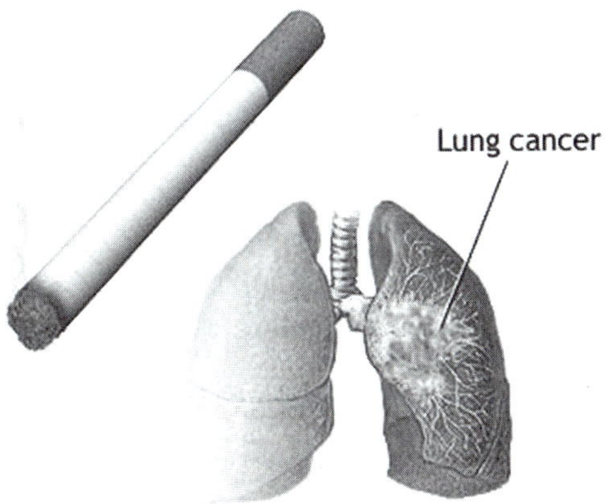

자신의 능력을 발휘할 기회가 훨씬 줄어든다. 다시 말하면, 자신이 필요로 하는 정보들을 얻을 수 없는 경우에는 자료를 구성하는 것 자체가 불가능해지는 것이다.

이와 같이 짝을 지어서 하는 실험설계의 또 다른 측면을 살펴보기로 하자. 의학 연구의 다른 영역에서 한 가지 예를 들어보자. 어떤 의학 연구자가 새로운 의약품이 골수암을 치료하는데 이전의 표준 의약품보다 더 효과가 있는지를 알고 싶어 한다고 하자. 연구자는 아주 세심하게 환자들 25쌍을 뽑아내어, 각 쌍에 속한 두 개인이 가능한 한 비슷한 사람이 되도록 하였다. 이렇게 짝을 지어 각 쌍에 대해서 어떤 사람에게는 새로운 의약품을 투여하고, 어떤 사람에게는 그 이전의 표준 의약품을 투여할 것인지를 결정해야 한다. 이 점이 실험을 설계하는 데에서 중요한 단계이다. 이 경우에 피해야 할 함정들이 여러 가지가 있는데, 어떤 것들은 명백하게 드러나지만 별로 명백하게 드러나지 않는 함정들도 있다.

(함정 1) 의학 연구자가 새 의약품을 투여할 환자를 주관적으로 결정한다면, 그는 무의식적으로 상태가 더 좋은 환자를 택할지도 모른다. 다시 말하면, 새로운 의약품이 더 우수하다는 사실을 증명하고 싶은 열망 때문에 자신의 편의된 관점을 의식하지 못하고 더 좋아 보이는 환자에게 새로운 의약품을 사용하는 혜택을 주려고 할 것이라는 점이다(두 환자가 최대한 비슷한 사람이라 해도 완전히 똑같지는 않다는 것은 상식에 속하는 일이다).

(함정 2) 환자가 자신에게 표준 의약품이 아니라 새로운 의약품이 투여되고 있다는 사실을 알면 그의 회복에 영향을 줄 수도 있다. 자신을 치료하는 의사에 대한 신뢰도에 따라 회복에 대해 낙관적이 될 수도 있고 비관적이 될 수도 있다. 이러한 정서적인 문제가 환자의 병세 진전에 영향을 끼칠 수 있는 것이다.

(함정 3) 간호사들의 태도도 실험에서 일정한 역할을 할 수 있다. 어느 환자에게 새로운 의약품이 투여되는가를 간호사들이 알고 있다면, 약품을 다루거나 환자에 대해 관찰한 바를 보고하는 데에서 객관성을 유지하기 어려울지도 모른다.

이상과 같은 오류들을 피하기 위해서 연구자는 이중 눈가리개(double-blind) 실험을 해야 한다.

이중 눈가리개 실험을 이중 은폐실험이라고도 하며, 참가자나 실험자 모두 어느 참가자가 어느 처리조건에 있는지 모르게 하는 실험이다.

이것은 이중으로 비밀을 유지하는 것이다. 우선 연구자는 각각의 쌍에서 어느 환자에게 새로운 의약품을 투여할 것인가를 난수표를 이용하여 선택한다. 예를 들면 임의로 선택한 숫자가 홀수일 경우에는 이름이 가나다 순으로 앞서는 사람에게 새로운 의약품을 투여하고, 짝수일 경우에는 나중인 사람에게 새로운 의약품을 투여하도록 미리 결정을 내리고 나서 난수표를 통해 숫자를 하나 선택하는 것이다. 이렇게 하면 실험자로 인해서 발생하는 오류를 막을 수 있다. 두 번째 단계는 환자나 간호사, 심지어는 연구자까지도 어느 환자가 새로운 의약품을 투여받고 어느 환자가 표준 의약품을 투여받는지를 모르도록 하는 것이다. 실험이 끝나고 그 결과에 대한 평가가 끝날 때까지 말이다. 이렇게 하려면 더 많은 수고가 필요하고 보안을 철저하게 유지해야 하지만 불가능한 일은 아니다. 이러한 이중 눈가리개 실험은 일반적으로 두 가지 의약품이나 두 가지 치료방법, 또는 두 가지 범주를 비교하는 데 효과적인 방법이다. 따라서 실험을 잘 설계함으로써 오류를 줄이고 더 정확한 비교를 할 수 있게 되는 것이다.

우리는 한 가지 간단한 예를 통하여 신뢰할 만한 결론에 이르는 데 필요한 자료를 얻을 수 있도록 실험방법을 세심하게 설계하는 일에 대해서 언급하였다. 실제로 정확하고 오류가 없는 정보를 얻을 수 있도록 통계학자들이 설계한 실험방법을 쓰는 경우가 많이 있다. 이렇게 설계된 실험방법에 상응하는 통계학적 분석방법도 있다. 이러한 분석방법은 자료에 대한 결론뿐만 아니라 각 결론의 정확도에 대한 추정값까지 계산해 낼 수 있다.

이와 같이 통계학자들은 자료가 수집된 다음에 그것을 분석하는 일뿐만 아니라 자료를 얻게 될 실험을 계획하고 설계하는 일에도 많은 도움을 준다. 우리는 짝을 지어 실험을 하게 되는 특수한 유형의 실험에 대해 살펴보았다. 짝이 되는 두 구성원은 가능한 한 비슷한 사람으로 선택한다. 그 중 한 사람

예제 1-8: 복지 원조를 받는 어머니가 직업을 찾는 것을 도와주는 것

복지혜택을 받는 사람들은 어린이를 가진 어머니들이다. 복지 원조를 받는 어머니들에 대한 관찰연구 결과는 많은 사람이 소득증대로 인해 복지시스템을 떠난다는 것이다. 그들 중 몇몇은 기술을 숙련시키기 위해 자발적인 직업훈련 프로그램을 이용하고 있다. 직업훈련과 구직프로그램에 모든 복지 원조를 받는 어머니들이 참여해야 하는가? 관찰연구는 이러한 정책의 효과가 무엇인지를 알려주지 못한다. 심지어 연구대상의 어머니들이 모든 복지 수혜자들 중 선택된 표본이라 할지라도, 훈련프로그램을 찾고 직업을 구하는 이들은 그렇지 않는 사람들과 많은 방법에서 차이가 있을지도 모른다.

요구된 직업프로그램이 어머니들이 복지를 회피하는 것을 도울지 알아보기 위해서는 실제로 프로그램을 시도해야 한다. 복지를 신청할 때 두 개의 유사한 어머니 그룹을 선택하여, 직업훈련 프로그램에 참석하는 그룹과 프로그램을 제공하지 않는 그룹으로 나누어 실험한다. 몇 년 후에 두 그룹의 수입과 노동 기록을 비교함으로써 훈련을 요구하는 것이 목표효과를 가져오는지를 보여 줄 것이다.

그림 1-7 복지프로그램에 참여한 어머니들

은 어떤 종류의 치료를 받게 되고 다른 사람은 다른 종류의 치료를 받게 된다. 이렇게 하면 두 가지 치료방법을 비교할 때 외적인 요소들을 가능한 한 많이 배제할 수 있다.

복지의 예는 관찰연구 이상의 실험의 이점을 설명한 것이다. 원칙적으로, 실험은 원인과 결과에 대해 좋은 증거를 제시한다. 만일 우리가 실험을 적절하게 설계한다면 복지 원조를 받는 어머니들을 두 개의 유사한 그룹으로 나눌 것이다. 어머니 개개인은 나이, 교육, 아이들의 수 등이 다르다. 그러나 두 그룹들은 나이, 교육수준 그리고 아이들의 수가 비슷하다. 실험기간 동안 여성의 삶의 차이는 있으나, 두 개의 그룹 사이에 유일한 차이는 직업프로그램이 유무이다. 만일 훈련된 그룹이 직업을 유지하며 소득을 증가시키는 면에서 훈련이 안된 그룹보다 더 개선되었다면 훈련프로그램이 실제로 행복한 결과를 야기시킬 수 있다고 말할 수 있다.

실험에서 처리가 반응(response)에 영향을 준다는 증거는 통계학의 기본개념 중 하나이다. 통계적 결론들은 개별적인 그룹들의 "평균(average)"에 관한 내용이다. 평균적으로 훈련프로그램을 받은 여성이 받지 않은 여성들보다 돈을 더 많이 번다. 결국 그 프로그램은 목표를 달성했다고 말할 수 있으나 모든 여성을 도와줄 것이라고 말할 수는 없다. 그러나 이러한 실험은 다음의 질문을 야기시킨다. 즉, "만일 우리가 훈련이 소득을 증가시키리라 희망한다면, 어떤 여성들에게 훈련이 제공되고 또 다른 여성들에게는 훈련이 제공되지 않는가?"라는 윤리적인 문제의 질문이다.

웹 탐색(exploring the web)

- 통계청: www.nso.go.kr 또는 kosis
- 한국갤럽: www.gallup.co.kr
- SIS Research & Consulting: www.sisko.co.kr

연습문제

1.1 2,000대의 자동차들이 1갤런당 몇 마일을 갈 수 있는지에 관한 자료가 아래 표에 나타나 있다.

(a) 개체는 무엇인가?

(b) 변수들은 무엇인가? 어떤 변수들이 수치적인 값인가?

제 품 명	분 류	변속장치	실린더 수	도시 MPG	고속도로 MPG
⋮					
마티즈	경차	자동	6	18	27
모닝	경차	수동	6	20	29
SM 5	중형차	자동	6	20	29
투스카니	스포츠카	자동	6	16	20
⋮					

1.2 2004년 한국 야구선수 연봉에 관한 자료이다.

선 수	팀	위 치	나 이	연 봉
⋮				
정민태	현대	투수	35	7억 4000
심정수	삼성	타자	30	6억 3800
임창용	삼성	투수	29	5억 3000
이종범	기아	타자	35	4억 8000
⋮				

(a) 개체는 무엇인가?

(b) 변수들은 무엇인가? 어떤 변수들이 수치적인 값인가?

(c) 단위들에서 각각의 수치적 변수들이 보여주는 것이 무엇이라고 생각하는가? 예를 들어, 심정수에게 연봉 6억 3,800만원을 주는 것이 무엇을 의미하는가?

1.3 예제 1-1에서 무게는 도시 재활용 프로그램에 있어서 서로 다른 지역별 가구 참여율의 좋은 척도가 아니다. 이런 경우에 당신은 무엇을 변수로 하겠는가?

1.4 사회학자는 고령자나 신체장애자를 돌봐주는 일에 관한 정부 기금에 관해 취업

한 성인 여성들의 의견을 알기 원한다. 사회학자는 지방에 있는 회사와 전문직 여성에 대해 520명의 목록을 얻었고, 무작위로 100명을 추출하여 설문지를 보냈다. 그 중 48명만이 응답을 하였다. 이 연구에서 모집단은 무엇인가? 실질적으로 얻은 표본은 무엇인가? 사회학자가 연락하려는 여성들의 몇 %가 응답했는가?

1.5 여론조사에 관한 신문기사는 "한국 사람들의 43%가 대통령의 전반적인 능력에 찬성한다"고 말한다. 기사 뒷부분으로 가게 되면 다음과 같은 기사를 읽을 수가 있다. "여론조사는 독도와 울릉도를 제외한 한국 전체에서 1,210명의 성인들을 대상으로 전화 면접으로 실시되었다." 이 여론조사에서 변수는 무엇인가? 모집단은 무엇이라고 생각하는가? 표본은 무엇인가?

1.6 한국에서 민주적인 후보자들을 선호하는 데 있어서 남성들 이상으로 여성들에게도 정당 선호도에 대한 "성별 격차"가 있을지도 모른다. 정치학자는 남성들과 여성 유권자 모두를 커다란 표본으로 하여 인터뷰하였다. 그는 각 유권자들에게 지난 국회선거에서 열린우리당과 한나라당 후보자들 중 누구를 뽑았는지 물어보았다. 이런 연구가 실험계획이라 할 수 있는가? 이유는 무엇인가? 변수들은 무엇인가?

1.7 다음과 같은 각 표본에 대해 가능한 정확하게 모집단을 정의하라. 즉, 모집단은 어떤 종류의 개체들로 구성하고 있는지 그리고 어떤 개체들이 탈락하는지 정확히 말하라. 만약 주어진 정보가 충분하지 않다면 논리적인 방법으로 모집단을 설명하라.

(a) 여론조사는 1,161명의 성인들을 대상으로 하였고, "당신은 어떤 정당이 21세기를 이끌어 나가는 데 가장 적합한가?"라고 물었다.

(b) 가구 만드는 사람은 큰 부지의 활엽수를 산다. 납품업자는 나무를 운송하기 전에 건조시키기로 되어 있다. 가구 제조사는 각 부지에서 5개의 표본을 선택하여 습기 정도를 측정한다. 만약 어떤 표본이 습기가 12%를 초과한다면 다시 돌려보내진다.

(c) 한국사회조사는 대한민국 전체에서 3백만 가구들을 대상으로 조사할 것이다. 이런 새로운 통계청의 조사는 가정적, 경제적, 사회적 상황들에 관해서 각 가구에게 질문을 할 것이다. 이런 새로운 조사는 인구조사의 장기적인 유형을 대신할 것이다.

1.8 다음과 같은 각 표본에 대해 가능한 정확하게 모집단을 확인하라. 즉, 모집단은 어떤 종류의 개체들로 구성하고 있는지 그리고 어떤 개체들이 탈락하는지 정확

히 말하라. 만약 주어진 정보가 충분하지 않다면 논리적인 방법으로 모집단을 설명하라.

(a) 직업학교 조사자들은 어떤 요소들이 작은 규모의 회사의 생존과 성공에 영향을 미치는가를 알기를 원한다. 그들은 한 큰 도시에서 전화번호부에 등재된 것들로부터 150개의 외식사업단체의 표본을 선택한다.

(b) 지방 TV 방송국은 시청자들이 같은 시간에 대학야구팀을 보기를 원하는지 혹은 KBA게임을 보기를 원하는지 궁금해 한다. 방송국은 KBA게임을 방송하기로 계획했고, 야구 경기를 방송해야 한다는 시청자들의 전화를 89통 받는다.

(c) 한 보험회사는 자동차 보험가입자들의 피해보상처리 절차의 질을 조사하기를 원한다. 매달 이 회사는 정확성과 신속성에 대해 그들을 조사하기 위해 그 달에 발생한 모든 자동차보험 보상 청구들로부터 표본을 뽑는다.

1.9 빈곤 계층의 가계 안정성 측면에서 공공주택에서 사는 것의 효과를 연구하기 위해서 조사자들은 작년 인천 지역의 공공주택에 대한 모든 지원자들의 목록을 얻는다. 몇몇 지원자들은 받아들여지고, 반면 다른 사람들은 주택국에 의해 거부된다. 조사자들은 두 그룹을 인터뷰하고 그들을 비교한다. 이것은 실험인가, 표본조사인가 혹은 관찰연구인가? 당신의 의견을 말하라.

1.10 예제 1-4의 고압선과 백혈병의 연구는 그룹 사이의 차이점에 영향을 미칠지도 모르는 2그룹의 개개인과 측정된 많은 변수들을 비교하였다. 왜 이 연구가 실험이 아닌지 자세히 설명하라.

1.11 대다수의 연구가 전립선 질병을 치료하는 2가지 방법의 효율성을 비교하기 위해 공공 보건당국의 기록들을 사용한다. 이 2가지 치료법들은 전통적인 수술과 수술을 필요로 하지 않는 새로운 방법이다. 이 기록들은 의사들이 각각의 방법으로 치료해 왔던 많은 환자들을 보여준다. 이 연구는 새로운 방법에 의해 치료된 환자들이 8년 이내 더 사망하기 쉽다는 것을 보여준다.

(a) 이것이 왜 실험설계가 아닌 관찰연구인지 설명하라.

(b) 전립선 질병을 치료하기 위한 2가지 방법을 비교하기 위해서 실험설계의 특징을 간략히 설명하라

1.12 정기적인 운동은 심장병의 위험을 줄이는가? 여기 이 질문을 연구하는 2가지 방법이 있다.

방법 1. 한 조사자는 주기적으로 운동을 하고 심장병에 걸리지 않은 40세 이상의 남성 2,000명을 선택하고, 각각을 주기적으로 운동을 하지 않는

비슷한 남자와 비교한다. 그리고 조사자는 5년 동안 각 그룹을 유지시킨다.

방법 2. 다른 조사자는 심장병에 걸리지 않고, 기꺼이 이 연구에 참여하는 40세 이상의 남성 4,000명을 대상으로 한다. 그는 2,000명의 남성을 감독되어진 정기 운동 프로그램에 할당한다. 다른 2,000명은 그들의 일상생활을 유지한다. 조사자는 5년 동안 각 그룹을 유지시킨다.

(a) 왜 첫번째가 관찰연구이고 두 번째가 실험설계인지 설명하라.

(b) 왜 실험설계가 운동이 심장병의 위험을 감소시키는지에 대한 더 많은 중요한 정보를 제공하는가?

1.13 체력과 리더십의 관계에 대한 연구는 피실험자로서 운동프로그램에 자원한 중년의 경영자들을 사용한다. 경영자들은 체력 테스트를 통해서 체력이 약한 그룹과 강한 그룹으로 나누어진다. 그런 다음 모든 피실험자들은 리더십을 측정하기 위해 고안된 심리 테스트를 받는다. 그리고 이 두 그룹에 대한 결과를 비교한다.

(a) 이것은 실험설계인가? 당신의 의견을 설명하라.

(b) 우리는 체력 프로그램에 자원한 사람들을 이용함에 있어서 표본조사를 선호할 것이다. 조사자들이 어떤 모집단에 관심 있었을 것 같은가? 어떤 변수들을 사용했는가?

1.14 실험설계, 표본조사, 혹은 관찰연구(표본조사가 아니다) 중 아래 각 질문에 답하는 가장 좋은 방법은 무엇인가? 그 이유를 설명하라.

(a) 사람들은 일반적으로 지금 이 나라에서 일들이 진행되고 있는 방법에 대해 만족하는가?

(b) 대학생들이 기초 회계를 배우는 데 수업을 통하는 것이 효율적인가 아니면 온라인 강좌를 이용하는 것이 효율적인가?

(c) 선생님들이 학급에 질문을 한 후 평균적으로 얼마나 오랫동안 기다리는가?

제 2 장 자료의 형태

모든 통계는 수집된 자료를 대상으로 이루어진다. 우리가 어떠한 가치판단을 할 수 있는 근거가 될 수 있는 것을 자료라 하고, 가공되지 않은 상태의 자료를 원자료(raw data)라고 한다. 따라서 자료는 통계분석의 원자재라고 할 수 있다.

자료는 현실세계로부터 단순한 관찰이나 측정을 통해 수집된 사실(fact)이나 값(value)을 대상물 또는 상황으로 나타낸다. 즉, 자료는 수량, 시간, 금액, 이름, 장소 등을 표현하는 기본사실의 집합이라고 할 수 있다. 필요한 자료를 수집하여 그것이 정확한가 또는 사용 가능한가에 대하여 평가를 하지 않으면 통계분석을 진행하는 것이 불가능하다. 따라서 올바른 연구를 위해서 설문에 대한 응답, 기업내부용으로 수집하는 일상적인 정보, 정부 또는 사설 조직에서 수집하는 경제와 산업분야에 관한 것 등 연구와 관계된 적절한 자료의 수집이 필요하다.

대부분의 경우 자료의 수집은 관심을 갖는 변수를 측정함으로써 이루어진다. 측정(measurement)은 이론과 경험적 사실을 연결시켜 주는 고리로 사실과 가장 가까운 위치에 있으면서 이론을 경험적으로 검증해 주는 수단이다. 이론적 정의를 조작적 정의(2.3절 참조)로 전환시키는 간접적 방법 중 대표적인 것이라고 할 수 있다.

적절한 자료를 얻으려면 관찰대상에 내재하는 성질을 파악하는 기술이 있어야 한다. 이를 위해서 일정한 규칙에 따라 관심있는 대상의 특성을 나타내기 위하여 사물이나 현상에 따라 기호나 숫자를 부여하는 것이 측정이다. 즉, 관심대상에 논리적으로 정해진 규칙에 따라 개체, 이벤트, 사람들 등과 같은 대상의 속성에 값을 부여하는 것이 측정이다. 따라서 서로 다른 속성을 표현하기 위해서는 변수에 대한 값을 부여하는 서로 다른 규칙이 필요하게 된다.

척도(scale)는 조사대상을 측정하기 위해 임의로 부여한 숫자간의 관계를 말한다. 즉, 일정한 규칙을 세워 질적인 자료를 양적인 자료로 전환시켜 주는 측정을 위한 도구이다. 일반적으로 통계분석에서는 수치 데이터를 주로 사용한다. 객관적 사실을 수치로 만들 때 어떠한 척도를 기준으로 수치화했는가에 따라 명목, 서열, 등간, 비율의 네 종류로 구분한다.

측정의 척도가 중요한 이유는 측정의 척도가 데이터의 성질을 규정할 뿐 아니라 어떠한 자료분석 방법을 선택할 것인지를 결정하기 때문이다. 그러므로 연구자가 자신의 연구목적에 적절한 문항을 구성하기 위해서는 척도의 성격을 잘 알아야만 어느 척도를 사용하여 측정할 것인가를 결정할 수 있으며 이를 바탕으로 분석방법도 결정하게 된다.

2.1 자료의 종류

2.1.1 범주형 자료

원칙적으로 숫자로 표현될 수 없는 자료를 집단화하여 나타낸 자료를 범주형 자료(categorical data) 또는 질적 자료(qualitative data)라 하고 명목형 자료(normal data)와 순서형 자료(ordinal data)로 나뉜다. 명목형 자료는 분류만 하여 값을 부여한 자료로 순위가 없는 자료이다. 분석의 편의상 숫자로 값을 부여하기도 하는데, 예를 들어 성별 자료에서 남자는 1, 여자는 0으로 부여하는 방법으로 혈액형 등이 있다. 순서형 자료는 명목형 자료로 생성된 값이 순위의 개념을 갖는 자료를 말한다. 예를 들어 대, 중, 소 등으로 순서 관계를 나타내는 자료로 평점, 선호도, 학력 등이 있다.

2.1.2 측정형 자료

각 관측 대상이 되는 자료에 측정 단위를 이용한 측정값을 부여하여 얻어지고 숫자의 크기에 의미가 있는 자료를 측정형 자료(measurement data) 또는 양적 자료(quantitative data)라 한다. 자료 자체가 수를 나타내어 수치적 자료(numerical data)라고도 한다. 측정형 자료는 셀 수 있는 0 또는 양의 정수를 가지는 이산형 자료(discrete data)와 기준 및 단위에 의해 실수로 측정되는 연속형 자료(continuous data)로 나뉜다. 이산형 자료는 소수점 이하로는 사용이 불가능하며 항상 양의 정수로 표현되는 것으로 학생의 가족 구성원 수, 가구의 자동차 보유 대수 등이 있다. 연속형 자료는 일정구간 안에 있는 숫자로 측정되고 연속성을 띄며 무한개의 변수값을 가질 수 있는 자료로 수의 직선상에서 임의의 값을 취하는 변수이다. 측정값으로 소수점 이하를 표시할 수 있는 키, 몸무게, 혈압, 학력고사점수, 월급, 온도 등이 있다.

2.2 척도의 유형은?

2.2.1 명목척도(nominal scale)

단순한 분류를 위하여 둘 이상의 범주로 구분되는 변수를 측정할 때 사용하는 척도로 분류적인 의미를 가진다. 개체나 사람이 다르다는 것을 보이기 위해 이름이나 범주를 대표하는 기호나 숫자로 부여하는 방식이며 성질이나 특성상 가장 비슷한 것끼리 묶어 측정대상을 포괄적이며 상호배타적인 집단으로 분류하는 데 사용된다. 즉, 명목척도는 모든 측정대상을 어느 한 집단으로 분류하고, 동일한 집단에 속해 있는 대상은 동일한 척도를 갖도록 분류할 수 있어야 한다.

척도의 유형 중 가장 낮은 수준의 척도로 가장 적은 양의 정보를 제공한다.

예를 들어 “초등학교 영어교육 실태”에 대한 조사에서 전체 조사집단을 성별로 분류하여 남자에게는 '1', 여자에게는 '2' 라는 수치를 부여한다면 이것이 명목척도가 되는 것이다.

1. 성별: 남자=1, 여자=2
2. 학력: 중졸=1, 고졸=2, 대졸=3, 대학원졸 이상=4
3. 지역: 서울=1, 부산=2, 광주=3, 대전=4, 인천=5, 대구=6, 울산=7

이 척도로 측정된 값은 단지 최빈값, 빈도수를 계산하고 막대그림표 등이 유용하나 산술평균과 같은 것은 구할 수 없기 때문에 평균은 의미가 없다. 따라서 명목척도는 양적 개념을 전혀 갖지 않는다는 것에 주목할 필요가 있다.

통계적 분석방법은 최빈값, 빈도, 분할계수, 비모수통계 등으로 제한된다.

◈ 예 ◈

귀하의 종교는?

1. 개신교 2. 가톨릭교 3. 불교 4. 원불교 5. 기타 종교 6. 없음

예: 성별, 지역, 직업, 종교, 혈액형, 결혼상태, 주민등록번호, 운동선수의 번호, 학번 등

2.2.2 서열척도(ordinal scale)

어떤 성질의 정도에 따라 대상이나 범주를 정돈하여, 변수가 가질 수 있는 값에 대하여 서열을 결정하거나 부여된 숫자들 간의 대소의 의미를 부여하여 측정 대상 간의 순서를 정해준다. 즉, 서열척도는 측정 대상들을 비교하기 위해 특성의 많고 적음 또는 대소의 서열에 따라 측정 대상에 수치를 부여한 데이터를 말한다.

서열척도는 측정 대상을 그 특성에 따라 순서대로 배열하고 그 순위에 따라 1, 2, 3등의 수치를 부여하는 방식으로 범주간의 상대적 서열로써 비교우위를 결정할 뿐 각 서열간의 차이는 문제를 삼지 않는다.

예를 들어 A학급의 성적이 상위 3명인 학생들에 대하여 1~3등에 각각 1, 2, 3의 숫자를 부여하고자 할 때 이 숫자는 학생들의 성적 순위를 말해 줄

뿐 학생간의 학업성과 차이에 관하여는 알 수 없다. 숫자 '1'과 '2'의 차이가 '2'와 '3'의 차이와 같다고 할지라도 1등과 2등의 학업성과 차이가 2등과 3등의 학업성과 차이와 같다고는 할 수 없다.

소비자 만족도에 대한 조사에서 종업원 서비스에 대한 만족도에 따라 "매우 불만족=1," "불만족=2," "보통=3," "만족=4," "매우 만족=5" 등으로 수치를 부여했다면 1과 5는 수치가 커질수록 선호도가 높아졌다는 것을 의미한다. 그러나 "매우 만족=5"라고 응답한 사람이 "매우 불만족=1"이라고 응답한 사람보다 5배만큼 만족도를 많이 느끼고 있다고 말할 수는 없다.

즉, 순위척도를 이용하는 경우 수치 간의 차이는 아무런 의미가 없다.

1. 상품에 대한 선호도: 매우 나쁨=1, 나쁨=2, 보통=3, 좋음=4, 매우 좋음=5
2. 조기교육의 필요성: 전혀 필요 없음=1, 필요 없음=2, 보통=3, 필요=4, 매우 필요=5

이 척도로 측정된 값은 빈도를 계산할 뿐만 아니라 중앙값, 백분율, 순위상관계수 그리고 비모수통계 등의 통계적 분석방법을 적용할 수 있다.

◈ 예 ◈

이동식 수업에 대하여 어떻게 생각합니까?

1. 매우 반대 2. 반대 3. 중립 4. 찬성 5. 매우 찬성

다음 과목 중 좋아하는 과목을 순서대로 3과목만 적어주세요( )( )( )

국어, 영어, 수학, 사회, 과학, 국사, 음악, 미술, 체육, 국사, 기타

예: 출생순서, 학년, 성적, 학력, 교육, 직급, 선호도, 만족도, 사회계층(상·중·하), 경제수준(상·중·하) 등.

2.2.3 구간척도(interval scale)

측정 대상이 갖고 있는 속성의 양적 차이에 따라서 순위를 수치로 부여한 데이터로 대상에 할당된 숫자들 간의 간격에 동등성을 부여하여 사용되는 척도이다. 즉, 구간척도는 분류와 순위에 대한 정보만을 제공하는 순위척도에 동일한 간격이라는 조건을 추가시킨 척도이다.

구간척도는 속성에 대한 각 수준간의 간격이 동일한 경우에 이용되며, 연속적인 척도로써 인치, 센티미터, 파운드, 정도와 같은 단위로 측정이 된다. 이 척도는 하나가 다른 것보다 크다 · 작다는 것과 그 둘 사이가 얼마만 한 단위로 차이가 나는지 순위 사이의 간격을 양적으로 비교할 수 있다. '1'과 '2'의 차이는 '2'와 '3'의 차이와 같다든가, '2'와 '4'의 차이는 '1'과 '2'의 차이의 2배가 된다는 식으로 말할 수 있다.

구간척도에서는 절대적인 원점(absolute zero)은 존재하지 않지만, 간격의 동등성을 확보하기 위해서 임의의 영점(zero)이 가정되고, 관측값들 간에 가감(加減)이 가능하나, 승제(乘除)는 불가능하고, 부여된 각 수치들 간의 비는 알 수 없다.

구간척도는 수치의 '절대적인 크기'를 비교할 수 있는 척도가 아니라 단지 '동일한 간격을 갖고 있다'는 의미일 뿐이다.

예를 들어 섭씨 40℃는 20℃보다 2배 높은 온도라고 말할 수 없다. 그 이유는 섭씨온도가 절대영점에 의해 설정된 것이 아니라 편의에 의해 설정된 상대적 영점이기 때문이다.

1. 물가지수
2. 생산성지수
3. 온도: 0℃, 20℃, 40℃, 60℃, 80℃, 100℃

통계적 분석방법은 산술평균을 계산할 뿐만 아니라 최빈값, 중앙값, 표준편차, 적률상관계수, 비모수통계뿐 아니라 모수통계분석에도 이용될 수 있다.

◈ 예 ◈

지난 학기 통계학개론의 학점은 어떻게 되십니까?

1. 1.0 2. 1.5 3. 2.0 4. 2.5 5. 3.0 6. 3.5 7. 4.0 8. 4.5

예: 온도(절대 0이 없음), 체온(F, ℃), 시력, 산도(pH), 시각(시, 분), 지능지수, 물가지수, 생산성지수, 해발고도, 위도, 경도

2.2.4 비율척도(ratio scale)

하나의 대상이 다른 것보다 몇 배나 더 큰가를 나타낼 수 있는 척도로 척도들 중 가장 수준이 높은 척도이다. 척도를 나타내는 수가 구간일 뿐만 아니라 구간척도가 가지는 특성 외에 의미있는 절대영점이 존재한다. 또한 구간척도가 갖는 특성에 추가적으로 측정값 사이의 비율계산이 가능하여 가감승제가 모두 가능한 척도이다. 비율계산이 가능한 까닭은 측정하고자 하는 속성이 전혀 존재하지 않는 상태인 절대영점이 존재하기 때문이다.

비율척도는 척도간의 상대적 크기, 간격, 몇 배의 개념이 모두 사용 가능하다. 따라서 비율척도는 3가지 척도의 특성인 소속확인, 순위비교, 간격비교를 모두 포함하고 있다는 점에서 가장 강력한 평가척도라고 할 수 있다.

1. 연령: 10세, 20세, 30세, 40세, 50세
2. 시험점수: 60점, 70점, 80점, 90점, 100점

비율척도에 대하여 일반적으로 적용되는 통계기법은 구간척도와 같고 그 밖에 기하평균, 조화평균, 상관계수, 모수 및 비모수통계분석 등 고도의 통계분석이 모두 가능하다.

◈ 예 ◈

한국을 관광하고 난 뒤 한국에 대한 귀하의 전반적인 만족도가 100점 만점을 기준으로 어느 정도나 되는지 점수로 적어주시기 바랍니다.

(　　　　)점

예: 신장, 체중, 연령, 혈압, 소득, 인구수, 소득, 시간, 길이, 시험점수, 도시화율, 실업률, 점유율, 생산원가 등.

2.2.5 척도의 특징과 척도 간의 관계

명목척도나 서열척도는 설문에 대한 응답자의 협조를 구하기가 쉬운 장점은 있으나 분석방법에 한계가 있다. 반면 구간척도나 비율척도는 다양한 통계분석방법을 적용할 수 있으나 응답자로부터 정확한 응답을 얻어내기가

어렵다. 비율척도로부터 얻어지는 자료는 거의 모든 분석방법이 적용될 수 있어서 비율척도를 적용하는 것이 자료의 분석상 유리하지만 측정하고자 하는 속성에 따라 적용 가능한 척도가 제한되어 있는 경우가 있다. 따라서 조사자는 응답자의 협조가능성 및 조작적 정의를 내리는 과정에서의 어려움을 고려하여 적절한 척도를 선정해야 한다.

명목이나 서열척도로부터 얻어진 자료는 극히 제한된 분석방법을 적용할 수밖에 없으므로 되도록 구간척도 이상의 자료를 얻는 것이 분석에 용이하다. 척도에 따라 통계분석기법은 구간척도나 비율척도로 측정된 경우에 적용할 수 있는 모수통계 기법과 변수가 명목척도나 서열척도로 측정된 경우에 적용할 수 있는 비모수통계 기법으로 나눈다.

명목척도에서 비율척도로 갈수록 각 척도로부터 얻어진 자료가 담고 있는 정보량이 더 많아지며 보다 정밀한 분석방법이 적용될 수 있다. 등간척도나 비율척도의 경우 손쉽게 명목척도나 서열척도로의 변환이 가능하다. 예를 들어 비율척도로 만들어진 월소득의 경우, 연구자가 임의대로 100만원 이하는 저소득, 100만원~300만원 이하는 중소득, 300만원 이상은 고소득으로 한다면 명목(서열)척도가 된다. 또한 하나하나의 변수가 서열척도라도 여러 변

표 2-1 척도의 종류 및 특징

	척 도	비교방법	집중경향	통계방법	예
질적(범주형)	명목 척도	확인, 분류	최빈값	빈도분석 비모수통계 교차분석	성별, 선택유무, 상품유형별 분류 시장세분구역 분류
	서열 척도	순위 비교	중앙값	서열상관관계 비모수통계	상표선호순위, 상품품질순위도, 사회계층, 시장지위, 성적순위
양적(측정형)	구간 척도	간격 비교	산술평균 표준편차	모수통계	태도, 의견, 온도, 광고인지도, 학점, 상표선호도, 주가지수, 생산성지수
	비율 척도	절대적 크기 비교	기하평균 모든 통계량	모수통계	매출액, 구매확률, 무게, 소득, 나이, 시장점유율, 점수, 판매량, 고객수

집중경향: 자료의 일반적인 크기를 대표하여 나타낼 수 있는 단일의 수치로, 자료의 평균을 쉽게 파악하고자 하는 방법.

수의 합이라면 구간척도가 되는 경우가 있고, 만족도와 성적이 명목척도이더라도 합쳐지면 비율척도가 되는 경우도 있다.

그러나 일반적으로 명목척도에서 구간척도나 서열척도로 변환시키는 것은 불가능하다. 어떤 척도를 사용하였는가는 나중에 어떤 분석을 사용할 것인가를 제한하기도 한다. 따라서 설문지 작성 단계부터 분석방법을 염두에 둔 척도 사용이 필요하다.

2.3 측정의 문제점은 어떤 것이 있을까?

측정을 하려면 그 개념부터 명확히 해야 한다. 예를 들어 실업에 대한 개념은 명확하지만 현실의 장에 들어가면 어떻게 하는 것이 옳은지 막연해지는 경우가 많다. 그래서 운용정의(operational definition, 조작적 정의)라는 일종의 규정으로 일정한 개념을 구체화시킨다.

그러나 이에 따라 다른 문제가 생긴다. 이 개념에 대한 운용정의는 측정하고자 하는 것을 제대로 측정하고 있는지가 의문이다. 실업률의 경우 많은 사람들이 명백히 실업자라고 생각하는 사람을 정부가 실업자로 간주하지 않는 것이다. 이와 같은 관점을 측정의 타당성(validity)이라고 한다. 다시 말하여, 타당한 측정이란 일정 개념의 운용정의가 목표한 개념을 제대로 나타내고 있는 경우를 말한다.

한 개념에 대한 측정이 타당성을 갖춘다고 하더라도 그것이 믿을만하게 산출된 것이냐는 문제가 남아있다. IQ 검사지가 '지능지수'를 제대로 측정할 수 있게 되어있다 하더라도 검사할 때마다 다른 수치를 보인다면 그 검사지는 믿음직스럽지 못한 것이다. 측정값의 변동이 작은 경우 측정의 신뢰성(reliability)이 확보되어 있다고 말하며, 그렇지 않은 경우 측정의 신뢰성이 낮다고 말한다.

예상하건대, 측정시 발생하는 중요한 문제는 측정하고자 하는 것을 과연 제대로 측정했는지에 대한 측정의 타당성이다. 다른 하나는 반복해서 측정했을 때 어느 정도 동일한 결과를 얻을 수 있는지에 관한 측정의 신뢰성이라고 볼 수 있다.

2.3.1 측정의 신뢰성이란?

신뢰성은 어떤 측정도구를 이용하여 결과의 일관성이 어느 정도인지 나타내는 것을 의미한다. 즉, 동일한 개념에 대해 측정을 반복했을 때 동일한 측정값을 얻을 가능성을 말한다. 만약 공무원의 승진을 결정하여야 하는 인사담당관이 만든 지표로 어느 공무원의 승진요인들의 점수를 두 번 측정하여 모두 똑같은 답을 얻었다면, 이때의 지표는 신뢰성있는 측정도구가 된다. 또, 이 지표를 가지고 둘 이상의 사람이 측정하여 똑같은 결과를 얻었다면, 이 지표의 신뢰성은 더욱 높아질 것이다. 신뢰성 있는 측정이란 측정값들의 변동이 작음을 뜻한다. 예를 들어 수학능력시험에 대한 3차례의 모의고사를 실시하여 시험점수 간 상관성이 상당히 높다고 하자. 그러면 이것은 수능의 신뢰성이 높음을 뜻한다. 그러나 3차례 모의고사 시험점수들 간의 상관성이 작다면 수능의 신뢰도가 낮음을 뜻한다.

어느 사건이나 현상을 측정하는 데 신뢰성이 있어야 하는 것은 말할 나위가 없다. 그러나 측정에 있어서 신뢰성은 언제나 당연히 확보되지는 않는다. 측정의 신뢰성을 저해하는 주관성(subjectivity)과 부주의의 요인은 힘들게 고안한 측정도구들의 효용을 떨어뜨린다. 실제 통계조사를 하다 보면, 조사자의 주관개입이나, 실수 혹은 교육훈련의 부족으로 신뢰성을 떨어뜨리는 사례들을 많이 접할 수 있다.

즉, 주관성의 개입은 조사과정에서 측정자 또는 응답자가 자기의 주관을 개입시켜 사실을 왜곡하여 측정하거나 응답하는 상황을 의미한다. 예를 들어 인사담당관이 어느 한 사람의 승진요인점수를 더 후하게 주어야 한다는 자신의 주관을 개입시켰다면, 제아무리 지표가 좋아도 소용이 없게 된다. 그리고 부주의의 요인이란 그러한 주관성의 개입이 없더라도, 단순히 조사자가 부주의나 실수로 측정을 잘못하게 되는 상황을 의미한다.

이러한 측정상의 신뢰성을 떨어뜨리는 요인을 제거하기 위하여 조사자들은 훈련을 받고, 조사의 설계자는 측정자료들을 재검증하는 과정을 거치면서 조사를 진행하게 되는 것이다.

2.3.1.1 신뢰도를 평가하는 방법들

신뢰도의 평가방법으로는 크게 다음의 4가지 방법이 있다.

(1) 재검사법(test-retest method)

재검정법 혹은 재검사법이라고도 한다. 동일한 측정도구를 이용하여 동일한 대상에 시간 간격을 두고 두 번 측정한 후 결과를 비교하여 얼마나 상관이 있는지를 분석하는 방법이다. 이 때 시점을 달리한 두 측정결과에 대하여 5장에서 공부할 상관분석을 통해 상관계수가 높게 나오면 신뢰성이 높다는 것을 의미한다.

장점은 측정도구 자체를 직접 비교할 수 있고, 적용이 간편하다는 것이다.

단점은 동일한 측정도구를 두 번 적용하기 때문에 앞의 측정이 뒤의 측정에 영향을 줄 수 있으며, 외생변수의 영향을 파악하기가 곤란하다는 점이다. 또한 조사기간과 비용이 많이 든다는 단점도 있다.

(2) 반분법(split-half method)

양분법이라고도 하며 다수의 측정항목을 서로 대등한 두 개의 그룹으로 임의로 나누고 두 그룹의 항목별 측정치 사이의 상관관계를 조사하여 신뢰도를 측정하는 방법이다. 이 방법의 경우 측정도구가 같은 개념을 측정하며, 항목수 또한 충분히 많아야 한다.

집합적 신뢰성은 파악이 용이하나 특정 항목에 대한 신뢰도를 정확히 파악하기는 어렵다는 단점이 있다.

(3) 대안적 형태법(alternative form method)

대안적 양식법이라고도 하며 대등한 두 가지 형태의 측정도구를 사용하여 각각 동일한 표본에 차례로 적용하여 신뢰도를 측정하는 방법이다. 최대한 비슷한 두 가지 측정도구를 동일 대상에 차례로 적용해야 한다.

단점은 동등한 측정도구를 개발하기 어렵고, 재검사법과 마찬가지로 두 시험효과에 의한 오차가 발생할 수 있다는 점이다. 따라서 통계적으로 신뢰도의 추정값을 구했다고 하더라도 이 값이 정말 신뢰도 값을 나타내는지 그리고 형식상의 동등성 정도를 보여주는지에 대하여 판단하는 것은 곤란하다.

(4) 내적 일관성법(internal consistency method)

문항 상호간의 일관성을 보고자 하는 방법으로, 동일한 개념을 측정하기 위해 여러 개의 항목을 이용하는 경우 신뢰도를 저해하는 항목을 찾아내어 측정도구에서 제외시킴으로써 측정도구의 신뢰도를 높이기 위한 방법이다. 흔히 크론바흐(Cronbach) 계수를 이용하여 신뢰도를 측정한다. 이 때 계수는 0에서 1까지의 값을 가지며 문항수가 많을수록, 문항간의 평균 상관관계가 증가할수록 높아진다.

2.3.1.2 신뢰도를 높이는 방법은?

측정을 할 때는 신뢰도를 높이도록 노력해야 한다. 신뢰도를 높인다는 것은 각 사례의 차이의 분산을 최대화하고 오차분산을 최소화하는 것이다. 신뢰도를 높이기 위한 방법은, 첫째, 측정항목수를 늘린다. 둘째, 측정도구의 모호성을 제거한다. 셋째, 동일한 질문에 유사한 질문을 2회 이상 하는 방법 등을 통하여 내부 일치성을 향상시킨다. 넷째, 측정방법에 일관성을 유지시킨다. 다섯째, 조사대상자에게 적절한 내용의 항목으로 측정한다. 여섯째, 이전의 조사에서 신뢰성이 확보된 측정도구를 이용한다.

2.3.2 측정의 타당성이란?

측정에 대한 신뢰성의 문제는 조사를 중단시킬 정도로 중대하다고 할 수는 없지만, 타당성문제는 조사를 진행할 수 없게 할 정도로 중대한 것이다. 즉, 신뢰성은 조사를 진행하면서도 확보해 갈 수 있지만, 타당성은 애당초 다른 측정도구를 사용해야 한다는 점에서 조사의 전제를 뒤흔들게 된다.

왜냐하면 측정의 타당성이란 조사자가 측정하고자 하는 사건이나 현상을 측정하고 있느냐 하는 문제이기 때문이다. 즉, 측정도구가 제대로 설계되었느냐의 문제이다. 예를 들어, 그럴 리는 없겠지만, 공무원의 승진요인을 나타내는 지표로 자녀수, 거주형태, 출신고교 등을 선택하였다고 하자. 이 지표들은 한 공무원의 가족상태나 인사담당자와의 친교 여부를 측정할 수는 있겠지만, 승진 여부를 결정하는 측정도구로는 절대로 볼 수 없다. 이 지표들을 가지고 승진대상에 있는 공무원들의 승진요인점수를 측정하는 것이 강행

된다면, 누구도 그 정보에 따른 승진결정을 환영하지 않을 것이다. 측정의 타당성에 대한 논란에서 빠지지 않고 나오는 것이 지능지수(IQ)와 대학수학능력시험이다. 지능지수 검사지로 재어지는 것이 과연 "지적능력에 대한 측정이냐"는 것이고, 대학수학능력시험의 점수가 과연 대학에서의 수학(修學) 능력을 재느냐는 것이다.

이렇듯 조사를 진행하는 데 있어서 중요한 것은, 측정하고자 하는 개념과 측정도구를 정확히 일치시켜야 한다는 것이다. 통계조사를 하려는 사람은 앞에서 소개하였듯이 알고자 하는 어떤 개념에 대한 조작적 정의를 정확히 내리고, 측정도구를 올바르게 선택해야만 하는 이유가 여기에 있다.

2.4 데이터베이스

2.4.1 데이터베이스란?

데이터베이스란 하나 이상의 자료 혹은 데이터를 체계적으로 정리해 놓음으로써 이용자들의 필요에 따라 데이터의 검색, 수정 및 갱신을 효율적으로 진행할 수 있도록 구조화시켜 놓은 '자료의 집합체 혹은 기지'를 말하며, 1963년 미국에서 처음으로 이 용어가 사용되었다. 컴퓨터가 발달하면서 이런 데이터베이스도 함께 놀랄만한 발전을 하고 있다.

컴퓨터에 사용되는 데이터의 집적인 데이터베이스는 신문·잡지 등의 문헌 데이터베이스와 경제통계나 기업재무 데이터 등의 비문헌 데이터베이스로 크게 구별한다. 사회 전반의 조직규모가 방대해지고 이에 따른 제반 정보가 폭증하는 상황에서 여러 가지 자료를 수집, 정리하여 의사결정의 기초자료로 활용하기 위해 고안된 데이터베이스는 정보사회로의 진입과 더불어 용도와 이용방법 등에서 많은 변화를 보이고 있다. 자료의 중복을 제거하여 많은 사용자들이 공동으로 정보를 쉽게 사용할 수 있도록 고안된 데이터베이스는 상호 연관된 자료를 집중화하여 체계적으로 조직된 자료의 집합이라 할 수 있으며 일반적으로 데이터가 통합 저장되어 운영되며 공유할 수 있다는 특징이 있다.

2.4.2 데이터베이스의 특징

데이터베이스의 특징은 크게 자료의 이용과 처리방식에 대한 것으로 구분할 수 있다. 자료 이용과 관련된 특징은 자료 공유, 온라인 처리, 접근의 편의성을 들 수 있다. 데이터베이스는 데이터의 중복이 배제된 자료의 집합체이기 때문에 다양한 목적을 지닌 사용자가 동시에 공동으로 사용할 수 있는 '자료의 공유'라는 특징을 지니며, 온라인 처리가 가능하다. 이러한 특징은 사용자가 요구하는 자료를 즉시 처리하여 그 결과를 제공함으로써 즉각적으로 업무에 활용할 수 있게 할 뿐만 아니라 새로운 자료의 신속한 추가와 기존 자료의 삭제, 갱신 등을 통해 가장 최근의 정확한 자료를 제공받을 수 있게 한다. 그리고 이러한 특징이 유지되기 위해서는 접근의 편의성이 확보되어야 하는데, 다양한 통신망을 이용해 사용자가 때와 장소에 관계없이 필요한 정보를 손쉽게 얻을 수 있게 한다.

자료의 처리방식과 관련된 특징으로는 데이터 중복의 최소화나 유지·관리의 용이성 등을 들 수 있다. 데이터베이스는 종래의 자료처리 방식과는 달리 통합구성을 통해 데이터 중복의 최소화라는 효과를 지니며, 각 자료에 독립성을 부여하여 파일구조의 변경으로 인한 프로그램 변경을 방지함으로써 자료의 유지와 관리, 정확성 확보를 용이하게 하는 기능을 지닌다.

2.4.3 데이터베이스의 이용 현황

최근 데이터베이스 이용현황을 보면 PC통신에서 인터넷통신으로 그리고 유선(온라인)에서 무선(모바일)으로 바뀌어 가는 추세이다. 이런 경향은 [표 2-2]에서 확인할 수 있다. 2004년 11월 현재 이동통신 가입자수는 36,442,000명, PC통신 가입자수는 34,541,000명이며, 온라인 서비스 이용자는 11,870,000명, 모바일 데이터베이스 이용자는 35,116,000명이다.

또한 최근 들어 데이터베이스 이용의 필요성 및 활용성에 대한 인식이 증가하고 있다. 2002년과 2003년 사이의 데이터베이스 이용의 필요성에 관한

표 2-2 데이터베이스시장 동향 (단위: 천명)

	1999	2000	2001	2002	2003	2004(11)
이동통신 가입자수	23,409	26,816	29,047	32,342	33,592	36,442
PC통신 가입자수	8,803	16,807	17,101	16,453	18,975	34,541
온라인 서비스 이용자수	6,800	8,017	8,587	14,624	11,178	11,870
모바일 데이터베이스 이용자수			6,680	8,280	11,970	35,116

그림 2-1 데이터베이스 이용현황

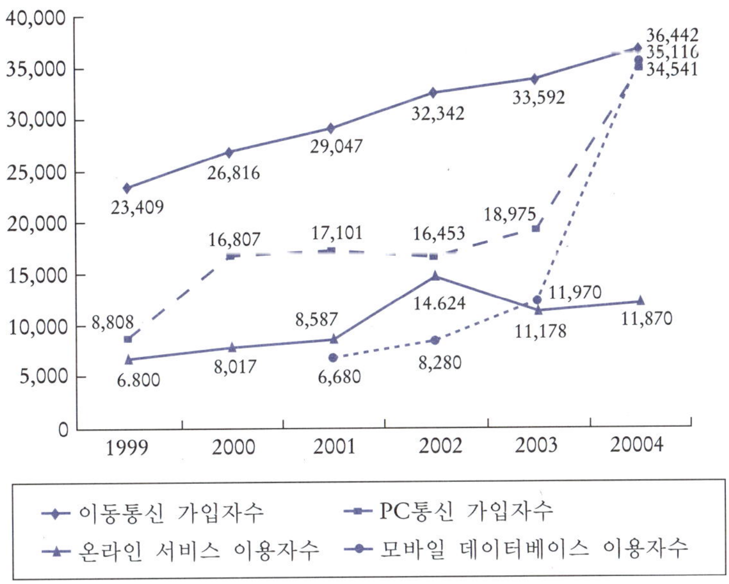

변화 추이를 살펴보면 이를 확인할 수 있다([그림 2-2] 참조).

그리고 데이터베이스의 이용 및 관련 지식이 증대함에 따라 이를 뒷받침할 만한 예산지원의 필요성 또한 증대하고 있다. 이러한 데이터베이스 이용환경의 변화는 아래의 [그림 2-3]에 잘 나타나고 있다.

그림 2-2 데이터베이스 이용성과 활용성

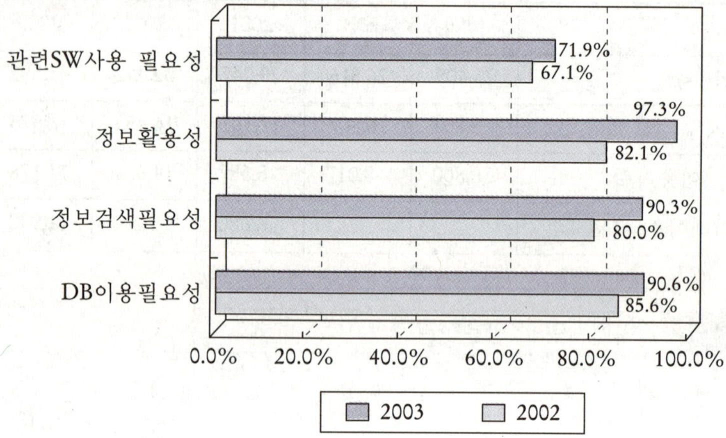

자료: 한국데이터베이스학회.

그림 2-3 데이터베이스 이용환경 변화

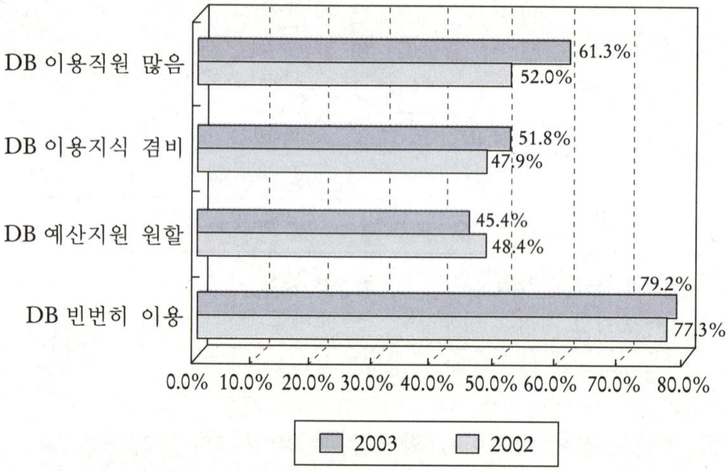

자료: 한국데이터베이스학회.

연습문제

2.1 남녀별로 종교의 유무를 조사하기 위한 조사표 설문을 만들고자 한다. 이 경우에 조사대상자가 남자인지 여자인지를 먼저 알아야 하고 또 종교유무를 알아야 하므로 두 가지 항목을 조사하여야 한다.

(1) 위 설문에 대한 조사를 마치고 설문지에 나타난 측정 내용을 데이터로 작성하려고 할때 변수는 몇 개가 필요하며 각 변수의 측정척도는 무엇인가?

(2) 위에서 종교가 '있다' 라고 답한 경우를 '1' 로 표시하고 '없다' 라고 답한 경우를 '2' 로 표시한다 해도 종교 여부를 나타내는 변수는 여전히 명목척도변수라고 할 수 있는가?

2.2 A지역과 B지역의 연평균 기온은 각각 섭씨 20도와 섭씨 10도라고 한다. 두 지역의 기온을 측정한 척도는 무엇인가? 그리고 다음과 같은 해석을 할 수 있는가?

(1) A지역의 기온이 B지역보다 섭씨 10도 높다.

(2) A지역과 B지역의 기온은 섭씨 10도의 차이가 난다.

(3) A지역의 기온은 B지역보다 2배 높다.

2.3 A, B, C 세 사람의 연간 총소득이 각각 3천만원, 2천 5백만원, 2천만원이라고 할 때 이 소득이 측정된 척도는 무엇이며 이를 등간척도와 구별하여 설명하시오.

2.4 명목척도, 순위척도, 등간척도, 비율척도를 측정척도의 정교함 순으로 올바르게 배열하시오.

2.5 전자제품 회사에서 소비자를 대상으로 전자제품을 구입 후 AS에 대한 만족도를 조사하려 한다. 이에 대한 조사표 설문 항목을 만들어 보시오. 그리고 이에 대한 데이터를 작성하려고 할 때 만족도 변수가 나타내는 값은 어떻게 표시하면 좋겠는가?

2.6 측정의 동질성 혹은 동일성을 기준으로 측정의 신뢰도를 평가하는 대표적인 두 가지 방법을 제시하고 이를 설명하시오.

2.7 직업선호도를 조사하였다. 50개 직업 중 A, B직업에 대한 선호도는 다음과 같다. 직업에 대한 선호도를 점수화하여 직업선호도에 대해 설명하여라.

(주: %는 정확하지 않음)

선 수	가중치	A	B
① 매우 좋은 편	5	80%	5
② 좋은 편	4	15	10
③ 그저그런	3	5	45
④ 나쁜 편	2	0	30
⑤ 매우 나쁜 편	1	0	10

2.8 다음 데이터베이스의 용어를 설명하시오.
(데이터, 데이터베이스, DBMS, 데이터베이스 시스템, 데이터베이스 카탈로그, 데이터베이스 관리자, 최종사용자, 기작성 트랜젝션, 연역 데이터베이스 시스템, 지속성 객체, 메타데이터, 트랜젝션 처리 응용)

2.9 데이터베이스 시스템의 장점을 열거하고, 그 예를 들어 설명하시오.

2.10 데이터베이스 방식의 중요한 특징을 설명하고, 기존의 파일처리 시스템을 사용하는 경우에 비하여 다른 점을 논의하시오.

제 2 부

데이터의 관리와 탐색

자료를 분석하고 이를 수치로 표현하는 것만으로는 자료가 가지고 있는 정보를 정확하게 탐색하는 것이 어려울 수 있다. 이러한 경우, 표를 이용하거나, 도형을 이용함으로써, 자료에 숨겨져 있는 정보를 파악할 수 있다. 자료를 도표로 표현하는 방법은 자료의 성격에 따라 적절한 방법을 택해야 하지만, 같은 도표라고 하더라도 이를 어떻게 만드느냐가 매우 중요하다. 경우에 따라, 관련이 없는 정보도 도표를 그럴듯하게 작성함으로써 매우 연관이 있는 것처럼 나타낼 수 있고, 관련이 있는 정보도 도표를 적당히 조절하거나, 잘못 작성하게 되면 관련이 없는 것처럼 만들 수 있다.

그러나 도표에 의한 자료의 탐색은 아무리 좋은 방법을 사용한다고 하여도 주관적인 해석에 의존하기 때문에 이를 탐색하는 사람에 따라 다른 정보를 제공할 수 있다. 따라서 객관적인 방법이 필요하고 이를 위한 통계적 방법이 필요하다. 대부분의 통계적 방법은 정규분포에 기반을 두고 있으며 따라서 정규분포에 대한 이해가 필요하다. 여기서는 정규분포에 대한 기본적인 개념의 이해와 더불어 이와 관련된 내용들을 기술하고자 한다. 또한 다차원 자료를 파악하는 데 가장 기본적인 연관성에 대해 살펴보고, 하나의 변수를 사용하여 다른 변수를 예측하는 회귀모형에 대해서 공부하기로 한다.

제 3 장 1차원 데이터의 탐색

예제 3-1: 언론과 통계

그림 3-1 2005년 4월 20일 조선일보에 실린 기사: "개혁요구 · 탈기독교 문명 극복 등 안팎문제 풀고 '11억통합' 이뤄야"

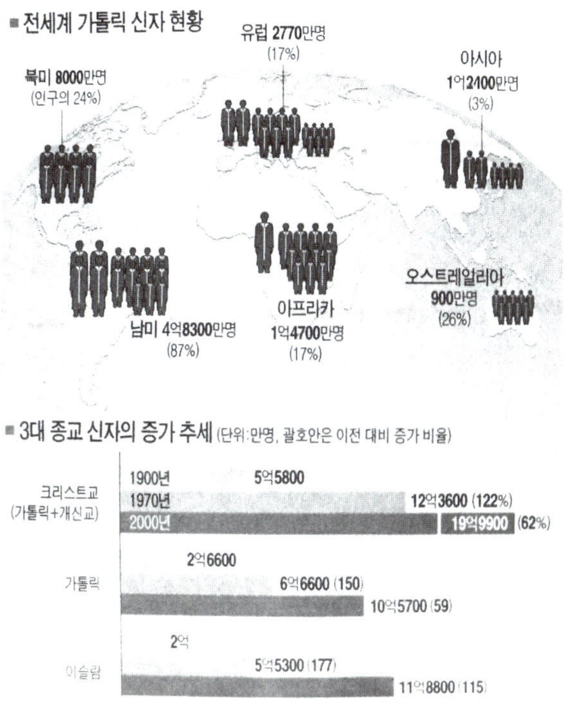

아프리카 신자들은 비현실적이라며 비판해왔다.

◆**유럽 가톨릭의 쇠락**=가톨릭의 위기를 진단하는 사람들은 가톨릭이 현대사회의 변화를 인정하지 않아, '탈(脫)기독교 문명' 추세를 부채질했다고 주장한다. 스페인에서는 4년 전 28%에 달했던 젊은층의 가톨릭 신자 비율이 현재 14%로 줄었다. 영국 잉글랜드·웨일스 지방의 성당 참석률은 1960년대의 절반이다.

◆**바티칸의 권력 집중**=가톨릭 진보진영은 그동안 '바티칸이 전 세계의 서로 다른 문제에 똑같은 원칙을 강요해선 안 된다"며 각 지역 주교들의 권한 강화 요구를 해왔다. 하지만 그동안 바티칸은 견고하고 중앙집권적인 관료들이 주축이 돼 변화를 막고 분권(分權)을 허용치 않았다. 바티칸의 전통주의자들은 정신적·도덕적 가치가 공격받는 시기에 교회의 가르침을 확고히 수호해야 한다는 주장이지만, 많은 주교와 추기경들은 이제 바티칸이 덜 권위적이어야 한다고 맞서왔다.

이철민기자 ㄱ chulmin.chosun.com

[그림 3-1]과 이에 따른 설명에는 유럽 가톨릭의 쇠락에 대해 다루고 있다. 이 기사를 보면, 마치 가톨릭 인구가 급하게 감소하여 가톨릭 교회에 위기를 맞는 것과 같은 인상을 갖게 된다. 그러나 세계인구의 변화를 보면 1900년도에는 16억 5천만 명, 1970년도에는 36억9천만 명, 2000년에는 60억 7천만 명이었다(미국인구센서스 자료). 따라서 인구 대 가톨릭신자를 살펴보면 다음과 같다(단위: 백만).

연 도	1900	1970	2000
인 구	16,500	36,900	60,700
기독교 전체	5,580	12,360	19,990
%개신교	33.9	33.3	32.9
가톨릭신자	2,660	6,660	10,570
%가톨릭	16.1	18.0	17.4
이슬람	2,000	5,530	11,880
%이슬람	12.1	15.0	19.57

이 표에 의하면 1900년에 비해 가톨릭신자의 수가 1970년에 2% 가량 증가하다가 2000년에 0.6% 정도 감소한 것으로 나타난다. 기독교 전체(개신교, 가톨릭, 정교회 등 기독교 관련 모두 포함) 신자의 비율이 거의 33% 수준으로 정지되어 있는 것에 비하면 가톨릭 인구가 감소하고 있다고 할 수는 없다. 다만 이슬람교 인구수가 매우 급격하게 증가하고 있는 것으로 나타나 있는데, 이는 동남아시아, 아프리카 등 인구증가율이 매우 높은 국가들에서 이슬람교가 강한 것을 고려한다면 가톨릭의 쇠퇴라고만 주장할 수 없다.

또한 [표 3-1]에서 보면 가톨릭 인구의 증가는 지속적으로 나타날 것이고 향후 40여년 동안 세계적으로 약 45.8%의 가톨릭 인구 증가가 있을 것으로 예측하고 있다. 증가는 아프리카에서 146%, 아시아에서 63%, 남미지역에서 42%, 북미 지역에서 38%이며, 다만 유럽에서는 6%의 감소가 있을 것으로 예측하고 있다. 그러나 상기 신문에서는 유럽 지역에서 가톨릭의 쇠퇴를 강조하는 나머지 마치 전세계적으로 가톨릭의 위기가 오는 것처럼 기사를 작성하고 있다. 통계를 사용하여 사실을 왜곡시키는 보도를 하고 있다. [표 3-1]에서 2004년도 세계 가톨릭 인구의 비율을 21.6%라고 명시하고 있다. 그러나 2004년도 세계인구는 6,372,892,721명(출처: U.S. Census Bureau, International Data Base)이므로, 가톨릭 인구를 1,082,228,463명으로 예측하는 경우, 이는 17.0%에 해당한다. 따라서, 통계 수치를 제시하는 경우, 어떤 소스에서 이 숫자들이 나타났는지, 어떤 기준에 의해 이들을 계산했는지를 명확하게 밝혀야 한다.

표 3-1 세계 각 지역별 가톨릭 인구 예측. 2004, 2025, 2050. 전세계 가톨릭의 2/3가 개발 도상국들에 분포되어 있고, 향후 40여년 동안 가톨릭 인구는 45.8%의 증가를 보일 것으로 예측된다

	인구대 비율	추 정	예 측	예 측	변 화
지 역	2004	2004	2025	2050	2004~50
아프리카	17.9%	139,157,160	219,171,850	342,023,230	145.8%
아 시 아	4.3%	127,125,410	171,916,360	207,086,560	62.9%
유 럽	36.4%	270,765,647	272,495,186	255,744,426	−5.5%
남 미	83.3%	454,541,400	568,040,560	646,912,570	42.3%
북 미	25.1%	82,000,000	97,000,000	113,000,000	37.8%
오세아니아	26.8%	9,000,000	11,000,000	13,000,000	44.4%
전 세 계	21.6%	1,082,228,463	1,339,159,510	1,577,585,569	45.8%

자료: http://www.prb.org/Articles/2005/TheChangingDemographicsofRomanCatholics.aspx

통계라고 하면 우선 복잡한 수표가 떠오른다. 또, 이 수표와 더불어 각종 도표와 통계적 방법에 의한 복잡한 결과 수치를 생각하게 된다. 수표를 만드는 과정이나 도표를 작성하는 데는 기본적인 규칙이 있으며, 될 수 있는 한 수표와 더불어 도표를 제공하는 것이 결과의 해석에 도움을 줄 뿐 아니라 내용을 이해하는 데 더 효율적이다. 이 장에서는 여러 가지의 현실적 자료를 사용하여 이러한 원칙에 의해 수표와 도표를 그리는 방법을 설명하기로 한다.

3.1 효율적인 수표의 작성

예를 들어 "우리나라의 주 종교는 불교, 개신교, 천주교, 기타, 무교이고, 각각 23%, 18.5%, 11%, 1%, 46.5%를 차지한다"라고 표현하는 것보다 "우리나라 종교별 인구분포는 불교 23%, 개신교 18.5%, 천주교 11%, 기타 1%, 무교 46.5%이다"라고 표현하는 것이 효율적이다. 첫번째 문장에서는 각 종교와 해당 비율이 떨어져서 설명되어 있기 때문에 이를 연결하여 이해하려면 새로운 노력이 요구된다. 또한 다른 숫자는 모두 소수점 이하 한 자리로 표현되어 있는 데 비해 불교 23%, 천주교 11%, 기타 1%로 되어 있는 것은 일관성이 부족하므로 이를 23.0%, 11.0%, 1.0% 등으로 고쳐야 한다. 이 내용을 표로 만들고 싶으면 복잡한 모양을 피하고 다음과 같이 만드는 것이 간단명료하다.

표 3-2 우리나라의 종교 분포

종 교	비율(%)
불 교	23.0
개 신 교	18.5
천 주 교	11.1
기 타	1.0
무 교	46.5

이렇게 몇 개 안 되는 내용으로 이루어지는 자료의 경우, 수표만으로 충분한 정보를 전달할 수 있으며, 막대그래프나 파이차트 등을 사용하여 내용을 복잡하게 할 필요가 없다. 남녀 성별 자료나, 연령별 자료, 기타 간단한 구분에 의한 자료는 도표를 만들어 복잡하게 보이는 것보다 앞의 [표 3-2] 같이 간단히 자료만 제시하는 것이 자료에 대한 이해를 빨리 할 수 있다. 3.8절의 지도를 이용한 자료의 표현방법에서 각 지역별 종교분포를 다

시 논하기로 한다.

수표를 만드는 데는 몇 가지 원칙이 있다.

1. 표의 행과 열을 자료의 구조가 파악되기 쉽게 배열한다.
2. 유효숫자의 길이가 크지 않게 한다.
3. 표만 보아서도 내용을 알 수 있도록 한다.
4. 선이나 여백을 삽입하여 행과 열을 구성한다.
5. 표의 제목에 중요한 내용을 기록한다. 여기에 많은 정보가 있을수록 표는 읽기가 쉬워진다.

사람의 눈은 3자 이상의 숫자를 읽는 데 숙달되어 있지 않다. 요즈음 모든 계산이 컴퓨터로 이루어지고, 컴퓨터 계산은 매우 긴 자릿수를 제공한다. 그러나 수표의 유효자릿수는 될 수 있는 한 3자 이하로 만드는 것이 좋다. 우리는 흔히 주위에서 13명을 조사해서 이 중 5명이 찬성하였는데 찬성하는 비율을 38.4%라고 기술하는 것을 볼 수 있다. 그러나 통계 이론에 의하면 표본크기가 10명 수준인 경우, 결과에는 32% 오차가 있으므로 알고자 하는 값은 (38.4% − 32%, 38.4% + 32%) = (6.4%, 70.4%) 사이에 있게 된다. 따라서 이러한 경우는 30%나 40%나 어떤 값을 써도 무방하지만, 추정한 값 38%에서 가장 가까운 40%를 사용하는 것이 타당하다. 또한 97명 중 67명이 찬성하였다면 67/97 = 0.6907로서 69.07%의 찬성으로 적기 쉽다. 100명의 표본 크기에서는 오차가 10% 정도 되기 때문에 이 표본 결과를 기술

표 3-3 백분율 표기에서 표본크기와 적절한 유효숫자의 크기[1)]

표본크기	% 오차	적절한 표기
10	32%	30, 40, 50, 60 등
100	10%	35, 40, 45, 50 등
1,000	3.2%	34, 36, 38, 40 등
10,000	1%	34, 35, 36, 37 등
100,000	0.1%	34.1, 34.2, 34.3 등

1) 통계이론에 의하면 n을 표본크기로 할 때, 오차는 $\frac{1}{\sqrt{n}}$과 같다.

할 때는 (69%−10%, 69%+10%)=(59%, 79%)라고 기술하는 것이 좋지만, 숫자 하나를 써야할 경우, 70%라고 하는 것이 적절하다. 또, 100,000명의 경우 오차가 0.1% 정도되므로, 최대 3자리까지 유효숫자가 의미 있다. 이를 정리한 것이 [표 3-3]에 나타나 있다.

3.2 막대그래프

우리가 흔히 사용하는 통계그래프는 이미 현실세계에서 자주 접하는 것들과 유사하다. [그림 3-2]는 "살아있는 막대그래프"다.

막대그래프는 가장 널리 사용되고 있는 도형이라고 할 수 있다. 대부분의 뉴스 자료나, 정부 발표는 막대그래프를 이용한다. 그러나 막대그래프를 그릴 때는 여러 가지 주의할 사항이 있다. [그림 3-3]은 시도별 출생성비를 막대그래프를 통해 비교해 보고자 한 것이다(통계청 발표). 이 그림은 x-축의

그림 3-2 살아있는 막대그래프

자료: *International Statistical Review*, 1975, 43, 339~340.

길이가 y-축의 길이에 비해 너무 퍼져 있어 보기가 편하지 않다. 이런 도형을 그릴 때는 황금비(1:1.68…)를 이용하면 더욱 안정적인 그래프가 된다. 또한, 그래프의 자료를 크기순으로 재배열하여 그리면서 전국의 평균을 그래프상에 실선으로 표현하면 전국의 각 지역별 출생성비를 한 눈에 알아보는 것이 더욱 용이해지는 것을 알 수 있다. 순서배열한 그래프를 보면 울산, 경남, 대구, 광주, 경북 지역이 남아 선호도가 뚜렷한 반면, 인천, 전북, 서울은 전국에서 남녀성비가 낮은 지역인 것을 한 눈에 알 수 있다.

그림 3-3 시도별 출생 성비의 막대그래프(통계청 발표)

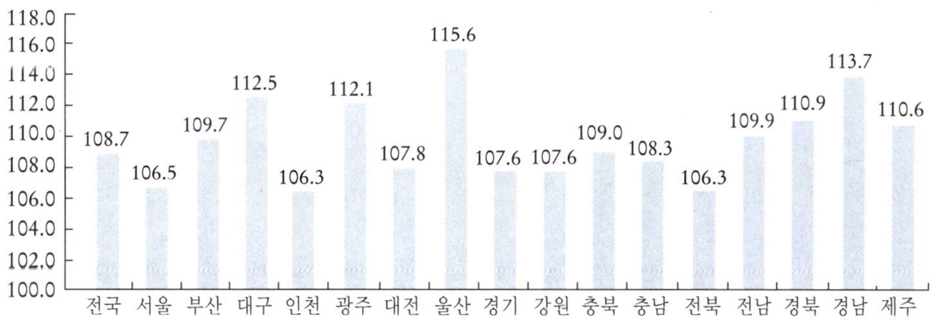

그림 3-4 [그림 3-3]의 x-y축을 황금비(1:1.68…)로 조정하고 성비의 순위를 기준으로 하여 낮은 곳부터 다시 그린 결과

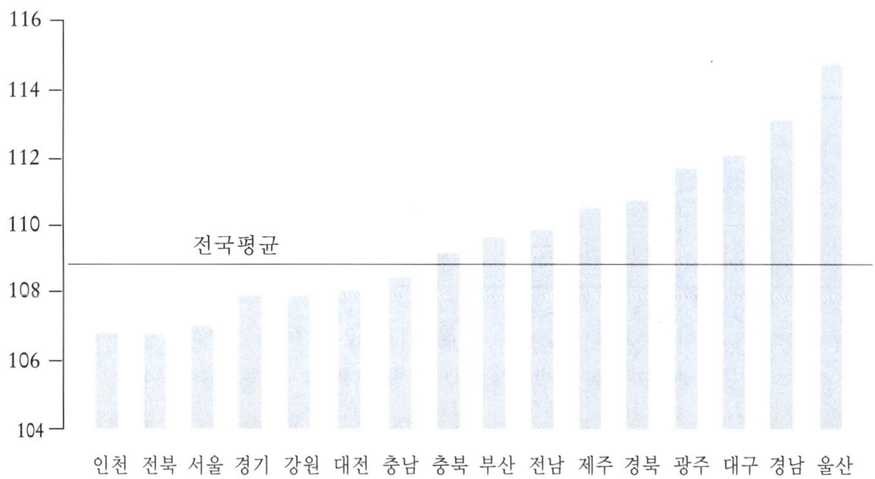

이와 같이 통계적 자료를 그래프로 표현하면 수치로 보는 것보다 내용을 파악하는 것이 더욱 용이하지만, 그래프를 표현하는 방법에 따라 자료가 내포하고 있는 뜻을 파악하는 데 지대한 영향을 미친다.

예제 3-2: 전국 고령인구분포

통계청 자료에 의하면 전국 고령인구분포를 각 시도별로 작성하였다. [표 3-4]에 통계청 발표 자료가 있고, 통계청은 이 자료 중에서 행정구역별로 평균 고령인구비율을 [그림 3-5]와 같이 막대그래프로 나타냈다. 이 자료를 기준으로 하여 통계청이 평가한 내용은 다음과 같다.

- 행정구역별 65세 이상 고령인구의 분포를 보면 총 인구의 10% 이상되는 시도는 4개 도로 이 중 전남이 13.6%로 가장 높으며, 충남(12.1%), 경북(11.6%), 전북(11.2%)순임
  - 9개도 중 서울에 인접한 경기는 5.8%로 가장 낮은 편이며, 다음이 제주(8.4%)가 낮은 편임
- 특·광역시별로 보면 부산이 6.2%로 가장 높고, 울산은 4.0%로 가장 낮은 등, 전국(7.3%)보다 모두 낮게 나타남

표 3-4 행정구역 및 연령별 분포(통계청 발표, 2004)

(단위: 천명, %)

	총 인구	65세 이상		65세 이상					
		인구	%	65~69세	70~74세	75~79세	80~84세	85~89세	90세 이상
전 국	45,985	3,372	7.3	3.0	2.0	1.3	0.7	0.3	0.1
서 울	9,854	535	5.4	2.3	1.4	0.9	0.5	0.2	0.1
부 산	3,655	225	6.2	2.7	1.7	1.0	0.5	0.2	0.1
대 구	2,474	147	5.9	2.6	1.6	1.0	0.5	0.2	0.1
인 천	2,466	137	5.5	2.3	1.5	1.0	0.5	0.2	0.1

광 주	1,351	75	5.6	2.2	1.5	1.0	0.5	0.2	0.1
대 전	1,366	75	5.5	2.2	1.5	1.0	0.5	0.2	0.1
울 산	1,012	41	4.0	1.6	1.1	0.7	0.4	0.2	0.0
경 기	8,938	519	5.8	2.4	1.6	1.0	0.5	0.2	0.1
강 원	1,485	147	9.9	3.9	2.7	1.8	1.0	0.4	0.1
충 북	1,463	142	9.7	3.9	2.6	1.8	0.9	0.4	0.1
충 남	1,840	222	12.1	4.9	3.2	2.2	1.1	0.5	0.2
전 북	1,887	212	11.2	4.4	3.1	2.0	1.1	0.4	0.2
전 남	1,994	271	13.6	5.3	3.8	2.5	1.2	0.5	0.2
경 북	2,716	314	11.6	4.5	3.1	2.1	1.1	0.5	0.2
경 남	2,971	267	9.0	3.6	2.5	1.7	0.7	0.3	0.1
제 주	513	43	8.4	3.3	2.0	1.5	0.8	0.5	0.2

그림 3-5 통계청 사이트에 나타난 전국 행정구역별 고령자 인구비율(통계청, 2004년)

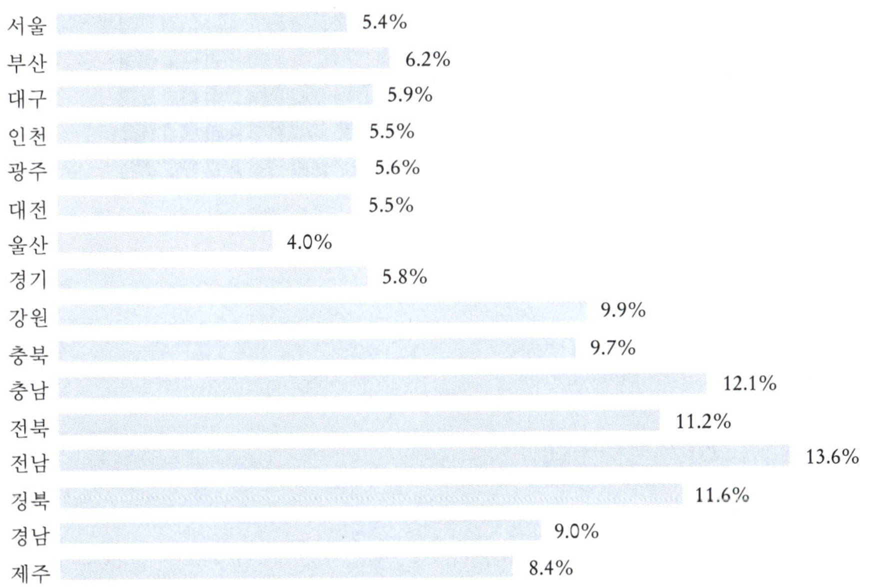

이 자료를 [그림 3-6]과 같이 각 행정구역별로 고령자 인구비율을 순서배열하고, 각 연령대별로 막대그래프를 쌓아놓으면, 한 눈에 우리나라 전체 16개 행정구역별로 고령 인구분포를 더 자세히 볼 수 있다. 이를 보면, 울산이 전국에서 고령자 인구비율이 가장 낮고, 서울, 광주, 대전, 인천, 경기, 대구, 부산과 같이 특별시와 광역시에서 고령자 인구비율이 전국의 평균에 못 미치고 있으며, 전남, 충남, 경북, 전북 등 지방에 갈수록 고령자 인구비율이 매우 높은 것을 알 수 있다. 고령자에서 각 연령대별 분포는 전국적으로 거의 비슷한 것을 곧 알 수 있다. 이를 보면 대도시의 고령 인구분포가 전국 평균보다 낮은 반면, 지방에 갈수록 고령자 인구분포가 많아지는 것을 한 눈에 알 수 있다.

그림 3-6 전국 행정구역별 노년 인구분포(인구 대 노년 인구비율)

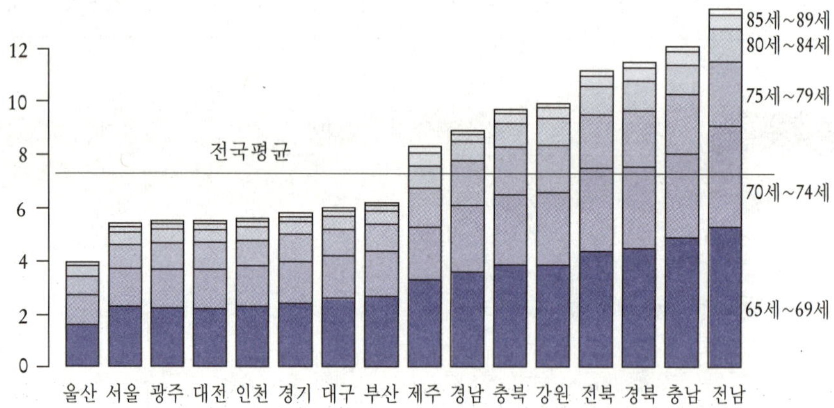

3.3 히스토그램

막대그래프와 더불어 가장 많이 사용되는 그래프가 히스토그램이다. 막대그래프는 명목형 자료나 이산형 자료에 사용하고 히스토그램은 연속형 자료에 사용한다. 예를 들어 대학생의 TOEIC 점수 분포라던가, 우리나라 인구의 연령별 사망자 수 등은 히스토그램을 사용하여야 한다. 가끔 히스토그램을 사용해야 하는 데도 막대그래프를 사용하는 경우를 보는데 이는 잘못된 것이다. 예를 들어 연령을 10세씩 나누어 막대그래프로 사망자 수를 나타내는 것은 잘못된 것이다. 이유는 20~29세, 30~39세…씩 구간을 만들어 따로 빈도수를 도표로 나타내는 경우가 있는데, 이렇게 하면 29~30세 사이는 존재하지 않는 나이가 되기 때문에 논리적으로 맞지 않는다.

히스토그램을 그릴 때는 시작점과 끝점, 그리고 막대의 수를 결정하는 것이 중요하다. 물론 자료가 매우 클 경우는(예를 들어 1,000개 이상) 이러한 문제가 그다지 문제가 되지 않는다. 그러나 자료의 수가 100개 정도인데 구간의 수를 20개 정도로 하면, 어떤 구간에는 자료가 거의 속하지 않는 것이 나티나 히스토그램을 왜곡시킬 수 있다.

히스토그램의 막대 수에 대해서는 Sturge의 공식이 널리 사용된다. 이 공식은 다음과 같다.

$$\text{막대 수} = 1 + \log_2 N$$

[그림 3-8]에 앞에서 제공한 조선 27대 왕조들의 즉위시 나이와 재위기간을 히스토그램으로 표현하였다. 막대그래프를 사용하여 각 왕조의 내용을 보았으나, 전체적으로 조선왕조는 몇 세에 취임하였고 몇 년이나 지속하였는가를 보려면 히스토그램을 사용하는 것이 편리하다. 막대의 수는 $\log_2 27 = 4.75$이므로 6으로 하는 것이 바람직하다. 이를 보면 즉위시 나이는 10대가 가장 많은 것으로 나타났고, 재위기간도 10년 이하가 가장 많은 것으로 나타난다. 그러나 30년 이상 집권한 왕조도 많은 것으로 나타난다.

[그림 3-9]에 세계 222개 국가의 유아사망률에 대한 히스토그램이 나타나 있다.[2] 왼쪽부터 막대수를 4개, 9개, 12개로 하여 그린 것이다. 이 그림을 보면 막대수를 너무 작게 하면 자료의 성격이 너무 두루뭉실하게 나타나서 전체적인 흐름을 볼 수 없고 반면에 너무 많으면 자료의 세심한 변화를 너무 예민하게 표현하여 전체적인 흐름을 파악하기 어렵다.[3] Sturge의 공식

2) 이 자료는 저자가 미국 센서스국, CIA 핸드북 등 기타 자료를 취합하여 2007년 기준으로 만든 것이다. 이 자료는 8장의 마지막 부분에 나와 있다.

3) 이론적인 표현을 사용하면 자료의 크기에 비해 막대수가 너무 많으면 분산이 너무 커져서 막대크기의 신뢰성이 떨어진다.

예제 3-3: 조선시대 27대 왕조

[표 3-5]에는 조선 27대 왕들의 출생, 사망, 즉위, 퇴임 연도가 주어져 있다. 이 표로부터 27대 왕조들의 즉위시 나이와 재위기간을 막대그래프로 그려본 것이 [그림 3-7]에 나타나 있다.

표 3-5 조선시대 27대 왕조

순서	대왕	출생	사망	즉위	퇴임
1	태조	1335	1408	1392	1398
2	정종	1357	1419	1398	1400
3	태종	1369	1422	1400	1418
4	세종	1397	1450	1418	1450
5	문종	1414	1452	1450	1452
6	단종	1441	1457	1452	1455
7	세조	1417	1468	1455	1468
8	예종	1441	1469	1468	1469
9	성종	1457	1494	1469	1494
10	연산군	1476	1506	1494	1506
11	중종	1488	1544	1506	1544
12	인종	1515	1545	1544	1545
13	명종	1534	1567	1545	1567
14	선조	1552	1608	1567	1608
15	광해군	1575	1641	1608	1623
16	인조	1595	1649	1623	1649
17	효종	1619	1659	1649	1659
18	현종	1641	1674	1659	1674
19	숙종	1661	1720	1674	1720
20	경종	1688	1724	1720	1724
21	영조	1694	1776	1724	1776
22	정조	1752	1800	1776	1800
23	순조	1790	1834	1800	1834
24	헌종	1827	1849	1834	1849
25	철종	1831	1863	1849	1863
26	고종	1852	1919	1863	1907
27	순종	1874	1926	1907	1910

그림 3-7 조선 27대 왕의 즉위시 나이와 재위기간, 7왕조씩 구분하였다

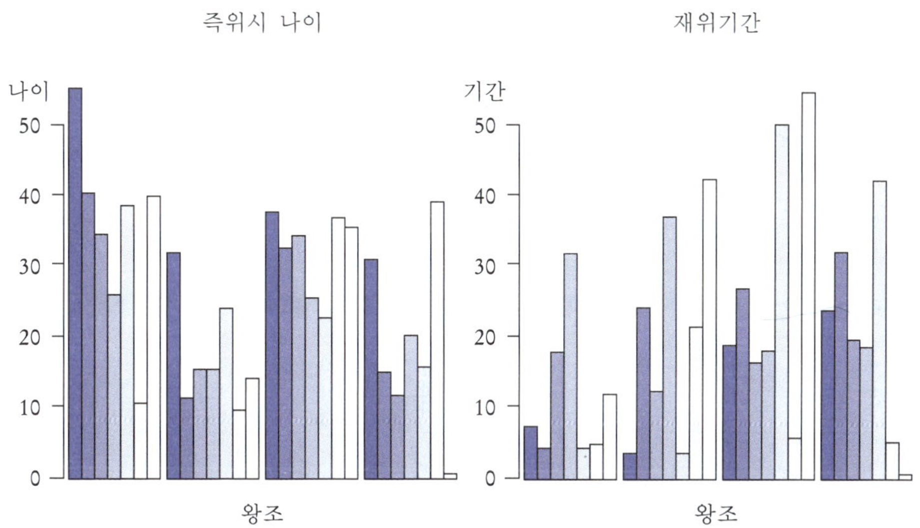

그림 3-8 조선 27대 왕조의 즉위시 나이와 재위기간

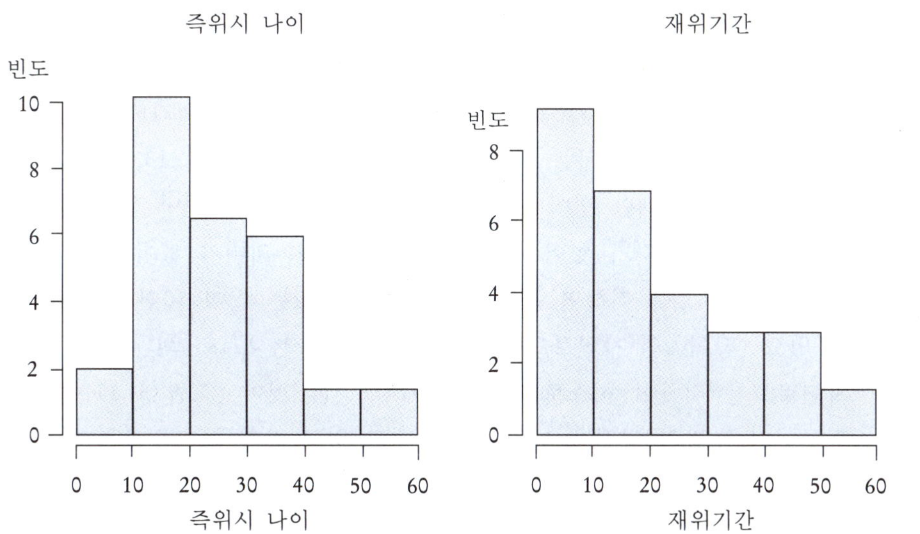

그림 3-9 세계 222개국의 유아사망률(인구 1,000명당 1살 미만의 어린이 사망 수)

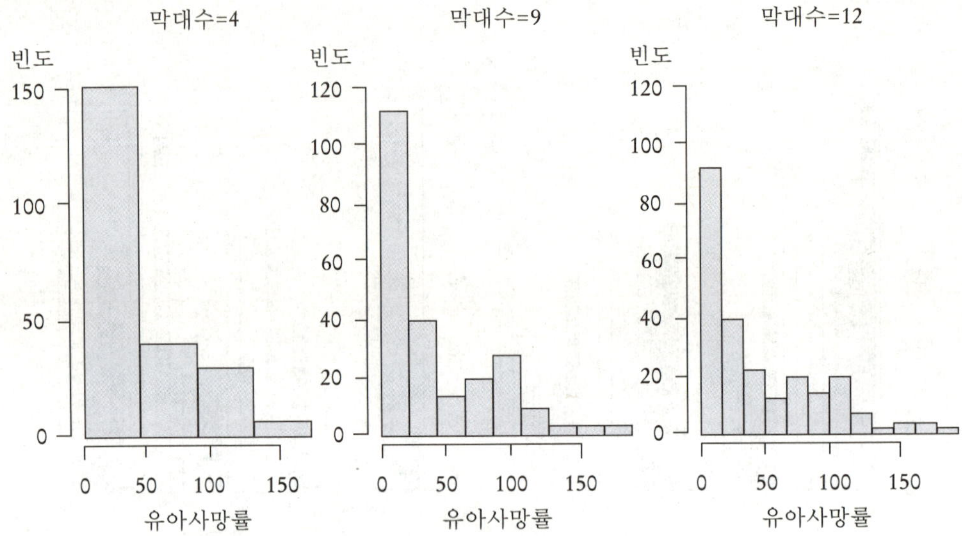

에 의하면 막대수는 8.8이므로 8 또는 9로 하는 것이 좋다.

[그림 3-10]에는 세계 220개국 인구를 히스토그램으로 그려본 것이다(전체 조사한 나라 232개국 중 인구수가 10,000명 이하인 12개 나라는 제외하였다). 여기서 *x*축은 인구수/1,000으로 한 것이다. 이 그래프를 보면 막대수를 아무리 바꾸어 보아도 자료를 제대로 파악할 수 있는 형태가 나타나지 않는다. 이들 220개국 인구는 최소가 Anguila라는 나라로서 13,000명, 최대가 중국으로 13억 4백만 명이다. 대부분의 나라는 인구가 천만 명 아래인데 몇 개의 매우 큰 나라가 있어 히스토그램을 그리면 의미가 없어진다. 이럴 경우, 자료에 log를 취하면 문제가 해결된다. log는 밑이 10인 것을 택할 수도 있고, 밑이 *e*인 자연로그를 취할 수도 있다(*e*는 2.718 …의 수이다). 인구에 자연로그를 취하여 히스토그램을 다시 그려본 것이 [그림 3-11]에 나타나 있다. 이 그림의 왼편은 빈도를 나타내고 있고 오른쪽은 밀도를 나타낸다. 밀도를 사용하면 전체 자료 중에 해당 막대에 속해있는 비율을 알 수 있어 편리하다. 이 그림은 먼저 것보다 더 보기 좋은 형태이다. 그러나 문제는 log 변환을 한 것이기 때문에 이를 해석하는 것이 쉽지 않다. 이렇게 변환

그림 3-10 세계 220개국의 인구

(단위: 1,000명)

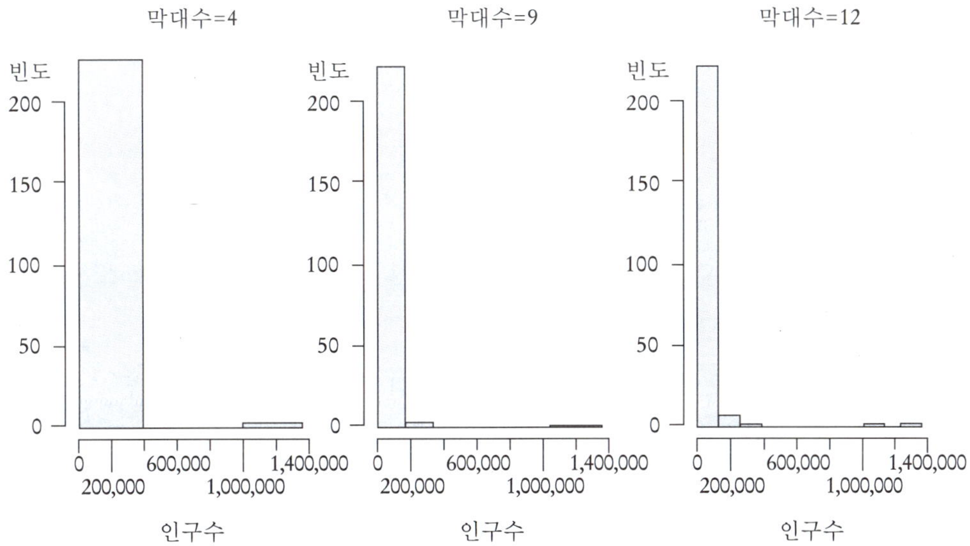

그림 3-11 log(세계 220개국의 인구수)의 히스토그램. 왼쪽은 빈도, 오른쪽은 밀도

(단위: 1,000명)

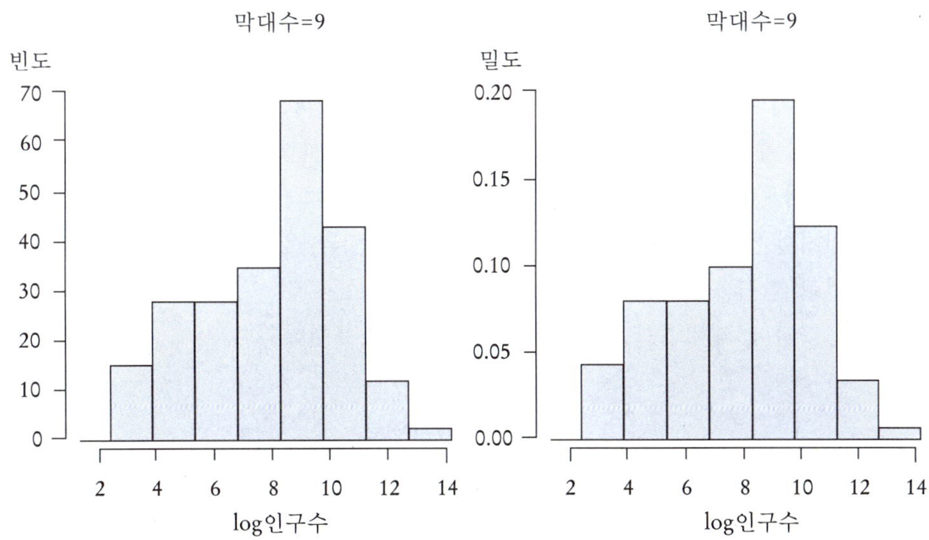

한 자료는 자료를 해석하는 데 의미를 두는 것보다 자료로 이론적인 분석을 하는 데 더 효율적이다. 자료의 해석에 있어서는 오히려 원래의 그래프를 보는 것이 더 효율적일 수 있다. 왜냐하면 이 그래프를 보면 대부분 나라의 인구는 매우 작은 데 비해 매우 큰 인구를 가진 나라들이 몇 개 있어서 전체가 불균형적이라는 것을 적나라하게 보여주기 때문이다.

3.4 줄기와 잎 그림

히스토그램에 비해 자료에 더 충실한 그래프가 있다. [그림 3-8]에서 보여준 조선왕조의 즉위시 나이를 다음과 같이 표현해보자.

```
0 | 7
1 | 01112358888
2 | 14789
3 | 00123368
4 | 1
5 | 7
```

이 그림에서 "0 | 7"은 7을 나타내고, "2 | 14789" 는 21, 24, 27, 28, 29를 나타낸다. 즉, 7세에 즉위한 임금이 하나고(24대 헌종), 20대에 즉위한 임금은 5명으로서 각각 21세, ..., 29세이다. 또, 이를 보면 57세에 즉위한 임금이 하나로서, 이는 태조 이성계이다. 이러한 표시방법을 사용하면 원래 자료를 확실하게 표현해 줄 수 있고 해당 구간에 관측값의 수도 몇 개인지를 알 수 있다. 이러한 그래프를 줄기와 잎 그림(stem-and-leaf plot)이라고 한다.

다음에 재위기간을 줄기와 잎 그림으로 표현하였다.

```
0 | 11223346
1 | 02345558
2 | 2456
3 | 248
4 | 146
5 | 2
```

이를 보면 8개 왕조가 10년을 못 채웠으며 이들은 1년 이내에 그만 둔 왕조가 둘, 2년 이내가 둘, 3년 이내가 둘, 그리고 4년과 6년 이내가 각각 하나씩 있다. 반면 52년을 채운 왕조가 하나(21대 영조)이고 40년 이상도 3개 왕조나 있는 것을 알 수 있다.

[그림 3-12]에는 세계 222개 국가의 유아사망률을 줄기와 잎으로 표현하였다. 이 그림을 보면 마지막 행에 "17 | 2"라고 표시되어 있는데, 이는 유아사망률이 172인 나라가 하나 있다는 뜻이다. 또 "13 | 39"라고 표현된 것은 133, 139인 나라 두 개를 표시하고, "10 | 00001257"은 100, 100, 100, 100, 101, 102, 105, 107 의 8개 나라를 표시한다.

그림 3-12 세계 222개 국가의 유아사망률에 대한 줄기-잎 그림

```
0 | 002233333333334444444444444555555555555566666666667777777888888888888899
1 | 0000001112222233444455566677777778888899
2 | 0011111222345556677799 9
3 | 1112223345566 7789
4 | 003369
5 | 0134778
6 | 011224456778
7 | 124455567
8 | 012358889
9 | 23444455567
10 | 00001257
11 | 89
12 | 00
13 | 39
14 | 2
15 | 3
16 | 5
17 | 2
```

예제 3-4: 결혼연령

1980년 영국에서 조사한 자료로서 결혼할 당시 남자의 나이가 다음과 같다(200명을 랜덤하게 선택). 이 자료를 히스토그램과 줄기와 잎 그림으로 나타낸 것이 그림 [그림 3-13]에 주어져 있다. 줄기와 잎 그림이 히스토그램보다 더 정확한 정보를 제공해 주는 것을 알 수 있다. 즉, 각 나이별로 빈도를 정확하게 제공하고 있다.

자 료(?는 결측값)

19 38 26 30 23 33 30 26 26 23 23 31 41 19 24 24 27 28 22 31 24 25 23 18 25
27 28 22 25 21 32 28 23 ? 22 44 25 22 20 25 21 25 21 26 28 25 22 23 27 21
26 19 25 27 25 24 27 25 21 ? 20 23 26 20 50 24 31 20 21 29 30 25 24 25 33
22 24 22 20 20 22 27 24 31 23 26 ? 22 24 21 29 31 23 28 26 30 22 23 34 27
34 28 41 39 32 22 23 49 25 27 22 37 17 23 26 21 23 23 25 21 22 32 28 22 24
19 27 30 22 24 25 21 23 22 35 21 30 19 35 23 29 22 32 23 21 20 24 20 33 52
24 34 16 30 28 20 20 26 21 24 22 22 29 22 24 24 25 23 19 21 25 18 21 17 22
21 20 23 28 24 23 20 22 30 22 27 25 24 25 22 21 19 ? 25 30 25 23 24

그림 3-13 결혼할 당시의 남자 나이(영국에서 200명 랜덤하게 선택)

```
16 | 000
18 | 000000000
20 | 000000000000000000000000000000
22 | 0000000000000000000000000000000000000000000000
24 | 00000000000000000000000000000000000000000
26 | 00000000000000000000
28 | 0000000000000
30 | 00000000000000
32 | 0000000
34 | 00000
36 | 0
38 | 00
40 | 00
42 |
44 | 0
46 |
48 | 0
50 | 0
52 | 0
```

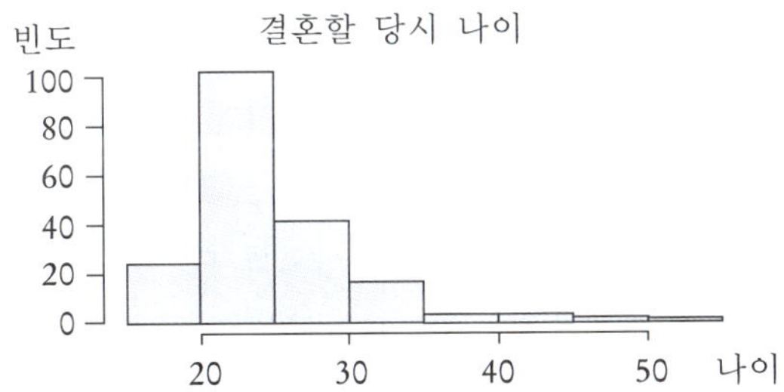

예제 3-5: 급행 지하철 시간표

일본의 요코하마 역에서 출발하는 292개의 케이힌 급행 지하절 시간표가 다음과 같다 (1985년).

5.06 7.17 8.28 9.31 10.40 11.57 13.12 14.28 15.45 16.52 17.53 18.45 19.40 20.39 21.51 23.36
5.18 7.23 3.39 9.33 13.45 11.59 13.17 14.32 15.48 15.59 17.55 18.43 19.43 20.41 21.58 23.47
5.31 7.26 8.32 9.41 10.49 12.05 13.19 14.37 15.52 17.01 17.57 18.53 19.45 20.46 22.01 23.54
5.40 7.30 8.33 9.43 19.54 12.08 13.25 14.39 15.57 17.04 13.01 18.55 19.47 20.50 22.09 24.03
5.46 7.35 8.40 9.50 10.57 12.12 13.28 14.45 15.59 17.15 18.03 18.57 19.51 20.52 22.11 24.15
5.58 7.38 8.42 9.53 11.09 12.17 13.32 14.48 16.05 17.12 18.05 19.01 19.53 20.58 22.17 24.21
6.04 7.40 8.50 9.57 11.05 12.19 13.37 14.52 16.08 17.14 18.07 19.04 19.55 21.01 22.21 24.23
6.12 7.45 8.52 10.01 11.08 12.25 13.39 14.57 16.09 17.19 18.13 19.06 20.00 21.06 22.29
6.13 7.47 8.54 10.03 11.12 12.23 13.45 14.59 16.16 17.22 13.15 19.03 20.02 21.09 22.32
6.21 7.49 9.00 10.57 11.17 12.32 13.46 15.05 16.18 17.24 13.17 19.13 20.04 21.11 22.39
6.30 7.54 9.02 19.11 11.19 12.37 13.52 15.08 16.21 17.26 18.21 19.15 20.10 21.18 22.44
6.38 7.56 9.04 10.12 11.25 12.39 13.57 15.12 16.27 17.30 18.23 19.17 20.12 21.21 22.51
6.41 7.58 9.10 10.17 11.28 12.45 13.59 15.17 16.29 17.32 18.25 19.20 20.14 21.26 22.53
6.49 8.03 9.12 10.20 11.32 12.48 14.05 15.19 16.32 17.34 18.28 19.23 20.19 21.29 22.59
6.55 8.06 9.14 10.22 11.37 12.52 14.08 15.25 16.38 17.36 18.33 19.25 20.21 21.31 23.04
6.59 8.09 9.20 10.26 11.39 12.57 14.12 15.28 16.40 17.40 18.35 19.27 20.23 21.38 23.10
7.03 8.13 9.22 10.29 11.45 12.59 14.17 15.32 16.42 17.43 18.37 19.32 20.30 21.41 23.14
7.08 8.20 9.24 10.34 11.48 13.05 14.19 15.37 16.48 17.45 18.41 19.34 20.32 21.46 23.21
714 8.22 9.29 10.37 11.52 13.08 14.25 15.39 16.50 17.47 18.43 19.36 20.34 21.50 23.30

이 표 대신 [그림 3-14]와 같은 줄기와 잎 그림(stem-and-leaf plot)을 사용하면 어떤가?[4] 이 도표를 보면, 어느 시간대에 열차가 많이 배차되었는가를 곧바로 알 수 있다. 즉, 새벽과 밤늦은 시간에는 열차가 적게 배차되어 있고, 저녁 퇴근시간에 열차가 가장 많이 배차된 것을 알 수 있다. 또한 급행, 특급, 쾌특급 등의 열차 종류도 한눈에 볼 수 있고, 종착역의 정보도 이 표에 같이 들어 있다. 줄기와 잎 그림을 사용하면, 같은 숫자(시각)의 반복을 막아준다. 예를 들어

5.06 5.18 5.31 5.40 5.46 5.58

대신

5 | 06 18 31 40 46 58

과 같이 표현함으로써 6번 반복되는 숫자 5를 1번으로 줄여준다. 또 소수점(.)을 사용하지 않아도 되기 때문에 표가 난삽하지 않고 이해하기 쉽게 된다.

그림 3-14 요코하마역의 케이힌 급행 시간표(1985)

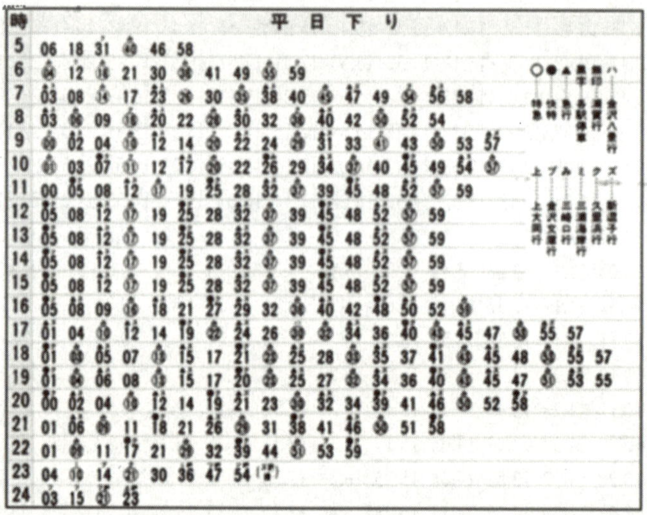

주: 각 시간 위에 열차의 종류(특급, 쾌특급, 급행)와 종착역 표시 및 각 역에 정차 여부 등이 첨가되어 있다.

4) Edward Tufte(1990), *Envisioning Information*, 46~47.

3.5 선도형

선도형은 간단하고 파악하기 쉽다. 많은 경우, 선도형이 매우 유용한 도구로 활용될 수 있다.

통계청에서는 연령별 사망자 구성비에 대해 다음과 같이 발표하고 있다 (2004년).

남자의 60세 미만 사망자 구성비는 35.7%, 여자는 17.1%

- 2003년 사망자의 연령 구성비를 보면, 60세 미만 사망자가 27.4%로 전년도에 비해 0.2%p 감소, 93년 이후 지속적인 감소세를 보여주고 있음.
  - 남녀별로 보면 60세 미만 남자 사망자 구성비가 35.7%로 여자 17.1%보다 18.6%p 높음.
- 고연령층 사망자 중에는 80세 이상 구성비가 전년대비 0.5%p, 93년 대비 7.7%p 증가.

통계청이 만든 도표 [그림 3-15]는 모양은 좋지만 너무 복잡하여 이를 보고 각 연령별 사망자 비율을 파악하는 데는 어려움이 있다. 이를 [그림 3-16]과 같이 선도형으로 그리면 내용을 명확하게 알 수 있다.

이 자료를 보면 2002년과 2003년에는 1993년도에 비해 사망 나이가 현저히 길어지는 현상을 볼 수 있다. 특히 30대와 60대 전후에서 사망비가 월등히 줄어들고 있으며, 80세 이상 생존하는 비율이 높아지고 있는 것을 한눈에 볼 수 있다.

남자는 여자에 비해 40세에서 60세 사이에 사망하는 비율이 매우 높은 것을 한 눈에 알 수 있다([표 3-6]).

표 3-6 연령계층별 사망구성비

(단위: %, %p)

연령 \ 연도	전체 93	전체 02 (a)	전체 03 (b)	전체 증감 (b−a)	남자 93	남자 02 (a)	남자 03 (b)	남자 증감 (b−a)	여자 93	여자 02 (a)	여자 03 (b)	여자 증감 (b−a)
계	100.0	100.0	100.0	−	100.0	100.0	100.0	−	100.0	100.0	100.0	−
0∼9세	2.4	1.8	1.6	−0.2	2.4	1.8	1.7	−0.1	2.5	1.7	1.5	−0.2
10∼19	2.0	0.7	0.7	0.0	2.4	0.9	0.9	0.0	1.4	0.6	0.5	−0.1
20∼29	3.8	1.8	1.9	0.1	4.8	2.2	2.4	0.2	2.5	1.3	1.4	0.1
30∼39	6.3	3.9	3.9	0.0	8.1	5.0	5.0	0.0	4.0	2.5	2.6	0.1
40∼49	8.4	8.4	8.6	0.2	11.0	11.5	11.5	0.0	4.9	4.6	4.8	0.2
50∼59	15.1	11.0	10.7	−0.3	19.0	14.7	14.2	−0.5	10.0	6.4	6.3	−0.1
60∼69	18.3	19.6	19.7	0.1	19.8	23.8	24.1	0.3	16.2	14.5	14.3	−0.2
70∼79	23.5	25.4	25.0	−0.4	21.2	23.4	23.1	−0.3	26.5	27.9	27.4	−0.5
80+	20.2	27.4	27.9	0.5	11.3	16.7	17.1	0.4	32.0	40.5	41.2	0.7
60세 미만	38.0	27.6	27.4	-0.2	47.7	36.1	35.7	-0.4	25.3	17.1	17.1	0.0
60세 이상	62.0	72.4	72.6	0.2	52.3	63.9	64.3	0.4	74.7	82.9	82.9	0.0

그림 3-15 연령별 사망자 구성비 (통계청 발표)

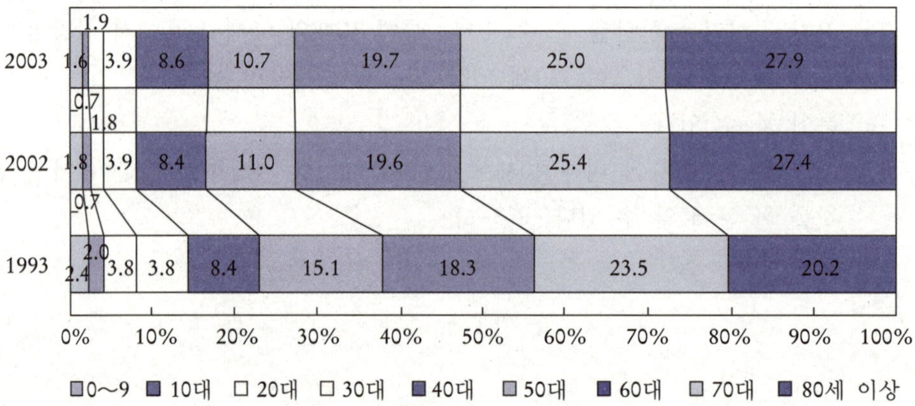

그림 3-16 연령별 사망구성비

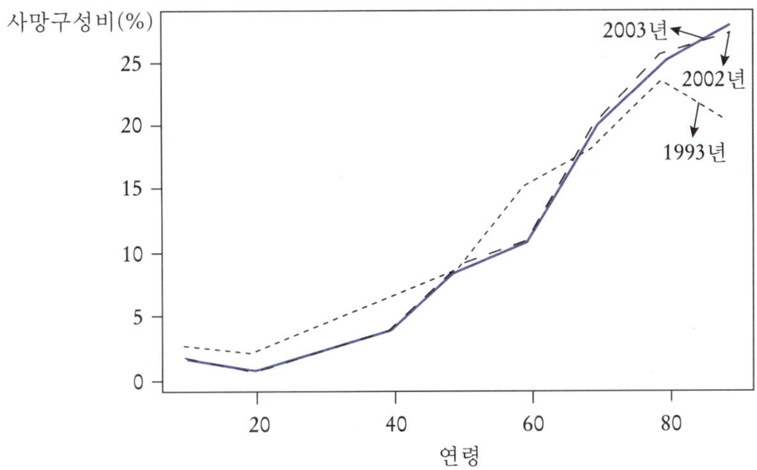

예제 3-6: 통계로 보는 세상 (남아선호)

[표 3-7]에 보면 1993년부터 2003년까지 출생성비(여아 100명당 남아수)가 나타나있다(통계청 발표). 이 자료에 의하면 2003년 출생성비가 108.7로 10년 전 1993년 115.3보다 6.6이 낮아져 정상성비(105±2)에 접근한다고 할 수 있다. 그러나 이를 자세히 보면, 첫째 아이의 성비는 104.9, 둘째 아이의 성비는 107.0으로 나타났으며, 셋째 아이 이상에 대해 136.6으로 나타나 여전히 높은 수준을 보여주고 있다. 이제 이 표를 그림으로 나타내보면 더 명확한 사실을 알 수 있다. [그림 3-17]을 보면 첫째 아이와 둘째 아이의 경우, 출생성비가 104 근처에서 나타나 남아 선호사상이 별 차이가 없는 것으로 보이나, 셋째 아이 이상의 경우 성비가 140 이상으로 매우 높아 아직도 남아신호사상이 일부 그룹에시는 매우 짙게 남아 있음을 알 수 있다.

표 3-7 남여성비(여아 100명당 남아수)

	93	95	97	99	00	01	02	03
총 출생성비	115.3	113.2	108.2	109.6	110.2	109.0	110.0	108.7
첫째 아이	106.4	105.8	105.1	105.6	106.2	105.4	106.5	104.9
둘째 아이	114.7	111.7	106.3	107.6	107.4	106.4	107.3	107.0
셋째 아이 이상	206.6	180.2	135.5	143.1	143.9	141.4	141.2	136.6

그림 3-17 연도별 남여성비

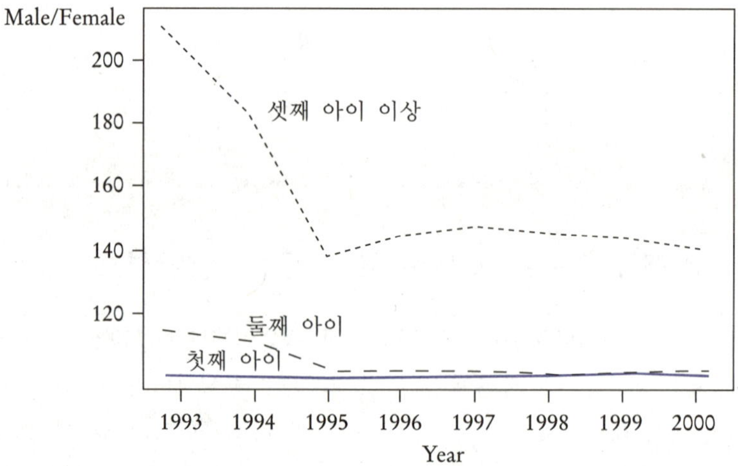

3.6 파이차트

아마도 뉴스나 잡지에서 가장 많이 접할 수 있는 것이 파이차트일 것이다. 파이차트는 명목형 변수를 표현하는 도구로서 원의 각도를 사용하여 해

표 3-8 한국인 남자와 외국인 여자, 한국인 여자와 외국인 남자와의 혼인 통계

(단위: 건, %)

한국남자 + 외국여자

계	19,214	100.0(%)
중 국(여)	13,373	69.6
기 타(여)	2,234	16.6
베트남(여)	1,403	7.3
일 본(여)	1,242	6.5

한국여자 + 외국남자

계	6,444	100.0(%)
일 본(남)	2,613	40.5
기 타(남)	1,395	21.7
미 국(남)	1,237	19.2
중 국(남)	1,199	18.6

그림 3-18 한국인 남자와 외국인 여자, 한국인 여자와 외국인 남자와의 혼인 통계를 파이차트로 표현한 것

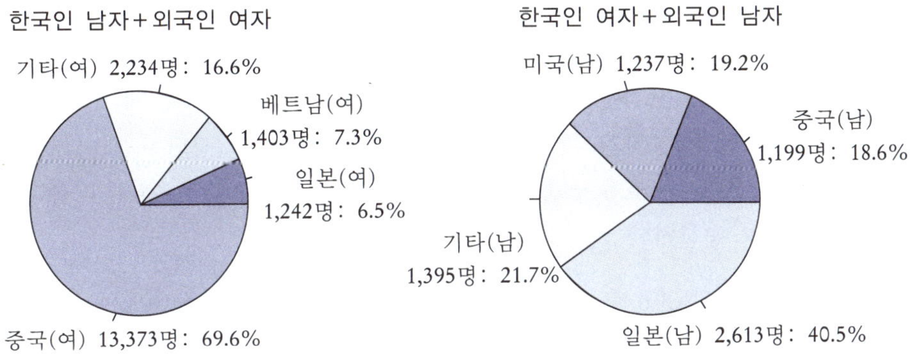

당 카테고리의 상대크기를 나타낸다. [그림 3-18]에 한국 남여가 외국인과 결혼한 자료를 파이차트로 표현한 것이 나타나 있다. 파이차트로 자료를 표현할 때는 크기순서대로 배열하고 각 카테고리의 내용을 바로 옆에 기술해 놓는 것이 이를 이해하는 데 필요한 사항이다. 파이차트는 많이 사용하지만 추천할 만한 그래프라고 할 수 없다. 왜냐하면 파이차트는 너비를 사용하여 각 카테고리의 크기를 비교하는데, 사람의 두뇌는 너비를 인식하는 데 오류를 많이 가져오기 때문이다. 예를 들어 한국여자와 외국남자와의 결혼을 나타내는 파이차트에서 중국, 미국 그리고 기타지역이 18.6%, 19.2%, 21.7%인데, 파이차트만으로 이를 구별하는 것은 거의 불가능하다.

그림 3-19 3차원 파이차트의 사용(통계청)

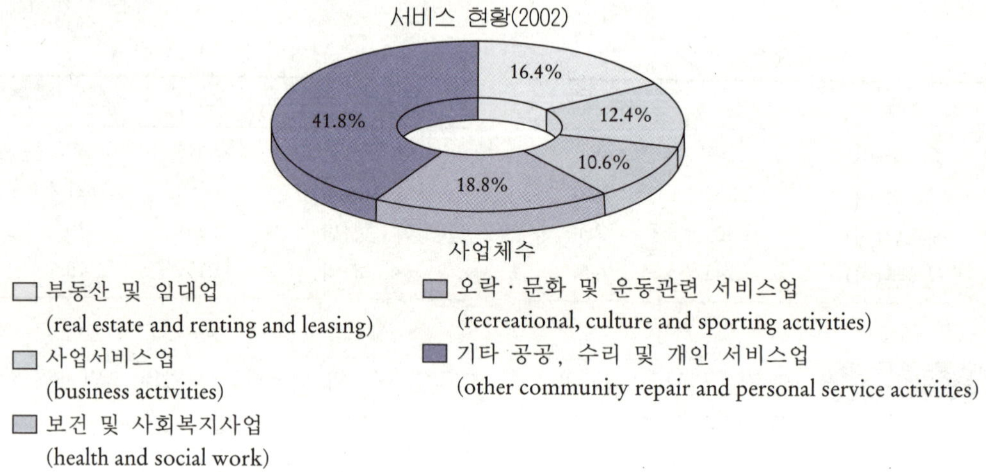

이미 앞에서 설명한 바와 같이 이렇게 카테고리가 몇 개 안되는 경우, 파이차트를 사용하지 말고 단순한 표를 사용하거나 간단히 하나의 문장을 만드는 것이 더 효율적이다. 예를 들어 [표 3-8]과 같은 경우 다음과 같은 표현이면 충분하다.

"한국인 여자와 외국인 남자의 결혼은 나라별로 다음과 같다. 중국: 18.6%, 미국: 19.2%, 일본: 40.5%, 기타: 21.7%"

만약 카테고리가 많다면, 파이차트로 이를 표현하였을 때 그림이 복잡하여 이해하는 것이 거의 불가능해진다.

요즈음 컴퓨터 기술의 발달로 3차원 파이차트를 사용하는 경우가 많다. [그림 3-19]은 서비스업 현황을 3차원 파이차트로 표현한 것이다. 그림은 예쁘다. 그러나 간단한 자료를 복잡하게 표현함으로써 자료가 가지고 있는 원래의 정보를 파악하는 데 오히려 혼돈을 가져올 뿐이다.

통계그래프를 그리는 원칙 중의 하나는 "될 수 있는 한 잉크를 줄이라"는 것이다. 파이차트는 숫자 하나를 표현하기 위해 너무 많은 잉크를 사용하고 있으며, 특히 3차원 파이차트의 경우, 이러한 낭비가 심하다.

그래프로 자료를 표현하고 싶으면 파이차트는 될 수 있는 한 사용하지 말고 명목형 자료인 경우 막대그래프를 사용하고, 수치형 자료인 경우 선도형을 사용하는 것이 효율적이다.

3.7 나이팅게일의 Coxcomb

1854년 크리미아 전쟁에서 종군간호원으로 지원하여 활약한 간호의 어머니(mother of nursing)로 불리는 영국의 Florence Nightingale은 간호뿐만 아니라 통계학에도 상당한 관심을 보였다.[5] 나이팅게일은 크리미아 전투에서 사망한 병사들의 대부분이 열악한 위생조건 때문이었다는 것을 일반에게 알리기 위해 [그림 3-20]과 같은 그래프를 만들었다. 이를 Nightingale의 Coxcombs이라고 부른다.[6]

Nightingale은 원을 12개의 월별로 표시하기 위해 12개로 나누었다. 각 월별로 3개의 다른 색깔로 표시된 부채꼴이 있다. 각 부채꼴의 중심은 모두 원의 중심과 일치한다. 파란색 부채꼴은 치료할 수 있는 병(전염병 등)에 의해 사망을 나타내고 붉은 색은 부상에 의한 사망이고, 검정색이 그 외의 요인에 의한 사망을 나타낸다.[7] 매월별로 작성된 3개의 부채꼴은 중심각이 $\theta=\frac{2\pi}{12}=\frac{\pi}{6}$로 같고 반지름만 다르다. 반지름이 r이고 각이 θ인 부채의 넓이는 $\frac{1}{2}r^2\theta$이므로 월별 사상자 수를 부채꼴의 넓이로 표현하면 다음과 같다.

$$\text{전사자} = \frac{\pi r^2}{12}$$

따라서, 각 부채꼴을 만드는 반지름의 크기는 각 요인별 전사자의 제곱근에 비례한다(파이차트는 각의 크기를 사용하여 자료의 크기를 표현한다). 캐나

5) 당시 영국에서는 여자들은 집에서 결혼하여 아이를 기르며 정숙한 부인으로 지내는 것이 덕이었다. 1850년 나이팅게일이 간호사가 되려고 하였을 때 집에서는 반대가 심하였으며, 이때 나이팅게일은 가족을 설득하기 위해 병원과 공공보건기관에 관한 정보(통계)를 수집하였다고 한다.

6) http://www.florence-nightingale-avenging-angel.co.uk/correct.tif

7) Coxcomb은 2가지 정보를 동시에 표현하고 있다. 즉, 월별로 사망자 수를 원인별로 나누어 보여주고 있다. 그러나 이러한 정보를 너비를 사용하여 보여주기 때문에 이를 비교하는 것이 난해하다. 이런 이유 때문에 Coxcomb이 더 이상 사용되지 않고 있다. 이 그림은 원래 색깔이 있으나, 이 책에서는 표시가 안되고 있다. 파란색은 각 부채꼴의 가장 밖에 있는 부분이고 붉은 색은 중앙부분, 검정색은 가장 깊은 부분이다.

그림 3-20 나이팅게일의 Coxcomb

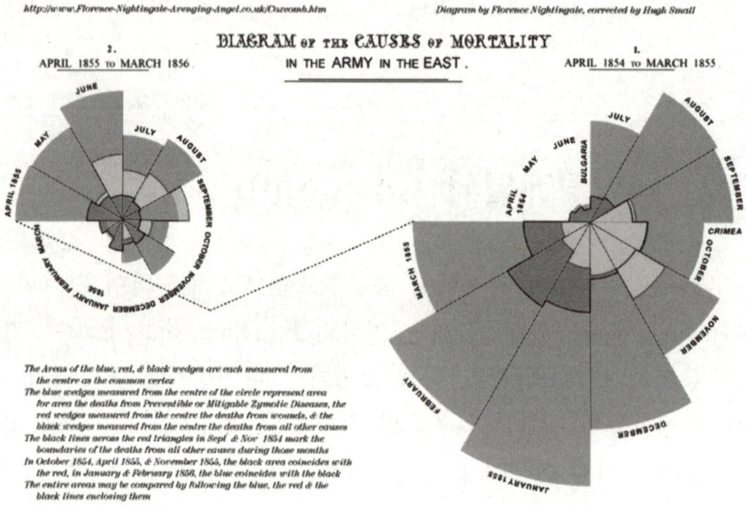

주: 근대 간호사의 어머니로 알려진 Florence Nightingale이 Crimea 전투에서 사망한 영국 군인들의 사망원인을 구분하여 그렸다(1858). 오른쪽 그림은 1854년 전쟁이고, 왼쪽 그림은 1855년 그림이다. 각 그림은 12개의 부채로 구분되어 있으며 각 부채는 하나의 달을 표시한다. 가운데는 순수한 전투에 의한 것이고 밖은 열악한 위생조건 때문이다.

그림 3-21 Florence Nightingale(1820~1910)

그림 3-22 Friendly 교수는 Nightingale의 coxcomb을 SAS로 다시 표현하였다

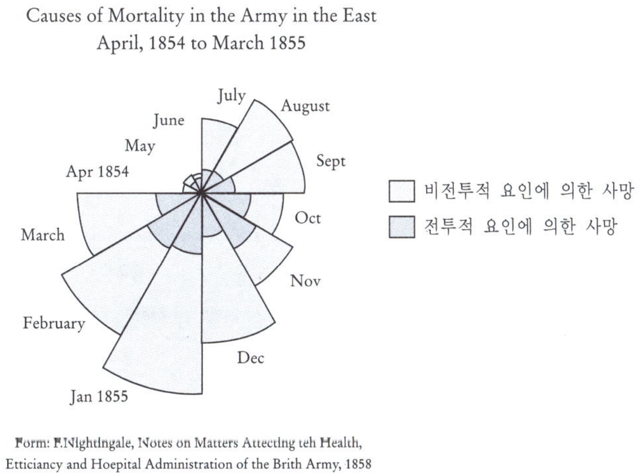

다 York대학의 Friendly 교수는 Nightingale의 coxcomb 도형을 SAS를 사용하여 [그림 3-22]와 같이 다시 표현하였다(http://www.math.yorku.ca/SCS/Gallery/).

3.8 지도를 사용한 자료의 표현

지도를 이용하여 자료를 표현하면 더욱 구체적이고 상세한 정보를 얻을 수 있다. 이미 앞에서 우리나라의 종교분포에 대해 기술한 바가 있다. 여기서는 좀더 자세하게 지역별 종교분포를 살펴보기로 한다. 2005년 통계청 자료에 의하면 우리나라의 지역별 종교분포를 [그림 3-23]과 같이 지도 위에 막대그래프를 사용하여 자료를 제시하고 있다. 이 자료에 의하면 서울, 경기, 인천, 전라 지역에 기독교가 많고 영남 지역에 불교가 많은 것으로 나타나있다. 다음 사이트에 들어가 보면 세계 각 지역별 종교분포의 세계지도를 그려놓았다.

그림 3-23 우리나라 인구의 종교분포(2005년, 통계청)

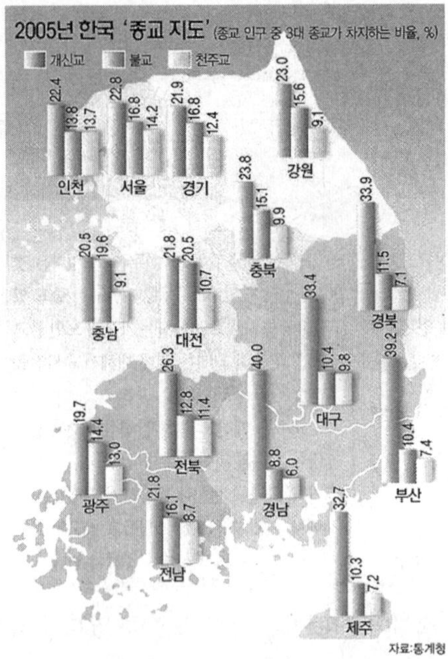

http://www.wadsworth.com/religion_d/special_features/popups/maps/matthews_world/content/map_01.html

여러 사이트에서 세계 종교분포지도를 보여주고 있다. 그러나 이들 종교분포도는 조사기관마다 상이한 차이를 보여주고 있으므로 이를 참고할 때는 주의가 필요하다. 특히 각 종교집단별로 자기들의 종교분포도를 더 과장되게 표현하는 경향이 있다.

[그림 3-24]는 중국 당대(618~907)의 2,675명 시인의 출생지 분포를 지도에 표현한 것이다. 당 나라는 중국의 서북지역을 중심으로 세력권이 형성된 수 나라를 침공하고 세운 나라였다. 이 지도를 보면 중국의 서북지역에 많은 시인의 출생지가 분포되어 있는 것을 볼 수 있다. 즉, 당대에는 서북지역이 정치문화의 중심지였던 것을 알 수 있다. 지도 위에 잘 설계된 도표를 제시하면 복잡한 정치, 군사, 사회, 문화를 한눈에 파악하는 것이 쉬워진다.

그림 3-24 당나라의 2,625명 시인의 수와 출생지 분포(618~907)

프랑스의 Charles Joseph Minard(1781~1870)는 Napoleon 군대가 러시아를 침공 하였을 때의 비참한 패배를 지도로 표현하였다. [그림 3-25]는 Minard 지도의 원본이다. 통계그래프와 데이터 시각화에서 현재 가장 저명한 인사로 꼽히고 있는 Tufte 교수는 이 지도에 대해 다음과 같이 찬사를 보내고 있다.[8)]

"possibly the best graphic ever made."
"a narrative graphic of time and space which illustrates how multivariate complexity can be subtly integrated…"

[그림 3-26]은 이 지도를 다시 선명하게 만든 것이다. 이 지도를 보면 지도의 맨 왼편에 나폴레옹 군대가 1812년 6월 러시아를 침공하기 위해 폴

8) Edward Tufte(1983), *The Visual Display of Quantitative Information*.

그림 3-25 Minard지도의 원본

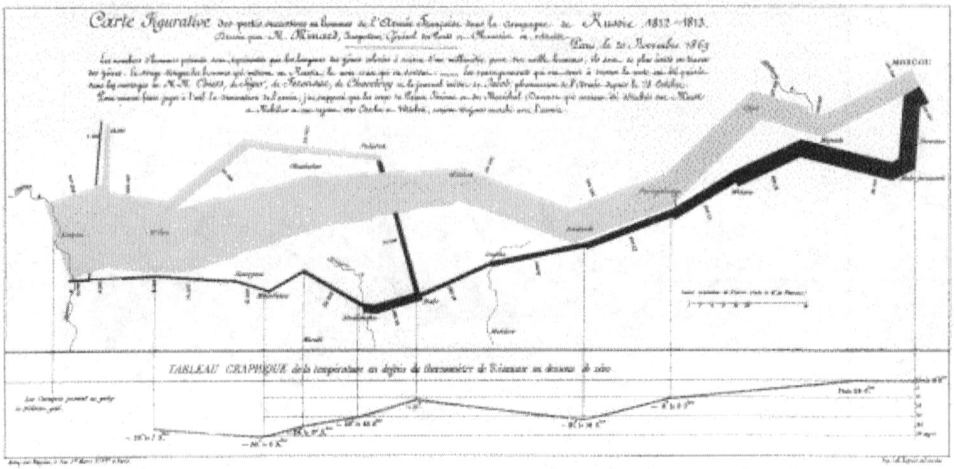

주: 1812년 나폴레옹 군대가 러시아 침공에서 처참한 패배를 당한 것을 프랑스의 Minard가 지도에 표현하였다.

그림 3-26 Minard의 지도를 다시 만든 것

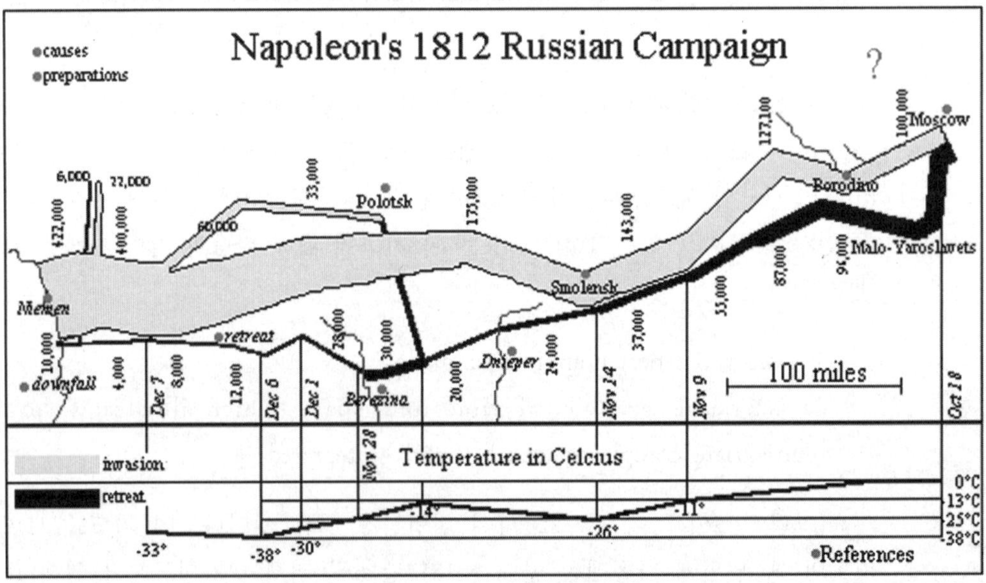

자료: http://www.itc.nl/~kraak/1812/napon.gif

란드와 러시아에 인접한 Niemen강에서 442,000명의 병력으로 출발하였으며 9월 나폴레옹 군대가 모스코에 도착하였을 때는 100,000명으로 줄어들었다. 모스코에서 퇴각하는 모습은 진한 띠로 보여주고 있다. 퇴각하는 동안 추운 겨울 날씨의 온도와 날짜가 같이 연결되어 있는 것을 알 수 있다. 또한 Berenzia 강을 건너면서 많은 병사가 죽었으며 폴란드에 도달하였을 때는 10,000명의 병사만 남아있는 것을 알 수 있다.

많은 사람들이 이 지도에 대해 연구를 하였고, 이 중에 특이할 만한 곳은 다음과 같은 인터넷 사이트이다.

http://www.csiss.org/classics/content/58

http://www.ddg.com/LIS/InfoDesignF96/Kelvin/Napoleon/map.html

연습문제

3.1 "한국인의 혈액형 분포는 O, A, B, AB형이 각각 28%, 34%, 27%, 11%이다. 또 일본인과 중국인은 각각 29%, 38%, 22%, 11%와 42%, 26%, 26%, 6%이다." 이 문장을 읽는 사람이 이해하는 데 더 편하게 고쳐보아라. 이 내용을 표로 만들어 보아라.

3.2 다음은 한국갤럽이 2004년 11월에 발표한 자료다.
"만 18세 이상 연령층의 흡연율을 작년 4월 전국 만 18세 이상 남녀 1천 539명을 대상으로 실시했던 조사결과와 비교해 보면 전체적으로는 34.5%에서 36.2%로 1.7%p 증가한 것을 알 수 있다."
이 내용에서 어떤 부분이 문제가 있는지 지적해 보아라(%p는 변화한 %의 절대값을 의미한다. 즉, 34.5%에서 36.2%로 변화하였으므로 절대값의 변화가 1.7%이다. p를 쓰지 않는다면 $\frac{36.2-34.5}{34.5}=4.9\%$이다).

3.3 다음은 미국의 유명한 야구선수 Babe Ruth(New York Yankees 구단 소속)가 1920년부터 1934년까지 15년 동안 매년 홈런을 날린 기록이다.

54 59 35 41 46 25 47 60 54 46 49 46 41 34 22

이 자료를 줄기와 잎으로 그리는 것이 히스토그램보다 더 정보를 많이 제공한다. 이유를 밝혀라. 또, 1927년에 60개 홈런을 날린 것이 특이하게 많은 값이라고 할 수 있는가?

3.4 (문제 3의 연속) 다음은 St. Louis Cardinals의 Mark McGwrite가 1987년부터 1999년까지 날린 홈런 수이다. 이 자료를 줄기와 잎으로 표현해 보아라. 또, 줄기와 잎 그림에서 수직선을 중심으로 왼쪽에는 Babe Ruth의 홈런수를 오른쪽에는 Mark McGwrite의 홈런수를 그려보아라. 이 그림을 통해 두 선수의 홈런수를 비교해 보아라.

49 32 33 39 22 42 9 9 39 52 58 70 65

3.5 [예제 3-2]에 주어진 우리나라의 지역별 고령인구분포를 지도 위에 표시하고 싶다. 어떤 방법을 적용하는 것이 좋겠는가?

3.6 다음은 1901년부터 1974년까지 세계주요국에서 과학분야에 노벨상 수상자를 도표로 표현한 것이다. 미국의 국립과학재단(National Science Foundation)에서는 이 자료를 사용하여 미국 출신의 노벨상 수상자가 1970년 이후 급격히 감소하고 있다고 주장하면서 과학을 위해 더욱 투자를 하여야 한다고 하였다. 이 논리의 모순점을 발견하여라.

Nobel Prizes Awarded in Science, for Selected Countries(1901~1974)

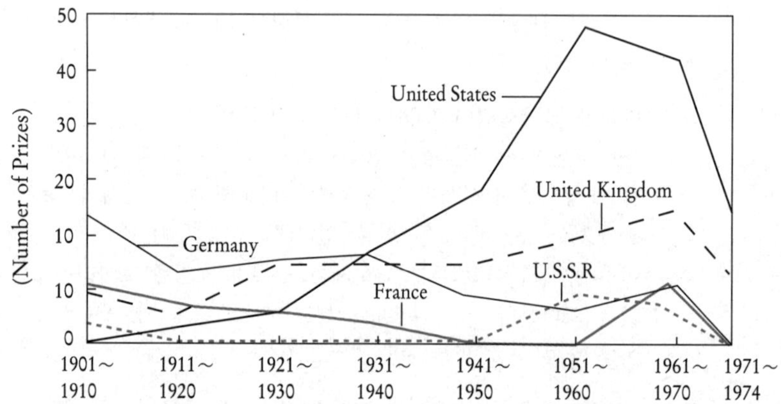

3.7 다음은 한·중·일 3나라의 청소년 체력비교를 그림으로 표시한 것이다(조선일보, 2004년 12월 16일). 조선일보는 이 그림을 통해 한국은 일본과 중국보다 체격은 좋지만 체력은 뒤쳐진다고 표현하였다. 이 그림의 문제점을 설명하라.

한·중·일 청소년 체격-체력 비교(남자 16세)

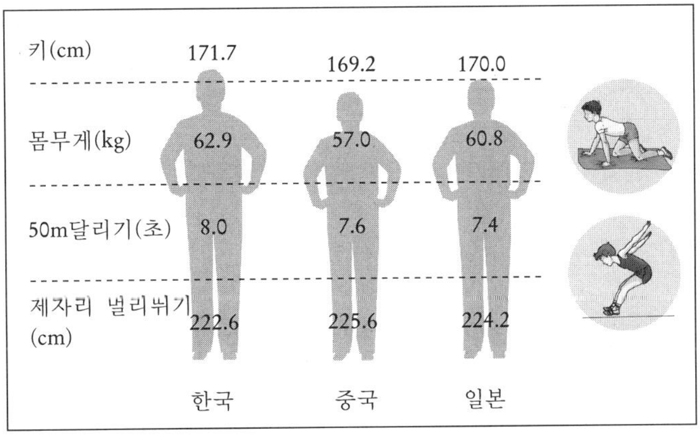

3.8 동일한 신문에 한국인의 국민체력조사 실태결과가 다음과 같이 나타내었다.

구 분	초등 6	중 3	고 3	19~24	25~29	30~34	35~39	40~44	45~49	50 이상
키(cm)	150.3	168.8	173.4	175.5	172.7	172.8	171.6	170.4	169.8	167
체중(kg)	44.3	60.2	65.7	71.3	69.7	71.3	71.2	71.1	71	66.7
복부피하지방(mm)	19.1	15.1	16.1	17.6	17.5	18.6	20.3	21.6	21.7	21.1
체지방률(%)	13.6	10.8	11.2	12.4	12.5	13.9	14.8	16.6	16.9	17.5
50m달리기(초)	9	8	7.5	7.5	7.6	7.7	7.9	8	8.3	9.4
1,200m오래달리기(초)	434.7	394.6	338.8	330.7	345.7	351.9	356.5	351.3	364.4	416.3
제자리 멀리뛰기(cm)	166.2	214.3	231.5	232.1	229.7	228.5	223.1	216.9	212.3	186.8
팔굽혀펴기(회)	14.9	23.3	30.1	36.2	34	29.4	28	28.5	23.4	21.4
윗몸일으키기(회)	34.6	42.3	44.1	45.2	40.1	36.2	35.5	33.9	30	23.3
앉아 윗몸 앞으로 굽히기(cm)	6	10.9	15.1	16.8	13.9	14.1	13	13.6	12.5	10.2

이 표를 그래프로 나타낸 것이 다음과 같다(이 그래프는 각 변수에 대해 0~1 사이로 표준화시키고 그렸다). 이 그래프를 보고 나이가 들어가며 변해가는 것부터 나열해 보아라.

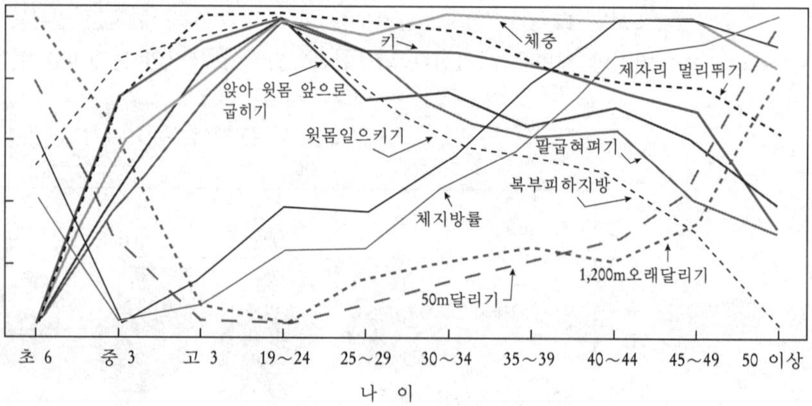

3.9 인터넷에 "Napoleon, Russia, Minard" 등의 단어를 입력하고 이 결과로 나타나는 지도 위의 정보에 대해 알아보아라.

제 4 장 정규분포와 관련 내용

이 장에서는 통계학에서 가장 중요한 분포인 정규분포와 이와 관련된 다양한 내용들에 대하여 공부하기로 한다.

4.1 밀도함수

제 3 장에서 우리는 막대그래프와 히스토그램과 같이 자료를 기술하는 그래프에 대해 공부하였다. [그림 4-1]에 한쪽으로 치우친 자료에 대한 히스토그램과 함께 이를 부드럽게 만든 분포함수가 나타나 있다. 이러한 형태

그림 4-1 한쪽으로 치우친 분포함수

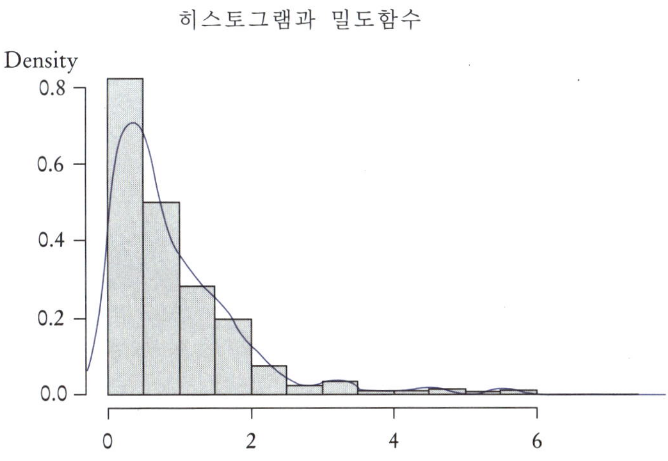

그림 4-2 표준정규분포: 대칭이며 수학적으로 다루기 쉽고 여러 가지 좋은 특성을 갖고 있다

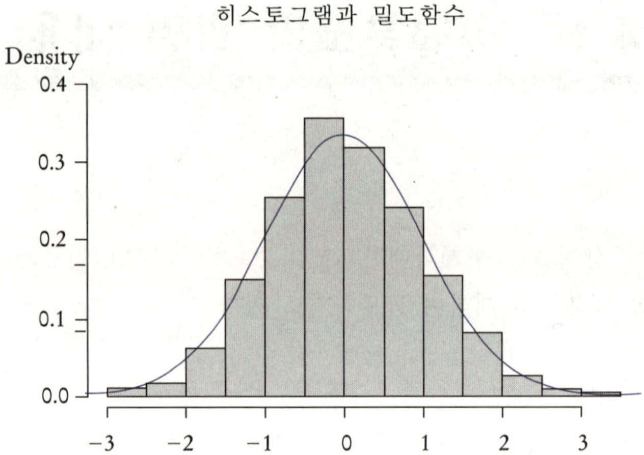

의 분포함수는 설명하기도 어려울 뿐만 아니라 이를 활용하여 문제를 해결하는 방법도 간단하지가 않다. 반면에 [그림 4-2]와 같은 분포는 우선 보기에도 편할 뿐만 아니라 수학적으로도 다루기 쉽고 여러 가지 좋은 특성들을 갖고 있어 널리 이용되고 있다.

그림 [그림 4-1]과 [그림 4-2]의 히스토그램 위에 덧그린 곡선을 확률밀도함수(probability density function)라고 하며, 이는 히스토그램을 부드럽게 곡선으로 연결시킨 것으로 생각하면 된다. 확률밀도함수를 줄여서 밀도함수라고도 부른다. [그림 4-2]에는 표준정규분포의 밀도함수가 나타나 있다.

4.2 표준정규분포

표준정규분포는 0을 중심으로 하여 좌우 대칭이고 −3과 3 범위를 벗어나면 높이(밀도)가 거의 0에 가깝다(−3과 3에서 밀도는 0.0044).

어떤 사건에 대한 히스토그램을 참고하면, 막대의 상대적인 크기로서

그림 4-3 평균과 표준편차가 각각 다른 정규분포. 평균과 표준편차는 다르지만 전체적인 모양은 모두 표준정규분포와 동일하다.

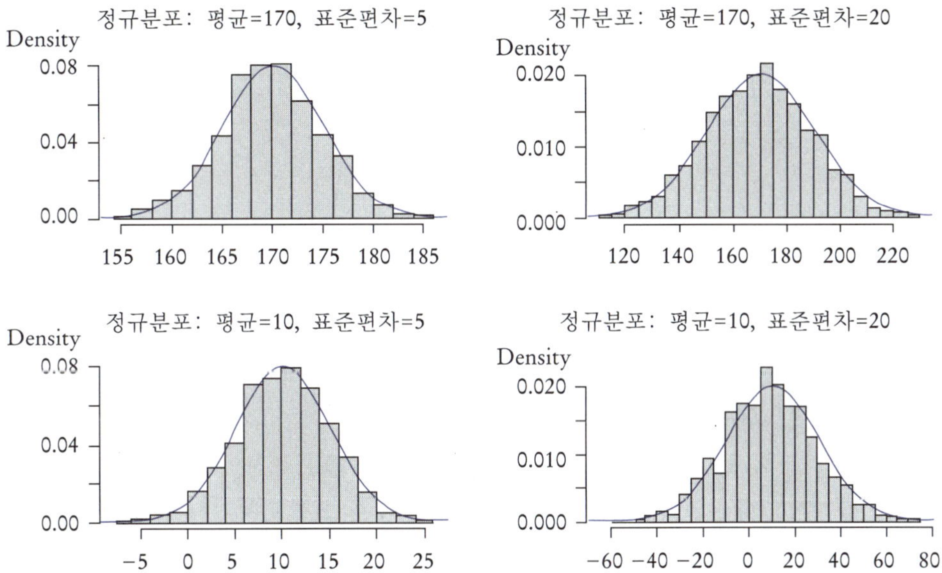

해당 구역 안에 나타나는 사건의 확률이 주어지는 것과 마찬가지로 밀도함수에서 x축의 정해진 구간에 들어가는 부분의 너비는 해당 구간에 사건이 나타날 확률이 된다.

[그림 4-3]에는 평균과 표준편차가 다른 4가지의 정규분포가 그려져 있다. 윗줄의 첫번째 그래프는 평균 170, 표준편차 5인 정규분포이고, 두 번째 그래프는 평균은 같고, 표준편차가 왼편의 4배인 20이다. 아래 줄의 경우, 평균이 10이고 표준편차는 각각 5와 20이다. 이 4개의 분포를 비교해 보면 x축의 숫자만 다를 뿐이지, 모두 그림의 모양이 똑같다는 것을 알 수 있다.

모든 정규분포는 평균과 표준편차 두 개의 값에 의해 결정되며, 어떤 경우라도, x축에 적절한 변환을 적용하면 [그림 4-2]와 같이 평균이 0이고 표준편차가 1인 표준정규분포로 만들 수 있는 장점을 가지고 있다.

평균과 표준편차는 보통 그리스 문자인 μ와 σ로 표기한다. 평균 μ가

그림 4-4 표준편차가 다른 정규분포

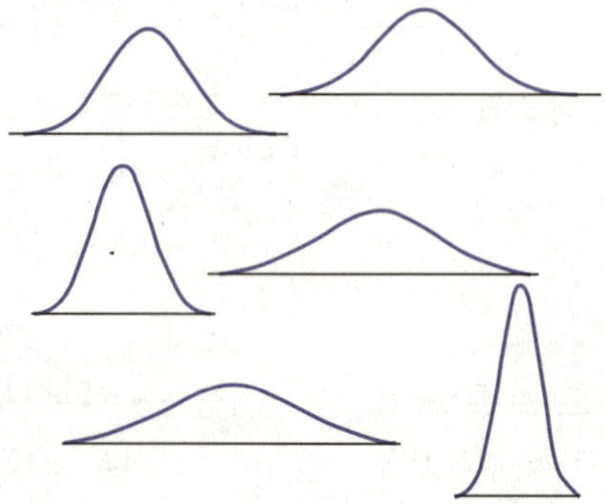

변화하면 그래프가 좌우로 평행 이동하는 효과를 가져오며, 표준편차 σ가 변하면 그래프가 상하로 위축, 확장된다.

[그림 4-3]에 보면 x축과 y축이 평균과 표준편차에 따라 변화하는 것을 볼 수 있다. 왼쪽 그래프에 비해 오른 쪽은 표준편차가 4배로 늘어난 경우로서 이 그래프는 왼편에 비해 높이(밀도)가 줄어들었으며 x축 너비는 늘어난 것을 알 수 있다. [그림 4-4]에 표준편차가 다른 여러 가지 정규분포의 모양이 나타나 있다. 수학적으로 분포를 다룰 때, 표준편차에 비해 표준편차의 제곱인 분산을 다루는 것이 더 편리할 때가 있다.

표준편차의 제곱을 분산이라고 하며 이를 σ^2으로 표시한다.

4.3 68-95-99.7규칙

표준정규분포에서 x값이 −1과 1 사이에 속할 확률은 0.682이고, −2와 2 사이에 속할 확률은 0.954, −3과 3 사이에 속할 확률은 0.997이다([그림 4-5]). 즉, 정규분포에서 다음의 규칙이 성립한다.

평균±표준편차 사이에 속할 확률이 68%

평균±2표준편차 사이에 속할 확률이 95%

그림 4-5 68-95-99.7규칙: 표준정규분포에서 각 구간에 속할 확률

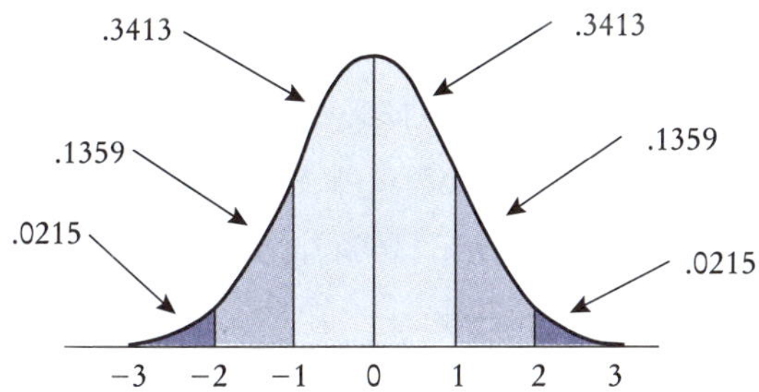

평균±3표준편차 사이에 속할 확률은 99.7%

이 3개의 값은 외워두면 편리할 때가 많다.

4.4 표준화: 정규분포와 표준정규분포와의 관계

남자 대학생의 키는 평균이 170cm이고 표준편차가 5cm인 정규분포로 근사시킬 수 있다고 한다. [그림 4-6]에 남학생 키의 분포가 그려져 있다.

그림 4-6 평균이 170, 표준편차가 5인 남학생 키의 분포와 정규분포곡선

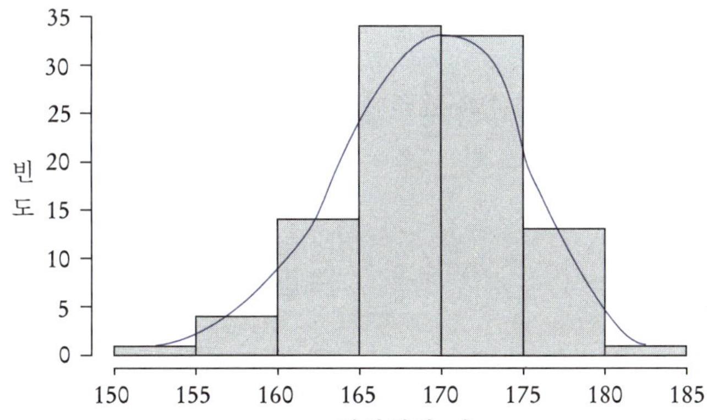

그림을 참고하면 다음과 같은 내용을 알 수 있다.

남학생 중 반은 170cm보다 크고, 반은 170cm보다 작다. 따라서 전체 남학생 수가 10,000명인 학교에서는 5,000명이 170cm보다 작다고 할 수 있다.

남학생 중 68%는 키가 (170−5, 170+5)cm 사이에 있다. 즉, 6,800명 학생의 키는 165cm와 175cm 사이에 있다. 또 전체의 $\frac{32}{2}=16\%$가 175cm 이상이고, 165cm 이하인 학생도 16%가 있다. (170, 175)cm에 속하는 학생은 전체의 $\frac{68}{2}=34\%$에 해당된다.

(170−2×5, 170+2×5)cm 사이에 전체의 95%가 속해 있다. 따라서 180cm 이상인 학생은 전체의 2.5%이고, 역시 160cm 이하인 학생도 전체의 2.5%에 해당된다.

전체의 99.7%에 해당하는 대부분 학생들은 (155, 185)cm 사이에 있다. 즉, 155cm보다 키가 작은 학생은 0.15%에 해당된다. 전체 학생이 10,000명이라고 하였으므로, 15명 정도가 155cm보다 작은 키를 가지고 있다고 할 수 있다.

이상을 살펴보면 정규분포에서 (평균−표준편차, 평균+표준편차)에 속하는 확률은 평균과 표준편차의 값에 관계없이 일률적으로 약 65%이다. 따라서, 평균과 표준편차가 0과 1인 표준정규분포에서 (−1, 1) 사이의 확률과 같다. 따라서, 임의의 평균과 표준편차를 갖는 정규분포에서 관측된 값이 (평균−c×표준편차, 평균+c×표준편차)에 속할 확률은 표준정규분포에서 (−c, c)의 구간의 확률과 같다. 이러한 사실은 일반적으로 성립되며, 관측된 값을 표준정규분포로 대응시켜 표현하는 과정을 표준화(standardization)라 하고 표준화하여 만들어진 값을 표준점수(standard score)라고 한다.

표준점수: 임의의 평균과 표준편차에 대해 관측값을 다음과 같이 변환시킨 것을 표준점수라고 한다.

$$\text{표준점수} = \frac{\text{관측값} - \text{평균}}{\text{표준편차}}$$

어떤 대학 학생들의 TOEIC 점수가 평균이 700점이고 표준편차가 100점인 정규분포를 따른다고 하자. 어떤 학생이 800점 이상이라는 것과 이 학

표 4-1 표준정규분포의 확률

표준점수	확 률
−3.0	0.001
−2.5	0.006
−2.0	0.023
−1.5	0.067
−1.0	0.159
−0.5	0.309
0.0	0.500
0.5	0.691
1.0	0.841
1.5	0.933
2.0	0.977
2.5	0.994
3.0	0.999

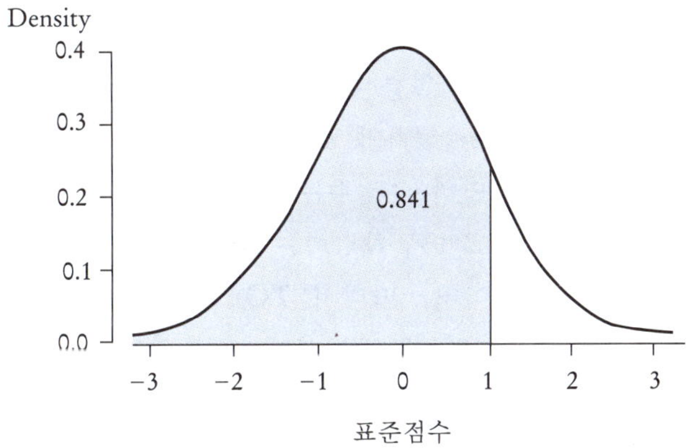

생이 평균보다 하나의 표준편차 상위에 있다는 말은 같은 것이다. 또, 이 학생의 표준점수가 −2 이하라고 하면 이는 700−2×100=500점 이하라는 뜻이다. 표준점수는 정규분포와 상관없이 일반적인 경우에도 사용된다. 그러나, 분포가 대칭형으로 되어 있는 경우에만 이러한 표현은 의미가 있다.

어떤 학생 TOEIC점수가 750점 이상이라면, 이 학생은 평균보다 0.5×표준편차 상위에 있는 학생이고, 550점이라면 평균보다 1.5×표준편차 하위에 있는 학생이다. 이 학생들이 몇 %에 해당하는가는 부록 [표 B]에 있는 표준정규분포의 수표를 통해 알 수 있다. 이 중에서 몇 가지 경우만 적은 것이 [표 4-1]에 나타나 있다. 이 표를 보면 표준점수가 0.5에 해당하는 확률은 0.691이고 따라서 점수를 750점 받은 학생은 상위 30.9%에 해당한다. 또 점수를 550점 받은 학생은 표준점수 −1.5에 해당하며, 이 학생은 하위 6.7%에 해당한다.

4.5 정규분포의 백분위수

이제 역으로 93%에 해당하는 학생의 TOEIC점수를 알고 싶다. [표 4-1]에 보면 확률 0.933에 해당하는 표준점수가 1.5이다. 따라서, 평균이 700이고 표준편차가 100이므로 700+1.5×100=850점 근처가 될 것이다. 90%에 해당하는 점수는? [표 4-1]에 보면 84.1%에 해당하는 표준점수는 1.0이고 93.3%에 해당하는 표준점수는 1.5이므로 표준점수는 1.0과 1.5 사이가 될 것이며, 따라서 TOEIC점수로 환산하면 700+1.0×100=800점과 700+1.5×100=850점 사이가 될 것이다. 이렇게 해당 확률을 주고 여기에 해당하는 점수를 백분위수라고 한다. 정규분포의 백분위수는 [표 4-1]에서 근사적으로 구할 수 있지만, 좀더 세밀한 수표가 필요하다.

부록 [표 B]에 보면, 표준점수가 0.1 간격으로 나타나 있어 이를 사용할 수도 있으나, 백분위수를 위해 따로 수표를 작성하는 것이 편리하다. [표 4-2]에 표준정규분포의 백분위수 수표 일부가 나타나 있다. 이 표를 보면 90%에 해당하는 백분위수는 1.28이다. 따라서 90%에 해당하는 TOEIC점수는 700+1.28×100=828점이다.

표 4-2 표준정규분포의 백분위수

확 률	백분위수
0.80	0.84
0.82	0.92
0.84	0.99
0.86	1.08
0.88	1.17
0.90	1.28
0.92	1.41
0.94	1.55
0.96	1.75
0.98	2.05

표준정규분포는 대칭이므로 10%에 해당하는 백분위수는 90%에 해당하는 백분위수의 음수값이다. 즉, 10%백분위수는 −1.28이다. 따라서 10%에 해당하는 TOEIC점수는 700−1.28×100=572점이다.

4.6 5가통계량

말기 위암 환자가 ascorbate 치료를 받으면 생존기간이 얼마나 될까? 이와 관련된 자료가 [표 4−3]에 나타나 있다. 이 자료를 히스토그램으로 그려 본 것이 [그림 4−7]에 나타나 있다.

이 그림을 보면 자료가 한 쪽으로 매우 치우쳐져 있는 것을 알 수 있다. 즉, 대부분 환자들의 생존기간은 700일 이전에 집중되어 있으나, 일부 3,000일을 넘겨 사는 환자도 있는 것을 알 수 있다. 자료가 이렇게 치우쳐져 있을 때는 정규분포의 이론을 적용할 수 없고, 평균과 표준편차가 자료를 대표하는 값으로서 의미를 상실한다. 이 경우, 자료의 대표값으로 평균보다 중앙값을 사용하고, 표준편차보다는 백분위수를 이용하여 자료의 산포 정도를 기술하는 것이 바람직하다.

표 4−3 ascorbate 치료를 받은 말기 암환자의 생존기간

(단위: 일)

위 암		기관지암		장 암		난소암	유방암	
124	51	81	461	248	377	1234	1235	791
25	46	20	450	189	1843	201	1581	3460
412	876	246	166	180	537	356	40	
1112	340	63	64	519	455	2970	3808	
103		155	859	406	365	456	1804	
146		151	166	942	776	89	719	
396		37	223	372	163		24	
42		138	72	101	283		1166	
5		245		20			727	

그림 4-7 ascorbate 치료를 받은 말기 암환자의 생존기간

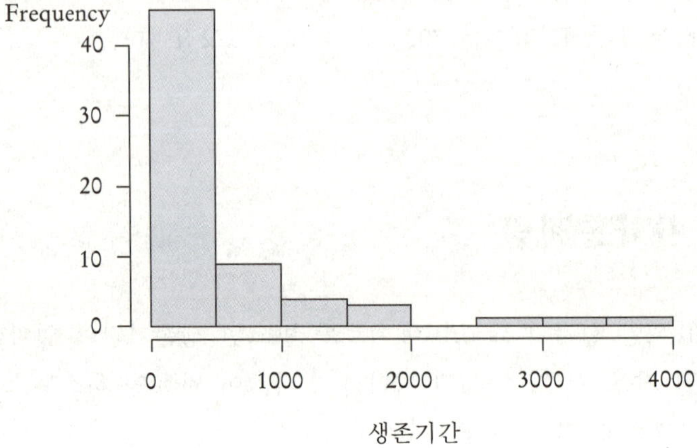

백분위수의 대표적인 값은 5가통계량으로서 다음과 같다.

최소값, 하 4 분위수, 중앙값, 상 4 분위수, 최대값

표준정규분포의 경우 이론적인 중앙값은 확률이 50%에 해당하는 백분위수로서 0이고, 상 4 분위수는 0.75백분위수로서 수표에서 이 값은 0.67이다. 또, 하 4 분위수는 확률이 0.25에 해당하는 값으로서, 이미 배운 바와 같이 이는 −0.75백분위수와 같고, 따라서 −0.67이다. 이 값들은 자료가 표준정규분포를 따를 때 적용되는 값이다.

그러나 이러한 값들은 정규분포를 따를 때 한해서 적용되며, 이론적인 값이다. 일반적으로 5가통계량은 표본으로부터 구하는 값을 말한다. 하 4 분위수는 자료를 순서배열하였을 때 25%지점에 나타나는 값이고, 상 4 분위수는 75%지점에 해당하는 값이다. 즉, 자료를 크기 순으로 배열하였을 때, 4개의 구간으로 나누어 아래 25%에 해당하는 점을 하 4 분위수(lower quartile), 중간에 해당하는 점을 중앙값 (median), 75%에 해당하는 점(위에서부터 아래로 25%에 해당하는 점)을 상 4 분위수(upper quartile)라고 한다. 암 자료를 사용하여 중앙값과 하 4 분위수, 상 4 분위수를 구하는 방법을 공부하기로 한다.

예제 4-1: 5가통계량의 계산

위암환자의 경우, 생존기간은 다음과 같았다.

124 42 25 45 412 51 1112 46 103 876 146 340 396

이를 크기순서대로 배열하면 다음과 같다.

25 42 45 46 51 103 124 146 340 396 412 876 1112

+

중앙값

자료의 크기가 13개이고, 이 자료의 중앙값은 (13+1)/2=7번째의 값인 124이다. 하 4 분위수는 처음부터 중앙값까지에 있는 자료 7개의 중앙값인 46이다.

25 42 45 46 51 103 124

+

마찬가지로 상 4 분위수는 중앙값으로부터 최대값까지의 자료 7개의 중앙값인 396이다.

124 146 340 396 412 876 1112

+

따라서 5가통계량은 다음과 같다.

25 46 124 396 1112

난소암의 경우, 자료는 다음과 같다.

1234 89 201 356 2970 456

이를 크기순으로 나열하면 다음과 같다.

89 201 356 456 1234 2970

+

중앙값

$$\frac{356+456}{2}=406$$

하 4 분위수는 최소값부터 중앙값까지의 3개 값의 중앙값인 201이고, 상 4 분위수는 중앙값부터 최대값까지의 3개 값의 중앙값인 1234이다. 자료의 크기가 6개이고 이를 4등분하면 다음과 같다.

89	201	356	456	1234	2970
	+		+	+	
	하 4 분위		중앙값	상 4 분위수	

따라서 5가통계량은 다음과 같다.

89 201 406 1234 2970

전체 암환자자료에 대해 중앙값과 각 4분위수를 구해본다. 전체 64개 자료를 순서배열한 것이 다음과 같다(한 행에 10개씩).

20	20	24	25	37	40	42	45	46	51
63	64	72	81	89	101	103	124	138	146
151	155	163	166	166	180	189	201	223	245
246	248	283	340	356	365	372	377	396	406
412	450	455	456	461	519	537	719	727	776
791	859	876	942	1112	1166	1234	1235	1581	1804
1843	2970	3460	3808						

64개 자료의 중앙에 오는 값은 자료의 수가 짝수이므로 중앙에 나타나는 수는 64/2=32번째와 33번째의 평균에 해당하는 값이고, 이는 248과 283의 평균인 265.5이다. 또, 하 4 분위수는 중앙값 아래에 있는 32개 값의 중앙값인 32/2=16번째와 17번째의 평균인 $\frac{89+101}{2}=95$이다. 상 4 분위수는 상위 32개의 중앙값으로서 719와 727의 평균인 723이다. 따라서 전체 64개 자료의 5가통계량은 다음과 같다.

20 95 265.5 723 3808

5가통계량을 통해 자료의 퍼져 있는 정도를 알 수 있다. 상4 분위수-하4 분위수 사이에 자료의 50%가 포함되어 있으므로 이를 사용하여 집단이 퍼져 있는 정도를 추정할 수 있다. 이를 4분위간 범위라고 한다.

4분위간 범위=상4 분위수-하4 분위수

위암환자의 4분위간 범위는 396-46=350이고 난소암환자의 경우 1,234-201=1,033이며, 전체 자료의 경우 723-95=628이다. 이를 보면 난소암환자는 ascorbate 치료 후 생존기간이 매우 넓게 분포되어 있고 위암환자는 전체에 비해 생존기간의 산포 정도가 좁은 것을 알 수 있다.

4.7 표본평균과 표본표준편차

앞에서 자료가 정규분포를 따르는 경우, (평균-표준편차, 평균+표준편차)에 자료의 68%가 포함되어 있다고 하였다. 따라서 자료가 정규분포를 따르는 경우, 4분위간 범위와 표준편차 사이에는 다음식이 성립한다.

4분위간 범위=50/68×2×표준편차=1.47×표준편차≈1.5×표준편차

어떤 자료의 평균이 중앙값과 비슷하고, 4분위간 범위가 표준편차의 1.5배 정도로 나타나면 이 자료는 정규분포를 따른다고 예상할 수 있다.

자료로부터 평균과 표준편차를 구하는 방법을 알아보기로 한다. 평균은 자료들의 합을 자료의 개수로 나눈 것이다. 표준편차는 각 자료가 이들의 중심인 평균으로부터 떨어져 있는 정도를 측정해 주는 것이다. 이를 측정하는 방법으로 다음과 같은 공식을 사용한다.

자료의 개수가 n이고, 이들이 갖는 값을 X_1, X_2, ⋯, X_n이라고 하면 표본평균($\bar{X}$)과 표본분산(S^2)은 각각 다음과 같이 구한다.

$$\bar{X} = \frac{1}{n}\sum X_i$$

$$S^2 = \frac{1}{n-1}\sum (X_i - \bar{X})^2$$

표본표준편차는 표본분산의 제곱근이고 이를 S로 표기한다. 여기서 n 대신 $n-1$을 사용하는 데는 통계적 이론의 이유가 있다. 경우에 따라서는 n을 사용하기도 하지만 일반적으로 표본분산을 정의할 때는 $n-1$을 사용한다. 보통 "표본"을 생략하고 표본평균과 표본표준편차 대신 "평균"과 "표준편차"를 사용한다.

64개 암 자료에 대해 평균, 표준편차를 구해보고, 이를 중앙값과 사분위간 범위와 비교해 보면 다음과 같은 결과가 나타난다.

평균	중앙값	1.5×표준편차	4분위간 범위
559	266	1164	618

따라서, 이 자료는 정규분포와 매우 거리가 먼 것임을 알 수 있다.

예제 4-2

야구선수의 각 포지션별 고소득자들을 보면 다음과 같다(2004년 10월).

투수=정민태(7억, 4천만원, 국내 8년차 해외 2년)

임창용(5억, 9년차)

포수=박경완(3억, 13년차)

홍성흔(1억 6천만원, 6년차)

조인성(1억 5천만원, 7년차)

1루수=양준혁(3억 3천만원, 12년차)

2루수=박종호(2억 2500만원, 13년차)

3루수=김한수(3억 1천만원, 11년차)

유격수=박진만(2억 8천만원, 9년차)

외야수=이종범(4억 8천만원, 국내 8년차 해외 3.5년차〈2001년 후반기 복귀〉)

박재홍(3억 3천만원, 9년차)
심정수(6억, 11년차)
지명타자=마해영(4억, 10년차)

이들 13명 연봉을 나열하면 다음과 같다(단위: 천만원).

15, 16, 23, 28, 30, 31, 33, 33, 40, 48, 50, 60, 74

고액 연봉선수들의 평균연봉은 3억 7천만원이고, 표준편차는 1억 7천만원이다. 또, 중앙값은 3억 3천만원이고, 4분위간 범위는 2억원이다. 그러나 박찬호 선수의 연봉(160억원)을 여기에 추가하면 자료가 다음과 같이 변한다.

15, 16, 23, 28, 30, 31, 33, 33, 40, 48, 50, 60, 74, 1600

이상 14명 연봉의 평균은 14억 9천만원, 표준편차는 41억 8천만원이다. 즉, 한 사람 고액연봉자가 포함됨으로 인해 전체의 평균과 표준편차가 엄청난 영향을 받게 된다. 그러나 중앙값은 3억 3천만원으로 박찬호 선수가 포함되지 않았던 경우와 동일하고, 4분위간 범위는 2억 1천만원으로 1천만원의 미미한 차이를 보이고 있다.

4.8 박스플롯

박스플롯은 5가통계량을 그림으로 나타내기 위해 고안한 것이다. 암자료에 대한 박스플롯이 [그림 4-8]에 나타나 있다. 박스플롯에 나타나 있는 5개의 수평선분은 위에서부터 다음과 같이 부른다.

상경첩점 (upper hinge), 상4분위수, 중앙값, 하4분위수, 하경첩점(lower hinge)

그리고 "o"로 표시된 따로 나타난 점들은 특별하게 튀는 값으로써 이를 이상값(outlier)이라고 부른다. 여기서 상4분위수와 하4분위수에 해당하는

그림 4-8 암자료에 대한 박스플롯

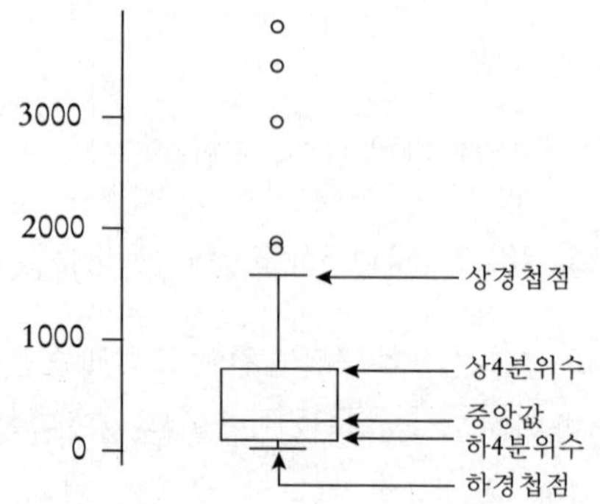

주: 암자료를 박스플롯으로 그린 것이다. 여기서 ○점들은 특별하게 큰 값을 나타낸다.

선분은 앞에서 구한 값들을 약간 변형하여 그린 것이다. 이들을 그리는 방법에 대해 설명한다.

박스플롯에서 5개 표시된 값은 다음과 같다.

그림 4-9 박스플롯을 그리는 방법

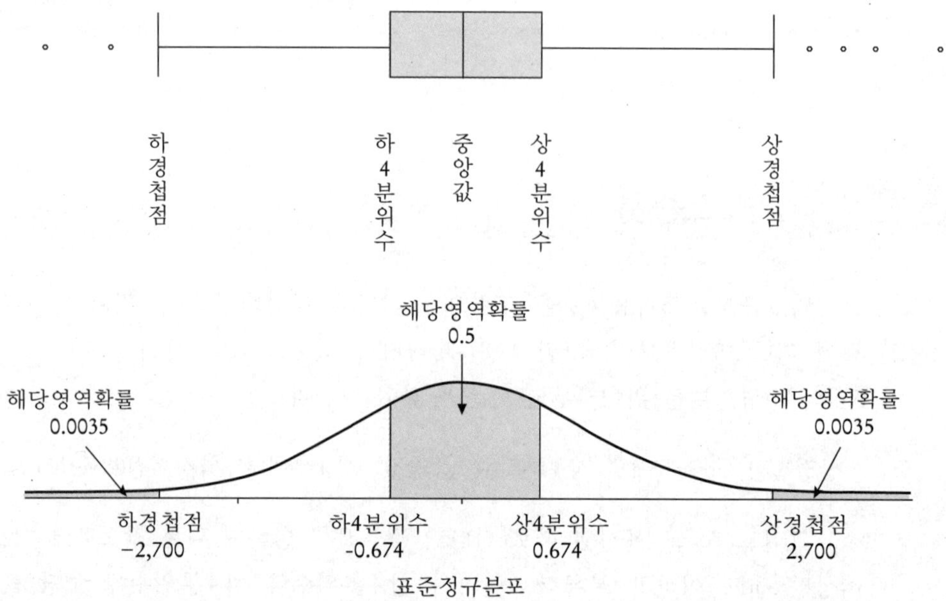

상경첩점=(상4분위수+1.5×사분위간 범위)를 넘지 않는 가장 가까운 값
상 4 분위수=상4분위수를 넘지 않는 자료에 해당하는 값
중앙값
하 4 분위수=하4분위수보다 작지 않은 자료에 해당하는 값
하경첩점=(하4분위수−1.5×사분위간 범위)보다 작지 않은 가장 가까운 값

상경첩점과 하경첩점을 벗어나는 값을 이상값이라고 하고 이를 해당위치에 ○로 표시하여 넣는다.

예제 4-3

"한중일 3국과 동아시아동남아시아국가연합(ASEAN, 아세안)소속 10개국이 29일 동아시아정상회의 신설에 합의한 것은 아시아판 유럽연합(EU)인 동아시아공동체(East Asia Community, EAC) 창설을 목표로 한 것이다" −조선일보 2004년 12월 1일.

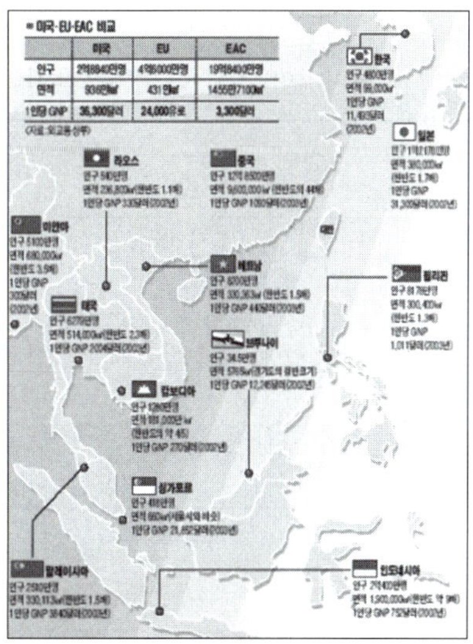

동아시아 13개국과 EU에 속해 있는 15개 국가의 인구, 면적, GNP를 비교평가하는 방법으로 박스플롯을 사용한다. 동아시아 국가들의 경우, 인구와 면적에서는 중국과 인도네시아가 다른 나라들에 비해 압도적으로 크고, 1인당 GNP에서는 일본이 압도적이다. 또 몇 개의 나라를 제외하고는 인구, 면적, GNP 모두가 중앙값 아래에 집결되어 있는 것을 알 수 있다. 이에 반해 EU에 속해 있는 나라들은 인구, 면적, GDP가 매우 균형 있게 분포되어 있는 것을 알 수 있다(룩셈부르크의 GDP가 특별히 높지만, 이 나라는 인구와 면적에 있어 매우 작은 나라이다). 이러한 점을 고려할 때 EAC의 구성은 EU와 달리 많은 난관을 가질 것이라는 것이 자명하다.

예제 4-4: 동아시아 13개국의 인구 · 면적 · 1인당 GNP

국 가	인구(만명)	면적(km^2)	1인당 GNP($)
한 국	4,800	99,000	11,493
일 본	12,170	380,000	31,300
중 국	128,500	9,600,000	1,090
필 리 핀	8.178	300,400	1,011
라 오 스	540	236,800	330
미 얀 마	5,100	680,000	300
베 트 남	8,200	330,363	440
태 국	6,279	514,000	2,004
브루나이	35.5	5,765	12,245
캄보디아	1,280	181,000	270
싱가포르	418	660	21,852
인도네시아	20,400	1,900,000	752
말레이시아	2,510	30,113	3,840

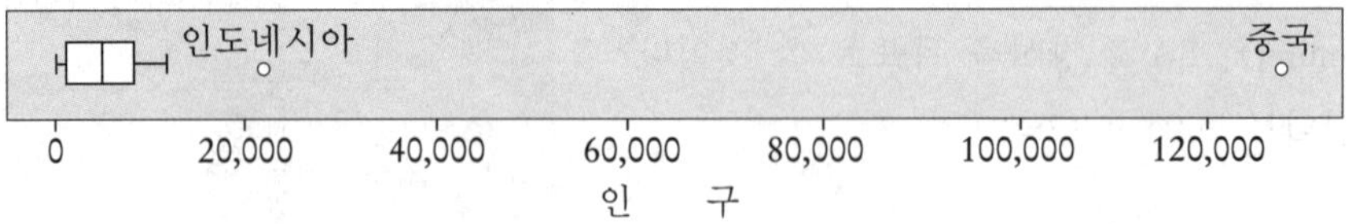

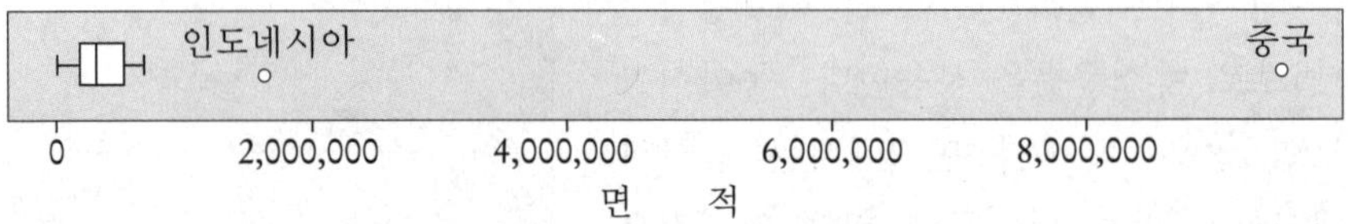

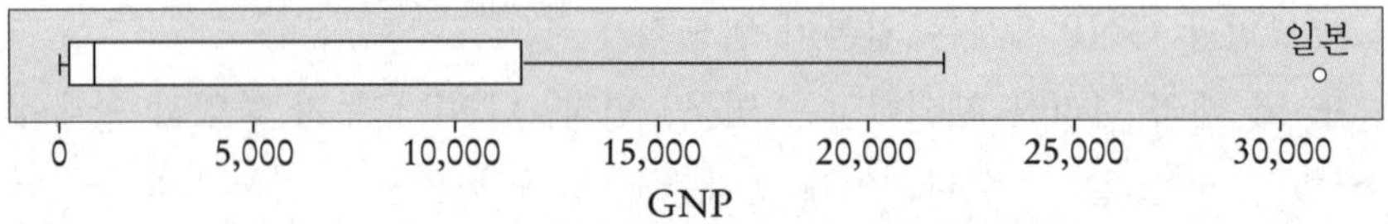

예제 4-5: EU(유럽연합: 2002년 현재 15개국) 국가 주요 통계 비교

국 가	인구(만명)	면적(km^2)	1인당 GDP(유로)
독 일	8,200 (2003)	356,910	26,200 (2003)
프 랑 스	5,940 (2002)	555,000	30,230 (2003)
영 국	6,027 (2004)	242,514	33,410 (2003)
아일랜드	403 (2004)	70,282	39,000 (2003)
벨 기 에	1,037 (2003)	32,545	38,900 (2003)
네덜란드	1,627 (2003)	41,548	28,024 (2003)
룩셈부르크	45 (2003)	2,586	77,590 (2003)
덴 마 크	525 (2003)	43,094	42,700 (2003)
스 웨 덴	900 (2004)	450,000	33,780 (2003)
핀 란 드	515 (2003)	338,000	23,760 (2003)
오스트리아	810 (2002)	83,857	32,180 (2003)
이탈리아	5,784 (2001)	301,333	21,753 (2003)
스 페 인	4,021 (2003)	506,030	28,200 (2002)
포르투갈	1,045 (2003)	92,152	12,820 (2002)
그 리 스	1,070 (2003)	131,957	13,900 (2003)

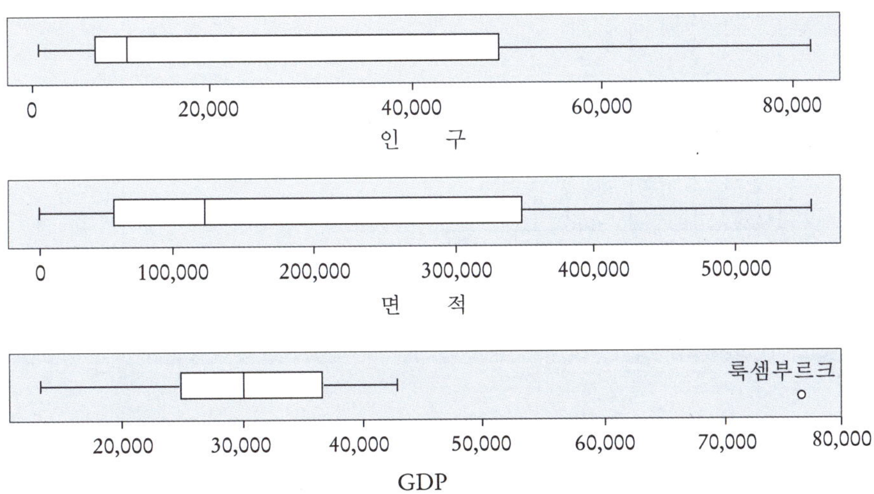

예제 4-6

다음은 미국 51개주의 공립학교 학생 1명당 지출하는 비용이다(단위: $, 1985년). 이 자료를 히스토그램으로 그리고 박스플롯으로 나타내 보았다.

[1] 2297 2305 2509 2533 2642 2729 2752 2821 2829 2853 2920 2932 2967 2980 3059
[16] 3114 3124 3155 3159 3285 3346 3366 3402 3429 3547 3554 3568 3594 3608 3621
[31] 3705 3731 3766 3782 3914 3947 3982 4042 4123 4168 4247 4349 4517 4642 4669
[46] 4888 5020 5440 5536 5710 8349

히스토그램이나 박스플롯을 보면 한 개 주에서 매우 높은 값이 있는 것을 알 수 있다(아칸소 주). 이 값을 제외한 나머지는 어느 정도 대칭을 이루고 있는 것을 알 수 있다. 그러나 이러한 정보는 박스플롯이 히스토그램보다 더 선명하게 제시해 주는 것을 알 수 있다.

미국공립학교의 학생 1인당 지출

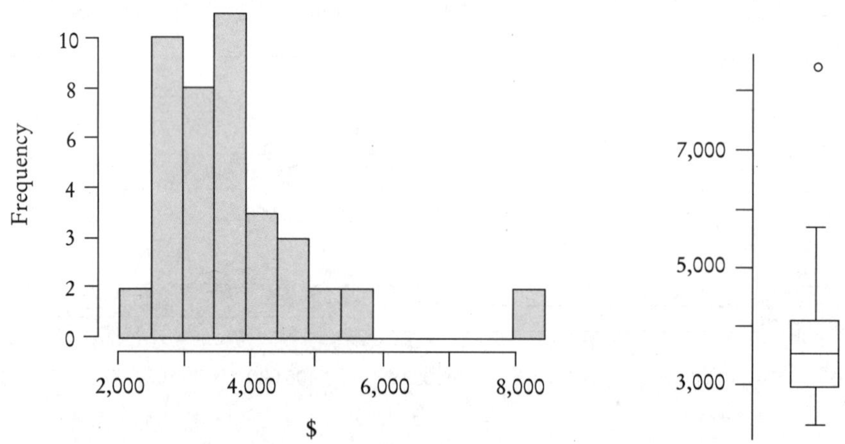

이상과 같은 방법으로 5개 암 종류에 대해 박스플롯을 그리고 이를 나란히 비교해본 것이 [그림 4-10]에 나타나 있다.

각 암 종류별로 평균적인 생존기간이 차이가 있는가를 알아보기 위해 몇

예제 4-7

위암 자료에 대해 박스플롯을 그리기 위해 5개 표시된 값을 만들어본다. 13명 자료는 다음과 같다.

25 42 45 46 51 103 124 146 340 396 412 876 1112

이미 앞에서 하 4 분위수, 중앙값, 상 4 분위수를 다음과 같이 구했다.

46 124 396

따라서 상경첩점은 다음과 같이 계산한다.

396+1.5×(396−46)=921을 넘지 않은 가장 가까운 876

또 하경첩점은 다음과 같다.

346−1.5×(396−46)=−479보다 작지 않은 가장 가까운 값=25

따라서 이 자료의 경우, 상·하경첩점을 벗어나는 값은 1112로 1개 있으며 이 값이 이상값이다.

가지 통계를 작성하여 본다. 우리가 가장 먼저 생각할 수 있는 것은 각 암 종류별로 평균 생존기간을 구하는 것이다. 이를 구해본 결과가 다음과 같다.

그림 4-10 5개 암 종류의 박스플롯(1위암, 2 기관지암, 3 장암, 4 난소암, 5 유방암)

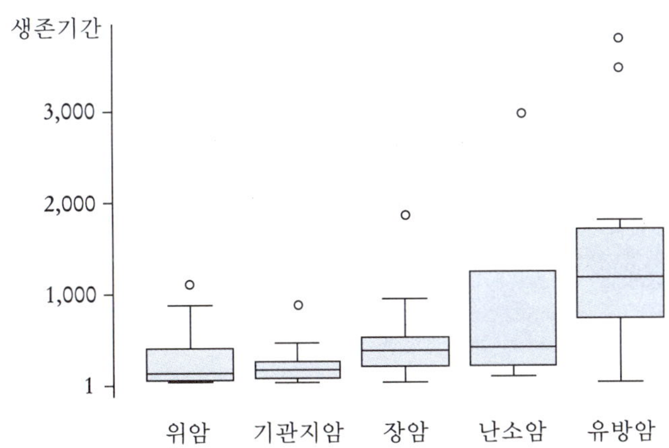

암 종류	평균 생존기간	표준편차	표본크기
위 암	286	346	13
기관지암	212	210	17
장 암	457	427	11
난 소 암	884	1,099	6
유 방 암	1,396	1,239	11

이 결과를 보면 기관지암에 걸린 환자의 생존기간이 가장 짧아 보인다. 그러나 생존기간의 표준편차가 매우 커서 비교하기가 어려워 보인다. 어떤 결론을 내리기 전에 이미 앞에서 공부한 바와 같이 그래프를 그려보는 것이 바람직할 것이다.

예제 4-8

야구선수들의 연봉 자료를 박스플롯으로 그려본 것이 다음과 같다. 왼쪽 그림은 원래 자료를 사용하여 그린 것이고, 오른쪽 그림은 박찬호 선수가 포함된 자료를 사용하여 그린 것이다. 박스플롯을 보면 이상값을 바로 파악해낼 수 있다.

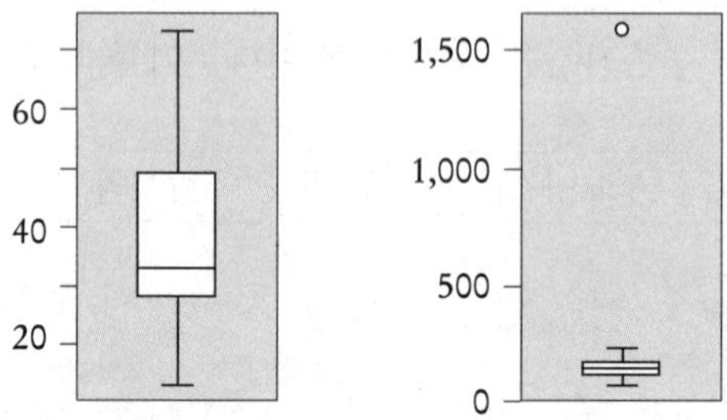

4.9 자료의 변환

자료가 한 쪽으로 치우쳐 있는 경우, 많은 경우에 log 변환을 하거나 제곱근 변환을 하면 대칭이 되게 만들 수 있다. 3.3절의 세계 220개국 인구분포의 경우를 다시 살펴본다. 220개국 중 대부분의 나라가 인구가 얼마 안되는 작은 국가들이고 이 중 중국, 인도 등 몇 개 나라만 매우 큰 인구를 갖고 있다. 그러나 이 자료를 log 변환하고 나면 정규분포와 비슷한 모양을 따르는 것을 알 수 있었다. 이 그래프를 다시 그려보면 [그림 4-11]과 같다.

앞절의 암 자료는 한 쪽으로 치우친 분포였다. 따라서 평균과 표준편차를 사용하여 이 자료를 탐색하는 것이 비합리적이었다. 이 자료를 log 변환을 하면 다음과 같은 결과가 나타난다.

4.82 3.74 3.22 3.81 6.02 3.93 7.01 3.83 4.63 6.78 4.98 5.83 5.98 4.39 6.13
3.00 6.11 5.51 5.11 4.14 4.16 5.04 6.76 5.02 5.11 3.61 5.41 4.93 4.28 5.50
5.51 5.93 5.24 7.52 5.19 6.29 6.25 6.12 6.01 5.90 6.85 6.65 5.92 5.09 4.62
3.00 5.65 7.12 4.49 5.30 5.87 8.00 6.12 7.12 3.18 7.37 7.06 3.69 6.59 8.24
6.67 7.50 8.15 6.58

log 변환한 자료에 대해 평균, 중앙값, 표준편차, 4분위간 범위를 구해

그림 4-11 세계 220개국 인구 원자료와 log 변환 히스토그램

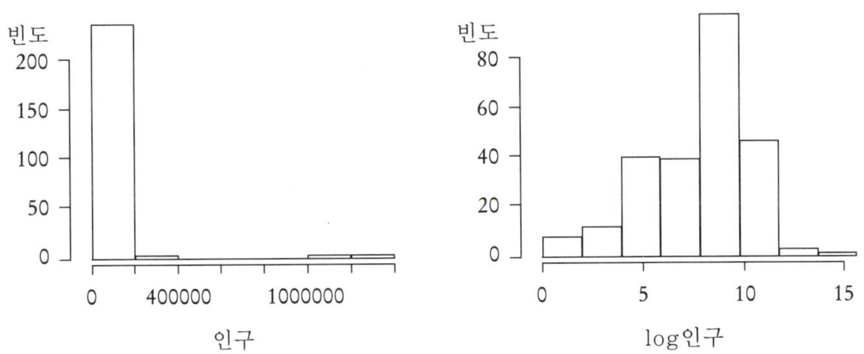

보면 다음과 같다.

평균	중앙값	표준편차	1.5×표준편차	4분위간 범위
5.56	5.58	1.31	1.97	1.95

이 결과를 보면 평균과 중앙값이 거의 비슷하고, 1.5×표준편차와 4분위간 범위도 거의 같다. 따라서 암 자료를 log 변환하면 정규분포와 매우 근사해진다고 추측할 수 있다.

log 변환한 자료를 히스토그램으로 그려보면 [그림 4-12]와 같다. 이 그림에는 평균이 5.56, 표준편차가 1.31인 정규분포를 덧 그려 놓았으며 히스토그램은 정규분포와 거의 닮은 것을 알 수 있다. 또 아래 축에는 박스플롯을 그려놓았다. 박스플롯을 보아도 상-하 4분위수들이 양쪽으로 대칭이고, 상-하 경첩도 양쪽으로 대칭을 이루고 있는 것을 알 수 있다.

이상의 결과를 활용하여 변환된 자료가 평균이 5.6이고 표준편차가 1.3인 정규분포를 따른다고 하자. 이 분포에서 90%-백분위수를 구해보자. [표 4-2](또는 부록의 [표 B])에서 90% 백분위수는 1.28이므로 변환 자료의 경우

그림 4-12 암 자료를 log 변환한 결과

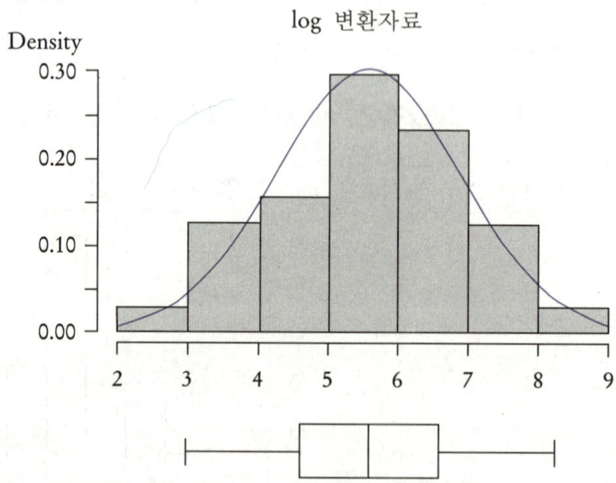

주: 양쪽으로 대칭이고, 정규분포와 거의 비슷하다.

90% 백분위수는 다음과 같다.

$$90\%\ \log(\text{생존기간}) = 5.6 + 1.28 \times 1.3 = 7.246$$

따라서 90%에 해당하는 생존기간은 다음과 같다.

$$90\%\ \text{생존기간} = \exp(7.246) = 1402$$

즉, 1,402일을 넘겨서 생존할 확률은 10% 정도인 것을 알 수 있다. 이제 거꾸로 만성암 환자의 경우 3,650일(10년)을 넘겨서 살 수 있는 확률은 얼마나 될까?

$$\log(3{,}650) = 8.2$$

이므로 평균이 5.6, 표준편차가 1.3인 정규분포에서 8.0이 어느 정도 떨어져 있는가를 알아야 한다. 이를 위해 다음과 같은 식에서 x를 구한다.

$$8.2 = 5.6 + 1.3x \Rightarrow x = 2$$

[표 4-1](또는 부록의 [표 B])에서 표준정규분포에서 2에 해당하는 확률은 97.7%이므로 ascorbate 치료를 받은 말기암환자 중에서 10년 이상 살 수 있는 경우는 1,000명 중 27명 꼴로 나타난다.

이상의 결과는 5가지 암 모든 경우를 합해서 분석한 결과이다. 이제 위암환자의 경우만 다시 고려해 보기로 한다.

말기 위암에서 ascorbate 치료를 받은 13명 환자의 경우 생존기간은 다음과 같았다.

25 42 45 46 51 103 124 146 340 396 412 876 1112

원래 자료와 log 변환한 자료 두 가지를 박스플롯으로 그려본 것이 [그림 4-13]과 같다. 이 그림을 보면 원래 자료의 경우 매우 한 쪽으로 치우쳐져 있으며, 이상값도 매우 많은 것으로 나타났다. 그러나 log 변환하면, 대칭분포가 되고, 이상값도 없어지는 것을 알 수 있다. 원래 자료와 log 변환한 후의 자료에 대해 평균, 표준편차, 중앙값, 1.5×표준편차, 4분위간 범위를 구해본 결과 [표 4-4]와 같았다. 원래 자료를 보면 평균이 286, 중앙

그림 4-13 말기 위암환자가 ascorbate 치료를 받은 후 생존기간

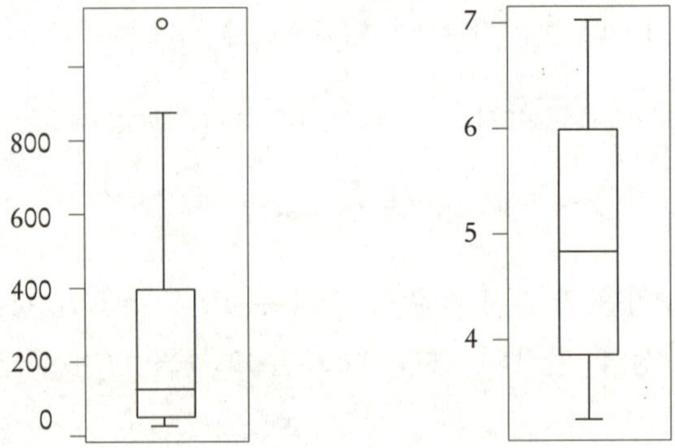

주: 좌측은 원래 자료이고 우측은 log 변환한 자료.

표 4-4 원래 자료와 log 변환한 자료의 비교

	평 균	표준편차	중 앙 값	1.5×표준편차	4분위간 범위
원래 자료	286	346	124	519	350
log 변환	5.0	1.3	4.8	2.0	2.2

주: 말기 위암환자가 ascorbate 치료를 받은 후 생존기간을 원래 자료와 변환한 자료에 대해 평균, 중앙값, 표준편차, 4분위간 범위를 비교해본 결과 log 변환을 하면 정규분포로 근사시킬 수 있는 것을 알 수 있다.

값이 124로서 매우 차이가 있고, 1.5×표준편차가 519, 4분위간 범위가 350으로 산포 정도에도 매우 차이가 있는 것을 알 수 있다.

이 결과로부터 log 변환한 자료는 정규분포를 사용하여 분석하여도 큰 무리가 없다는 것을 알 수 있다.

4.10 정규분포는 왜 중요한가?

많은 자료들을 정규분포로 근사시킬 수 있다. 예를 들어 아이들의 키, 몸무게, 시험성적, IQ, 등 우리 주위의 많은 사건들이 정규분포로 근사시킬 수 있다. 또한 이미 앞에서 많은 예제를 통해 살펴본 바와 같이, 자료들이 비록 정규분포를 따르지 않는다고 하여도, 적절한 변환을 통해 이들을 정규분포로 근사시킬 수 있다.

정규분포는 수학적으로 다루기 쉽다. 정규분포는 평균과 표준편차에 의해 결정되며, 모든 정규분포는 표준화 과정을 통해 표준정규분포로 만들 수 있다. 일단 표준정규분포로 만들면 여러 가지 수리적인 성격들을 파악하는 것이 용이해진다.

정규분포가 평균과 표준편차에 의해 결정된다는 뜻에 대해 더 설명이 필요하다. 만약 어떤 자료가 정규분포를 따른다면, 이 자료의 평균과 표준편차를 알기만 하면 이 자료가 필요없다는 것이다. 예를 들어 사람들의 지능지수가 정규분포를 따른다고 하자. 이 경우, 어떤 집단의 지능지수를 알고자 하면 이 집단의 평균과 표준편차만 알면 된다. 이 지식만으로 이 집단에서 지능지수가 150 이상인 사람이 몇 명인지, 이 집단에서 가장 점수가 높은 사람은 몇 점인지 등을 모두 알 수 있다. 또, 어떤 집단의 지능지수를 모르는 경우, 이 집단의 지능지수를 알기 위해서는 평균과 표준편차만 알면 되기 때문에 이 두 값을 측정할 수 있는 표본크기만 택하면 된다. 만약 두 모수(parameter, 평균과 표준편차처럼 해당 집단을 결정짓는 수)를 유효숫자 2자리까지의 정확도로 요구한다면 유효숫자의 이론에 의해 50명 정도만 조사하면 된다. 이 이상 표본을 택하는 것은 낭비다.

그러나 무엇보다 정규분포의 중요한 성격은 중심극한정리(central limit theorem)에 있다. 중심극한정리는 자료가 어떤 분포에서 나오던 간에 이 자료의 표본평균은 정규분포를 따른다는 것이다. 이것이 중요한 이유는 우리가 자료에서 관심이 있는 것은 대부분의 경우 자료의 중심이 어디에 위치하는가를 아는 데 있다. 자료의 중심을 알기 위해 표본평균을 구하게 되는 데, 중심극한정리에 의해 자료의 크기가 커지면 이것이 정규분포를 따르기 때문에 이 정리를 사용하여 자료의 중심을 파악하기 위한 여러 가지 통계적 과정이 용이하게 이루어진다. 그러면 자료의 크기가 얼마나 커져야 이 정리가 적용되는가 하는 문제가 발생하는데, 이는 자료의 성격에 따라 틀리지만, 대부분의 경우 10개 정도만 되어도 정규분포를 적용하는 데 큰 무리가 없다.

중심극한정리에 의하면, 표본평균의 분포는 표본크기가 커질수록 정규분포에 접근해 간다. 이 정규분포의 평균은 자료가 뽑힌 집단의 평균(모평균, population mean)과 같고 표준편차는 모표준편차를 표본크기의 제곱근으로 나눈 것과 같다.

예제 4-9

앞에서 사용한 암 자료를 다시 살펴보기로 한다. 이 자료의 분포는 한쪽으로 매우 치우친 분포였다. 컴퓨터를 사용하여 이 자료에서 랜덤하게 10명을 택한 것이 다음과 같다.

166 42 163 51 719 455 456 1234 37 45 → 평균=337

이러한 과정을 계속 수행하면 다음과 같다.

89	719	151	37	124	1235	727	456	450	377	→ 평균=437
1112	189	46	245	396	101	3460	72	450	180	→ 평균=625
412	101	456	450	42	146	51	201	25	1112	→ 평균=300
1112	42	1843	37	356	3460	40	406	201	138	→ 평균=764
727	406	455	248	201	63	20	246	876	101	→ 평균=334
				……						…
				……						…

이러한 과정으로 100개의 평균을 구하고 이를 히스토그램으로 그려본 것이 [그림 4-14]의 우측에 나타나 있다. 이 그림에서 알 수 있듯이 원래의 자료들은 [그림

4-14]와 같이 한쪽으로 매우 치우친 분포를 따르지만 이 관측값들의 평균의 분포는 정규분포와 모양이 비슷한 것을 알 수 있다. 이들 100개 평균으로 이루어진 자료의 평균은 579이고, 표준편차는 221이다. 실제 암 자료의 평균은 559였으며 앞에서 구한 579와 비슷하고, 표준편차는 776으로서 이를 표본의 크기 10의 제곱으로 나누면 $\frac{776}{\sqrt{10}}=245$이고 이는 앞에서 구해진 221과 크게 다르지 않다.

그림 4-14 암자료의 원래 자료 히스토그램과 표본평균의 히스토그램

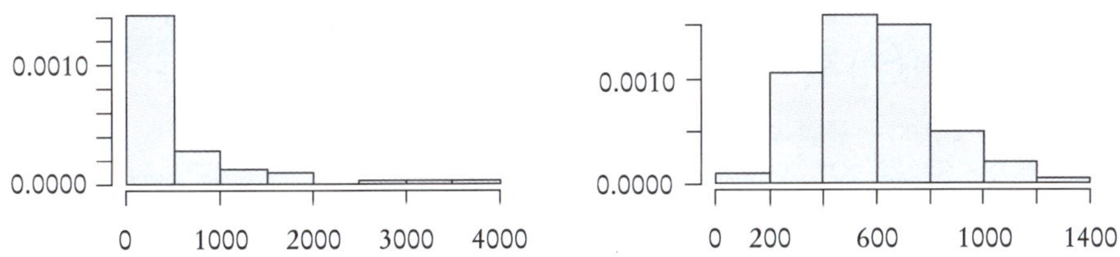

왼편은 암자료의 분포. 한쪽으로 매우 치우쳐 있다. 여기서 랜덤하게 10개를 뽑고 이들의 평균을 계산한 것을 100번 반복하여 이들의 히스토그램을 그린 것이 오른편 그림이다. 이는 정규분포에 근사한 것을 알 수 있다.

평균은 합을 표본크기로 나눈 것이다. 따라서 표본평균이 정규분포에 접근해 간다는 것은 표본합이 정규분포에 접근해 가는 것과 마찬가지이다.

예제 4-10

중심극한정리를 컴퓨터로 실험하는 인터넷 사이트들이 많이 있다. 이 중 한 사이트는 다음과 같다.

http://www.stat.sc.edu/~west/javahtml/CLT.html

이 사이트에는 주사위를 던지는 실험을 통해 중심극한정리를 설명하고 있다. 주사위 1개를 던지는 경우, 앞면이 나타날 확률은 다음과 같다.

주사위 면	1	2	3	4	5	6
확률	1/6	1/6	1/6	1/6	1/6	1/6

그러나 2개 주사위를 던져서 합을 생각하면 1부터 12까지 나타날 것이다. 합이 1이나 12가 될 확률은 0이고 2가 될 확률은 두 주사위가 모두 1이 나타나야 하므로 1/6×1/6=1/36이고, 이는 합이 11로 나타날 경우와 같다. 이렇게 진행하면, 두 주사위를 던졌을 때 합의 분포는 다음과 같이 나타나는 것을 증명할 수 있다.

주사위 면	1	2	3	4	5	6	7	8	9…12
확률	0	1/36	2/36	3/36	4/36	5/36	6/36	5/36	…

[그림 4-15]에 주사위를 한 개 던질 때 앞면의 밀도함수와 두 개 던질 때 두 면의 합의 밀도함수, 그리고 5개를 던질 때 앞면의 합의 밀도함수가 나타나 있다. 5개가 되면 정규분포와 매우 가까워지는 것을 알 수 있다.

그림 4-15 주사위를 1개 던지는 경우, 2개 던지는 경우, 5개 던지는 경우: 주사위 앞면의 합의 확률분포를 그려보았다. 주사위를 5개 던지면, 합의 분포는 이미 정규분포에 접근해 간다

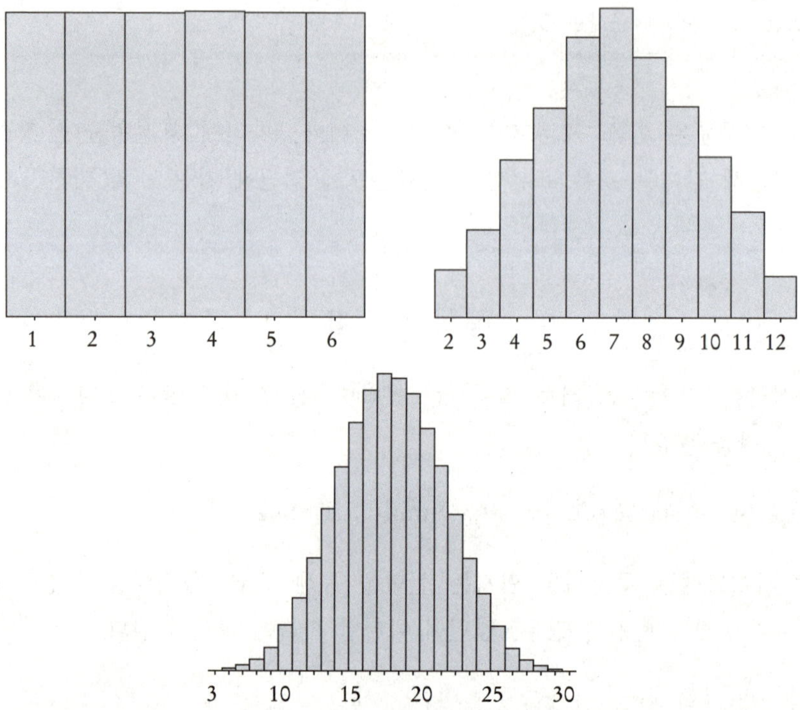

연습문제

4.1 다음 사이트에 들어가면 평균과 표준편차에 따라 정규분포를 그려준다. 이 사이트에서 평균과 표준편차를 변화해 가면서 정규분포를 그려보아라. 표준편차가 1/2인 경우, 1인 경우, 2인 경우 그래프의 모양이 어떻게 다른가?

http://www.stattucino.com/berrie/dsl/index.html

4.2 서울에서 사는 사람의 경우, 교통문제로 인해 약속시간을 맞추기가 매우 어렵다. 따라서 최소한 10분 전을 목표로 하고 출발하는 것이 약속시간을 맞출 수 있을 것이다. 이제 약속시간이 12:00pm이고 장소까지 가는 데 평균 1시간이 소요된다고 하자. 그리고 교통사정에 의해 소요시간의 표준편차가 10분이라고 하자. 이 경우, 10:50am에 출발했는데 약속시간보다 늦게 도착할 확률은 얼마나 되겠는가? 또한 나를 만나러 오는 사람도 똑 같은 상황이라고 하자. 이 경우 두 사람 모두가 약속시간보다 늦게 올 확률은? 여기서 소요시간은 정규분포를 따른다고 가정한다.

4.3 인간은 태교일로부터 출생시까지 평균 266일이 소요되고 표준편차는 16일인 정규분포를 따른다고 한다. 300일 이상 되어 출생하는 아이는 전체 1,000명 중 몇 명이나 되겠는가? 또, 8개월(240일)이 못되어 출생하는 아이는 1,000명 중 몇 명이나 되겠는가? (참고: 표준정규분포에서 95%에 해당하는 백분위수는 1.645)

4.4 성인 IQ점수는 평균 100점이고 표준편차가 15점인 정규분포가 되도록 만든다(다음 그림 참조). 100만명 중 IQ점수가 145점 이상인 사람은 몇 명이 되겠는가? 또, 85점 이하인 사람의 수는? 한국인의 경우 평균 점수가 106점이라고 알려져 있다. 표준편차가 15로 세계적인 수준과 같다면 한국인 100만명 중 IQ가 145 이상인 사람은 몇 명이나 되겠는가? 또, 85점 이하는?

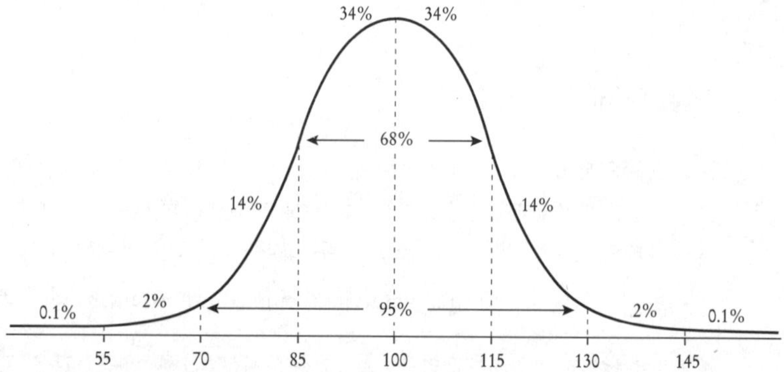

4.5 다음은 두뇌자료에서 FSIQ, VIQ, PIQ, 몸무게, 키에 대해 남녀별로 상자도형을 그려본 것이다. 이 그래프를 통해 3가지 종류의 IQ가 남녀별로 차이가 있는가 판단해 보아라. 또, 몸무게와 키에 대해서는 어떤 결론을 내릴 수 있는가? (왼편 상자그림이 여학생)

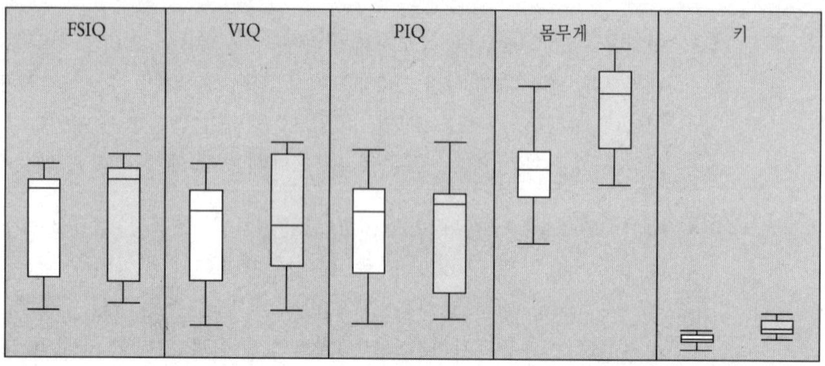

4.6 동남아 13개국의 인구, 면적, 1인당 GNP 자료로 히스토그램을 그린다면 어떤 모양이 되겠는가? 이 자료를 히스토그램으로 그리는 것이 의미가 있겠는가? 이 자료의 경우, 상자도형이 히스토그램에 비해 어떤 면에서 더 효율적인 그래프인가?

4.7 동남아 13개국의 자료는 한 쪽으로 매우 치우친 분포를 보이고 있다. 이러한 경우 동남아 13개국 중 랜덤하게 5개 나라를 택해 이 나라들을 묶어 하나의 단체를 만든다고 가정하면, 이 단체의 국토면적은 어떤 분포를 보이겠는가?

제 5 장 두 변수간의 연관성 탐색

뇌가 큰 사람은 IQ가 높은가?[1] Nobel 상을 많이 받은 나라의 국민 IQ는 높은가? 언어능력이 있는 사람은 수리적인 능력도 강한가? 흡연은 암 사망률과 연관이 있는가? 부모의 체격이 크면 자식의 체격도 큰가? 여기서는 이와 같이 변수간의 관계를 탐색하는 방법들을 공부하기로 한다.

5.1 산 점 도

[표 5-1]은 미국의 남서부의 한 대학에서 남녀학생 40명에 대해 뇌의 크기와 IQ 점수, 키, 몸무게 등을 조사한 자료다(1991년). 여기서 뇌의 크기는 MRI(Magnetic Resonance Image)이라는 측정방법을 사용하였다. 이 자료에서 IQ는 FSIQ(full scaled IQ), VIQ(verbal IQ), PIQ(performance IQ)의 3가지로 구분하였다. 또, 이 자료는 FSIQ가 130 이상인 학생과 103 이하인 학생만 택하였다. 이 자료를 사용하여 뇌의 크기와 몸무게 사이에 관계가 있는가를 알아보기 위해 [그림 5-1]과 같은 산점도를 그려보았다. 이 그림을 보면 뇌가 커질수록 몸무게도 커지는 것을 알 수 있다. 산점도는 두 변수간의 관계를 설명하는 데 매우 유용한 도구로 이용될 수 있다. 산점도에 두 변수간의 관계를 나타내는 함수를 만들어 이를 추가하면 이 자료를 해석하기가 더욱 용이해진다. [그림 5-2]에 이와 같은 결과가 나타나 있다. 여기서 관계식은 다음과 같다.

1) 다음과 같은 사이트에는 IQ 내용에 대해 여러 가지 재미있는 자료들이 주어져 있다.
http://members.shaw.ca/delajare/index.html

몸무게=0.7843+0.0741×뇌의 크기

이 관계식을 만드는 방법에 대해서는 이 장의 마지막 부분에서 공부하게된다. 여기서 중요한 내용은 산점도 위에 두 변수간의 관계식을 나타냄으로써 변수간의 관계를 더욱 쉽게 파악할 수가 있다는 것이다.

그림 5-1 뇌크기(MRI)와 몸무게(Ⅰ)

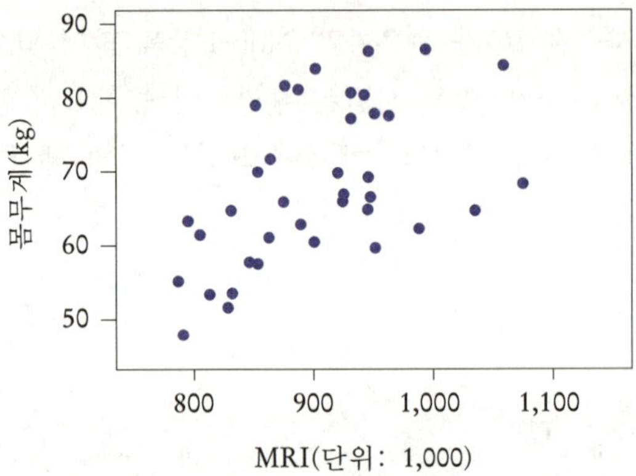

주: 뇌의 크기(MRI 수, 단위 1,000)와 몸무게의 관계를 나타내는 산점도.

그림 5-2 뇌크기(MRI)와 몸무게(Ⅱ)

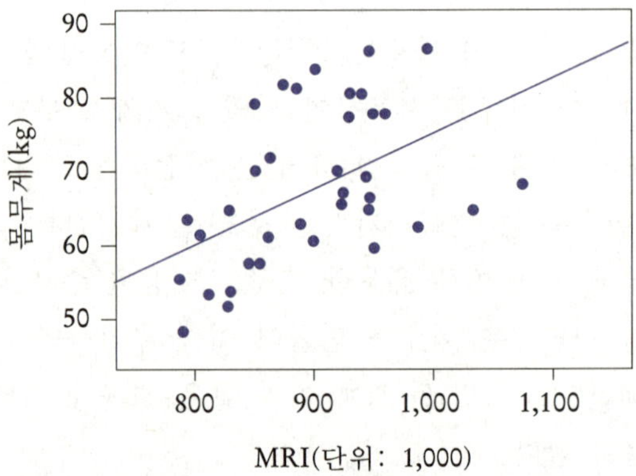

주: 산점도에 두 변수간의 관계식을 만들어 이를 첨가하면 더욱 해석이 용이해진다.

표 5-1 미국의 한 대학교 학생의 IQ와 신체 규격 (?: 결측값)

성	FSIQ	VIQ	PIQ	몸무게(kg)	키(cm)	뇌의 크기 (단위: 1,000)
여	133	132	124	53	164	817
남	140	150	124	?	184	1,001
남	139	123	150	64	186	1,038
남	133	129	128	77	175	965
여	137	132	134	66	165	952
여	99	90	110	66	175	929
여	138	136	131	62	164	991
여	92	90	98	79	168	854
남	89	93	84	60	168	905
남	133	114	147	77	175	955
여	132	129	121	53	164	834
남	141	150	128	68	178	1,080
남	135	129	124	70	175	924
여	140	120	147	70	179	856
여	96	100	90	66	168	879
여	83	71	96	61	173	865
여	132	132	120	57	174	852
남	100	96	102	80	187	945
여	101	112	84	61	168	808
남	80	77	86	81	178	889
남	83	83	86	?	?	892
남	97	107	84	84	194	906
여	135	129	134	55	157	791
남	139	145	128	59	173	955
여	91	86	102	51	160	832
남	141	145	131	77	183	935
여	85	90	84	63	173	799
남	103	96	110	84	196	1,062
여	77	83	72	48	160	794
여	130	126	124	72	169	867
여	133	126	132	57	159	858
남	144	145	137	86	170	950
남	103	96	110	86	192	998
남	90	96	86	81	175	880
여	83	90	81	64	169	834
여	133	129	128	69	169	948
남	140	150	124	65	179	949
여	88	86	94	63	164	894
남	81	90	74	67	188	930
남	89	91	89	81	192	936

[그림 5-1]과 [그림 5-2]의 산점도에는 남-여가 함께 나타나 있다. 몸무게, 뇌의 크기가 남-여에 따라 다를 것이므로 이를 따로 표현하는 것이 바람직할 것이다. 이를 위해 산점도의 각 점들을 남녀별로 표현하여 본 것이 [그림 5-3]과 같다. 이 그림에서 남자는 진한 점으로 표시되고 여자는

그림 5-3 뇌크기(MRI)와 몸무게: 남녀구분(Ⅰ)

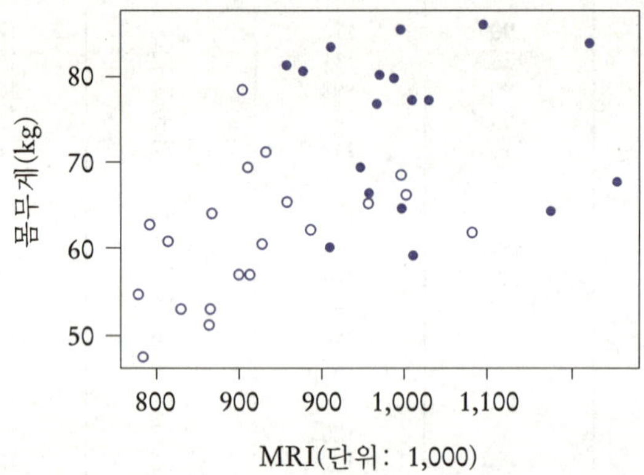

주: 남학생과 여학생을 구분하기 위해 남학생은 진한 점으로 표시하였다. 남학생은 여학생에 비해 뇌의 크기와 몸무게의 관계가 더 작아보인다.

그림 5-4 뇌크기(MRI)와 몸무게: 남녀구분(Ⅱ)

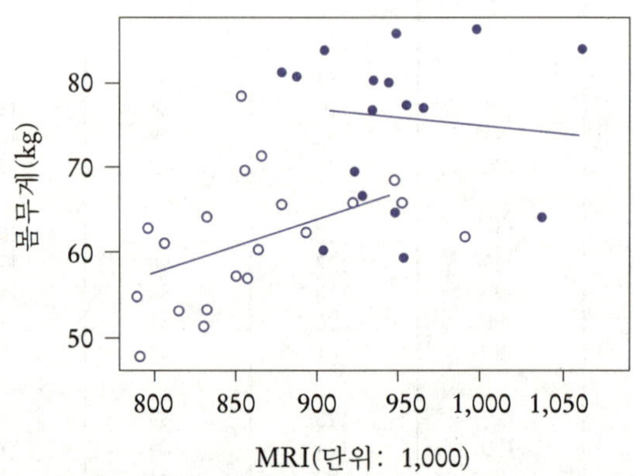

주: 뇌의 크기와 몸무게의 관계식을 남학생과 여학생 따로 표시하였다. 남학생은 오히려 뇌가 클수록 몸무게가 줄어드는 경향이 있다.

동그라미로 표시되었다. 이 그림을 보면 남자는 뇌도 크고 몸무게도 큰 것으로 나타났다. 그러나 남자의 경우 두 변수간의 관계가 그다지 크지 않은 것처럼 보이고 여자의 경우 뇌의 크기와 몸무게 사이의 관계가 밀접한 것으로 나타났다. 실제 이 그림 위에 남-여별로 뇌의 크기와 몸무게의 관계식을 만들어 표현한 것이 [그림 5-4]에 나타나있다. 이 그림을 보면 남녀별로 확실하게 연관성이 다른 것을 알 수 있다. 즉 여자의 경우 뇌가 커지면 몸무게가 커지는 것으로 나타나지만($y=0.0614x+8.8221$), 남자의 경우는 오히려 줄어드는 것처럼 보인다($y=-0.0213x+94.663$). 이와 같이 산점도를 그릴 때 각 그룹별로 따로 이 자료들을 표현함으로써, 자료가 가지고 있는 정보를 더 정확하게 파악할 수 있다는 것을 보여 주고 있다.

산점도는 자료에서 정보를 파악하는 데 매우 유용한 도구이지만, 다른 도형과 마찬가지로 그리는 방법이나, 특별한 자료 한두 개의 영향에 의해 전체적인 모양이 매우 달라지고 따라서 오도된 정보를 제공할 수 있다. [그림 5-5]에 3개의 산점도가 나타나있다. 첫번째 산점도에는 서로 관계가 없는 두 변수로부터 20개 쌍의 자료를 컴퓨터에 의해 발생시키고 이를 그려놓은 것이다. 가운데 산점도는 20개 쌍의 자료에 $(x, y)=(1.2, 1.2)$의 값을

그림 5-5 좌측 그림은 두 변수 사이에 연관이 없는 자료 20개를 컴퓨터로 생성시키고 이를 산점도로 나타낸 결과

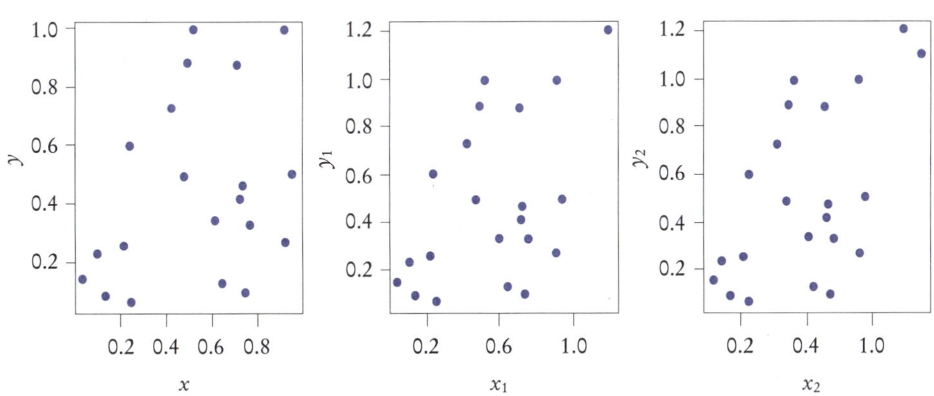

주: 가운데는 $(x, y)=(1.2, 1.2)$의 한 점을 추가한 경우이고, 우측은 중간 그림에 $(x, y)=(1.3, 1.1)$의 점을 하나 더 추가한 경우다.

갖는 한 개의 쌍을 추가시켜 놓은 것이다. 이 산점도를 보면 x가 커지면서 y도 커지는 것과 같은 해석을 하게 된다. 여기에 다시 $(x, y)=(1.3, 1.1)$ 의 점을 하나 더 추가하면 이 그림은 두 변수간의 관계가 더 깊은 것 같은 모습을 제공한다.

예제 5-1: 어린이의 나이와 Gesell 점수 관계

아동의 뇌 발달에 관한 연구의 일환으로, 아이들이 처음 단어를 말하기 시작한 나이(개월 수로 측정)와 어린이의 Gesell Adaptive Score(일종의 적성검사)와의 관계를 조사한 것이 [표 5-2]에 나타나 있다. 이 표를 사용하여 두 변수의 관계를 조사해 보기로 한다. 산점도를 그려보면 [그림 5-6]과 같다. 이 그림을 보면, 말을 처음 시작하는 나이와 점수는 서로 깊은 관계가 있는 것을 알 수 있다. 즉, 나이가 들어서 말을 처음 시작하는 경우 Gesell 점수가 낮게 나타나는 것을 알 수 있다. 그러나 이 자료 중에서 25개월 이상된 아이 2명을 제외한 나머지를 사용하여 그래프를 그린 것이 [그림 5-7]에 나타나 있다. 이 그림을 보면 두

표 5-2 어린이의 나이와 Gesell Adaptive Score (단위: AGE 개월)

Age	Score	Age	Score
15	95	7	113
26	71	9	96
10	83	10	83
9	91	11	84
15	102	11	102
20	87	10	100
18	93	12	105
11	100	42	57
8	104	17	121
20	94	11	86
10	100		

출처: UCLA의 한 연구에서 발표한 자료.

변수간에 관계가 없는 것처럼 보인다. 이와 같이 여러 개의 점이 있을 때, 이 중에서 하나나 두 개의 특이한 점들을 제거하면 전체의 관계가 왜곡되거나, 또는 확실하게 되는 경우가 있다.

그림 5-6 나이와 Gesell 점수 관계

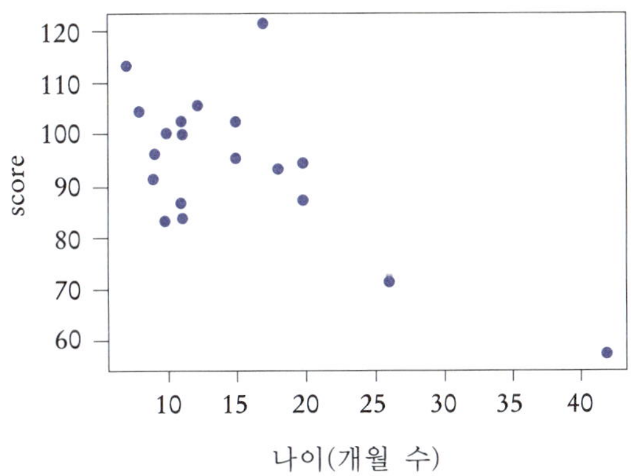

주: 이 그림을 보면 나이와 점수는 서로 역 관계인 것을 알 수 있다. 즉, 늦게 말을 시작할수록 Gesell 점수가 낮은 것을 알 수 있다.

그림 5-7 나이와 Gesell 점수 관계(나이<25개월)

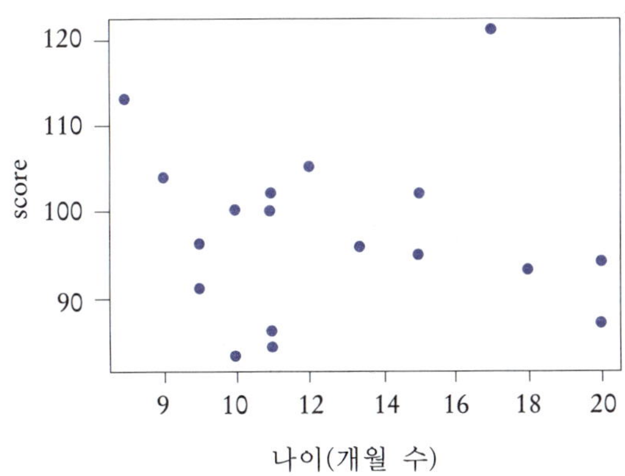

주: [그림 5-6]에서 나이가 25개월 이상인 두 아이들을 제거한 것이다. 이 두 명을 제거한 자료를 보면 나이와 점수와의 관계가 별로 없는 것처럼 보인다.

예제 5-2: 조선시대 27대 왕조

그림 5-8 27대 조선왕조의 즉위시 나이와 재위기간 간의 관계

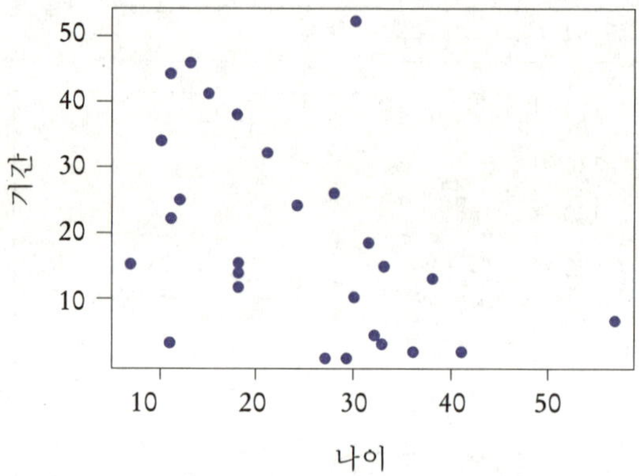

제3장의 조선왕조 자료를 다시 참조한다. 즉위시 나이와 재위기간과 관계가 있는가를 알아보기 위해 산점도를 그려본 것이 [그림 5-8]과 같다. 이 그래프를 보면 즉위시 나이와 재위기간과는 일반적으로 반비례의 관계가 있는 것을 알 수있다. 물론 그렇다고 하여 모든 왕조가 다 그런 것은 아니다. 또, 가장 오래 즉위한 왕은 30대인 것을 알 수 있다(이 왕이 누구인지 알아보자).

5.2 그래프의 종횡비율

산점도로 자료를 표현할 때 중요한 점은 산점도의 횡축과 종축의 비율을 고려해야 한다는 점이다. 이를 종횡비율(aspect ratio)이라고 하는데, 같은 자료라고 하더라도 종횡비율에 따라 산점도의 모양이 완전히 다르게 나타난다. [그림 5-9]에 MRI 산점도를 종횡비율을 달리해 가면서 그린 것이 나타나 있다(이 자료는 카네기멜론대학의 데이터라이브러리에서 찾아볼 수 있

그림 5-9 뇌크기(MRI)와 몸무게

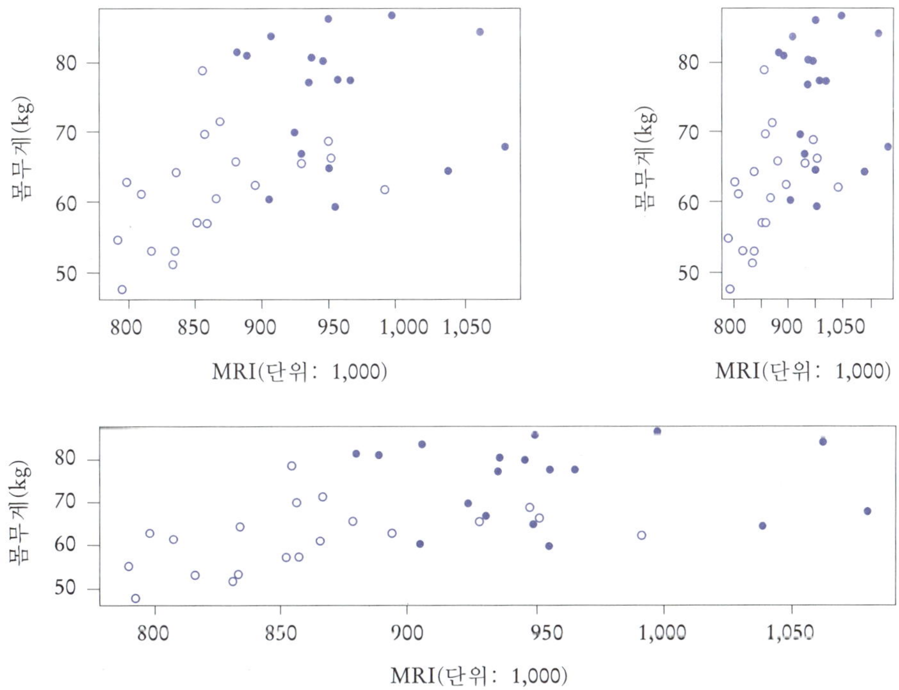

그림 5-10 뇌크기(MRI)와 몸무게

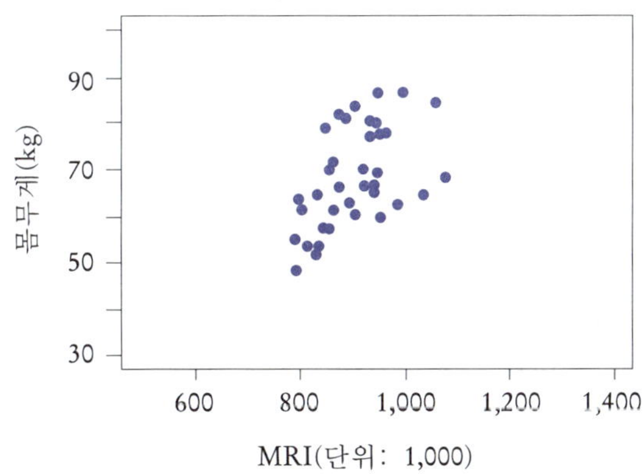

주: 종횡 축의 비율을 조정함에 따라 그림이 주는 시각적 효과가 다르게 나타난다. x-축의 비율을 늘리면 관계가 작아지는 것 같고, y-축의 비율을 늘리면 관계가 더 강해 보인다. 축의 범위를 늘리면 자료가 더 집결되어 나타나고, 두 변수간의 관계가 더 강해 보인다.

다).[2] 여기서 MRI는 두뇌의 크기를 측정하는 수단으로 사용되었다. 대상은 미국 남부 지역의 한 대학에서 일정한 조건을 만족하는 학생들을 선택하고 각 학생들의 두뇌를 18개의 수평 MRI 스캔을 수행하고 각 스캔 영상에서 컴퓨터가 0이 아닌 회색 눈금을 센 것이다. 첫번째 그림은 이미 앞에서 보여 준 바와 같이 종횡비율이 1:1 관계이고, 두 번째 그림은 y-축의 길이가 x-축에 비해 2배이고 3번째 그림은 x-축의 길이가 y-축에 비해 4배인 경우이다. 이 세 개의 산점도를 보면 첫번째의 경우, 두 변수간의 관계가 매우 깊은 것처럼 보인다. 특히 첫번째 그림을 보면 남자의 경우 두 변수 간에 관계가 없는 것처럼 나타났으나, 두 번째 그림을 보면 매우 관계가 있는 것처럼 보인다. 이제 3번째 산점도를 보면, 여자의 경우에도 두 변수 사이의 관계가 특별하게 있는 것 같지 않아 보인다. 이러한 현상은 일반적이다. y-축을 늘리면 두 변수 사이의 관계가 더 큰 것처럼 보이고, x-축의 비율을 늘리면, 두 변수의 관계가 작아 보인다.

5.3 상관계수: 두 변수간의 연관관계 측도

산점도는 두 변수간의 관계를 파악하는 데 매우 유용한 도구라는 것을 배웠다. 그러나 산점도는 같은 자료라고 하더라도 그리는 방법에 따라 제공하는 정보가 다를 수 있고, 시각적인 도구이기 때문에 사람마다 이를 평가하는 기준이 다를 수 있다. 따라서, 두 변수간의 관계가 어느 정도로 강한 것인가를 판단할 수 있는 객관적인 지수가 필요하다. 이를 위해 가장 많이 사용하는 도구가 상관관계이다.

두 변수의 관계 중에서 가장 쉽게 설명할 수 있는 것이 두 변수의 관계가 어느 정도 직선으로 잘 표현될 수 있는가이다. 두 변수의 상관관계를 측정해주는 계수를 상관계수(correlation coefficient)라고 하며 보통 r로 표기한다. r은 최대 1이고 최소는 -1이다.[3]

2) 카네기멜론대학 데이터라이브러리(http://lib.stat.cmu.edu/DASL/Stories/BrainSizeandIntelligence.html)

3) X, Y가 두 변수일 때 상관계수 r은 다음과 같다.

그림 5-11 x와 y의 관계가 직선을 이루는 경우

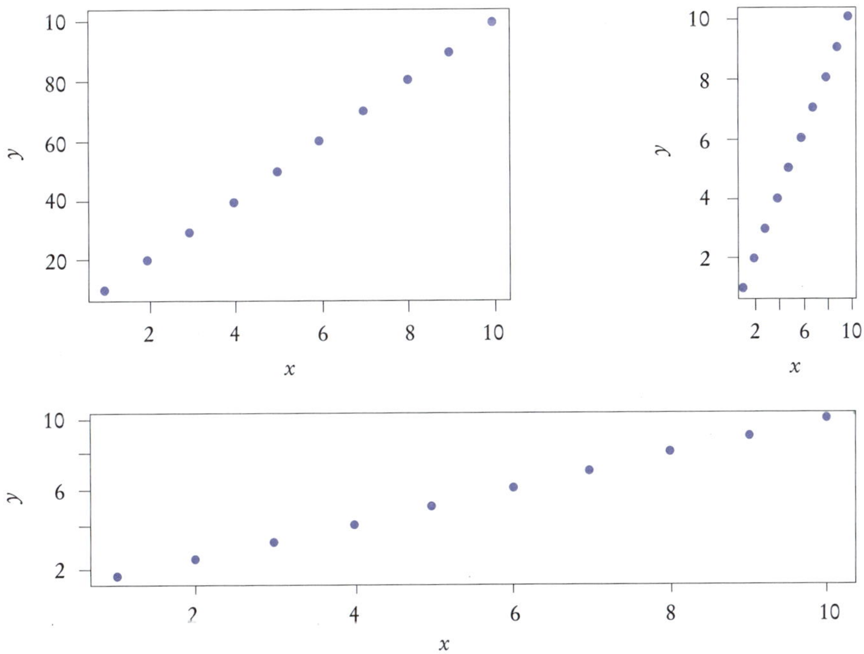

주: 3가지 모두 관계식은 $y=x$이다.

그림 5-12 상관계수가 −1인 경우($y=-x$)

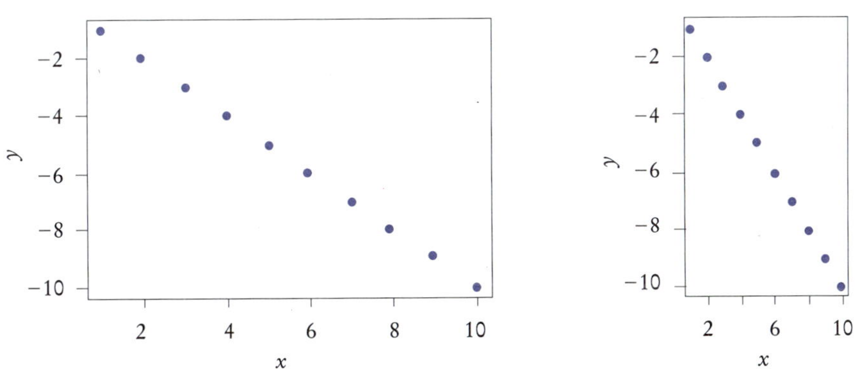

그림 5-13 $r=0$인 여러 가지 경우

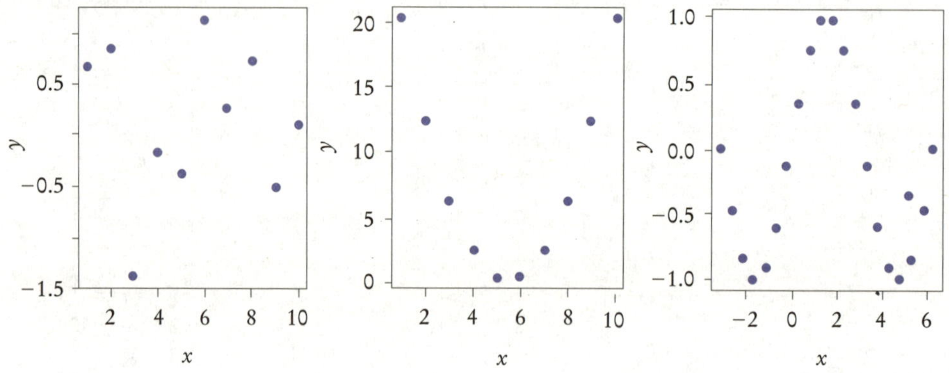

주: 첫번째 그림은 x와 y가 전혀 관계가 없는 경우이고, 두 번째는 $y=x^2$인 경우이며, 세 번째는 $y=sin(x)$인 경우이다. 상관계수가 0이라고 하여 두 변수가 관계없는 것은 아니다.

$$-1 \leq r \leq 1$$

[그림 5-11]의 3개 산점도는 모두 $r=1$로서 두 변수의 관계식은 직선으로 표시할 수 있다(이 그림의 경우 $y=x$). 또 [그림 5-12]가 $r=-1$인 경우다($y=-x$). 두 변수간에 전혀 관계가 없을 때, 상관계수는 0이다. [그림 5-13]에 상관계수가 0인 3가지 경우가 나타나있다. 그림에서 보는 바와 같이 $y=x^2$이나, $y=sin(x)$ 등과 같이 두 변수 사이에 정확히 어떤 함수의 관계가 성립한다고 하여도, 상관계수가 0인 경우가 있다. 이러한 이유는 상관계수는 두 변수 간에 관계가 어느 정도 직선에 근접하느냐에 따라 결정되기 때문이다. 즉, 앞에서 이미 설명한 바와 같이 두 변수 간에 선형관계가 더 깊을수록 상관계수는 1 또는 −1에 가까워진다. 두 변수 간에 관계가 선형식으로 표현되기 어려울수록 상관계수는 0에 가까워진다.

$$r=\frac{\Sigma(X-\bar{X})(Y-\bar{Y})}{\sqrt{\Sigma(X-\bar{X})^2(Y-\bar{Y})^2}}$$

예제 5-3: 상관계수와 산점도

인터넷에는 상관계수와 관련된 훌륭한 교육용 사이트가 많이 있다. 그 중 다음과 같은 사이트에서는 상관계수를 제공하면 여기에 해당하는 하나의 산점도를 그려준다. [그림 5-14]에 r=−0.6인 경우의 산점도가 나타나있다.

http://noppa5.pc.helsinki.fi/koe/corr/cor3.html

그림 5-14 상관계수를 제공하면 여기에 대응하는 하나의 산점도를 그려주는 사이트

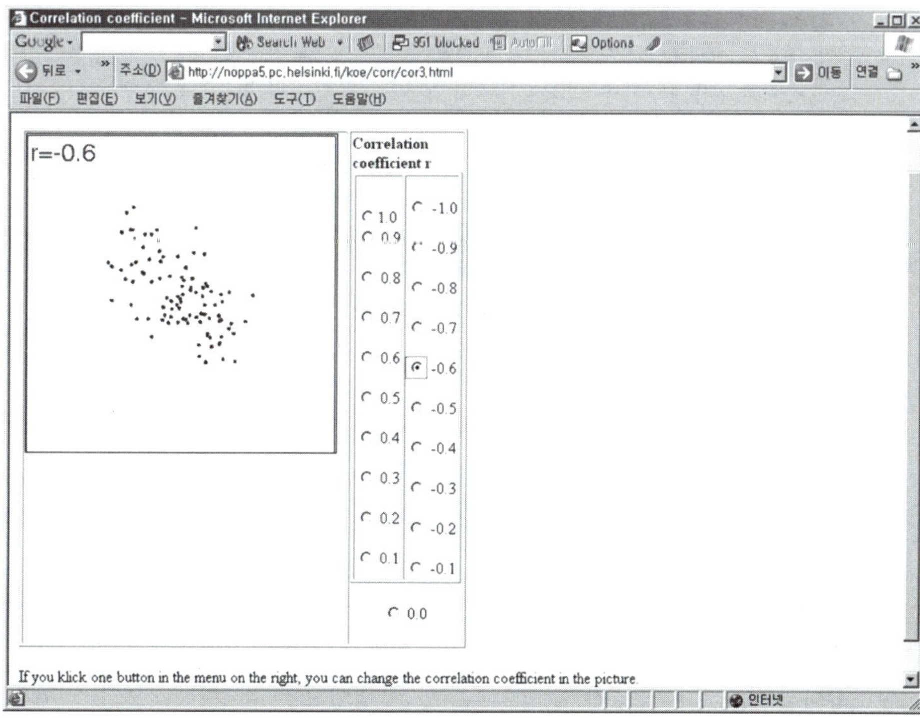

Galton과 회귀

Francis Galton 경(1822~1911)은 지문을 발견한 사람으로 알려져 있다. Galton은 모든 사람의 지문은 다르고 이를 사용하여 사람을 알아볼 수 있다는 것을 발견하였다. Galton은 지능이 유전되는 것을 수학적으로 증명하고자 하였다. 이를 위해 아버지와 아들의 지능정도를 측정하고자 하였다. 그러나 당시에는 지능을 측정하는 기준이 없었기 때문에 대신 London에 거주하는 가족의 체격(키, 몸무게, 몇몇 뼈의 수치 등)을 조사하였다. 그는 부모의 체격으로부터 자식의 체격을 예측하고자 하였다. 물론 키가 큰 부모가 키가 큰 후손을 갖는 사실이 보편화되었지만, 그는 이러한 관계에 대한 수학적 식를 만들고 싶어 하였다. 여기서 그는 "평균으로의 회귀(regression to the mean)"를 발견하였다. 키가 큰 부모의 자손은 키가 크고 키가 작은 자손은 키가 작은가?

Galton이 조사한 자료에 의하면 키가 큰 부모는 역시 키가 큰 자손을 갖는 경향이 있고, 반대로 키가 작은 부모는 키가 작은 자손을 갖는 경향이 있다. 그러나 키가 큰 부모의 경우, 자손은 부모보다 키가 작고 평균에 가까운 키를 가질 경향이 있고, 키가 작은 부모의 경우는 반대로 부모보다는 키가 크면서 평균에 가까운 경향을 갖는 것을 발견하였다. 이는 다른 분야에도 마찬가지로 적용되는 원리다. 예를 들어 평균이 60점인 시험을 치루었는데 100점 만점에 95점을 받았다고 하자. 이 사람이 다시 시험을 치룬다면 95점보다 못한 평균에 가까운 점수를 받는다는 것이다. 물론 여기서 다시 시험을 치루는 동안 그동안 아는 것에 변동을 주는 행동을 하지 않는다는 가정이 있다(예를 들어 이 사람이 시험 준비를 더 하지 않거나 정신적 고통을 당하여 아는 것을 잃어버리는 일이 없는 경우 등).

Galton은 결국 회귀가 모든 분야에서 인류의 기본적인 원리를 이루고 있다는 것을 발견하였다.

5.4 회귀직선

이미 [그림 5-2]에서 회귀직선을 설명한 바 있다. 뇌의 크기와 몸무게를 나타내는 산점도 위에 직선을 덧 그려 놓았었다. 이 직선은 산점도에 나타나는 자료를 가장 잘 설명할 수 있는 방향으로 작성한 것으로서 뇌의 크기와 몸무게의 관계를 알려준다. 이 산점도의 경우 회귀직선의 식은 다음과 같다(MRI 단위: 1,000).

$$\text{몸무게} = 0.19 + 0.075 \times \text{뇌의 크기}$$ [4]

4) 이 식을 보면 상수항 0.19는 거의 의미가 없다. 따라서 몸무게와 뇌의 크기는 다음과 같이 관계식

그림 5-15 몸무게와 MRI의 회귀식: 몸무게=0.19+0.075×MRI

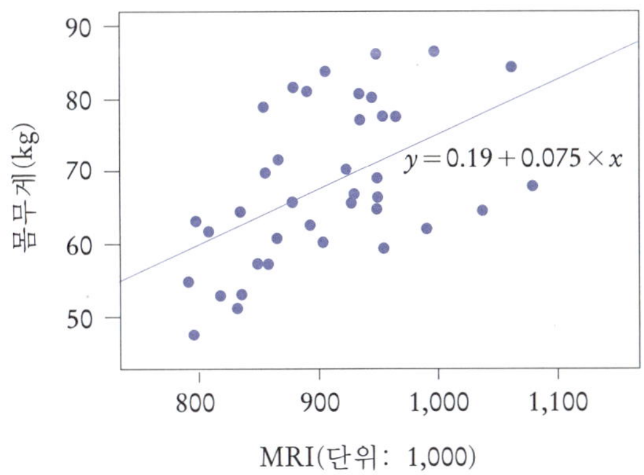

이 식에 의하면, 뇌의 크기가 1,000인 사람은 몸무게가 75.19로 추정된다. 또, MRI가 800인 사람은 몸무게가 60.25이다. 회귀식에서 y-축에 해당하는 변수를 종속변수(response variable)라 하고, x-축에 해당하는 변수를 독립변수(independent variable)또는 설명변수(explaratory variable)라고 한다. 이 예의 경우, 몸무게가 종속변수이고, 뇌크기가 설명변수이다. 일단 회귀식이 만들어지면, 설명변수의 값이 주어질 때 종속변수의 값은 결정된다.[5)]

산점도를 보면 이 산점도를 가장 잘 대표할 수 있는 직선을 시각적인 감각으로 만들 수 있다. 그러나 이렇게 하는 것은 사람마다 다를 것이며, 정확한 직선식을 만드는 것도 어려울 것이다. 회귀직선을 만드는 방법은 여러 가지가 있을 수 있으나, 가장 대표적이고 많이 사용하는 방법은 최소제곱법(least squares regression line)이다. 최소제곱법은 만들어진 직선으로 자료를 추정하였을 때, 원래 자료와 추정된 자료의 차이가 가장 작아지도록 만드는 방법이다. 여기서 차이가 작다는 기준은 차이의 제곱을 의미한다.

을 만들어도 무리가 없다.

몸무게 = 0.075 × MRI

5) 회귀식 y=a+bx를 만드는 공식은 다음과 같다.

$$\mathrm{b}=\frac{S_{xy}}{S_x S_y},\ S_{xy}=\Sigma(X-\bar{X})(Y-\bar{Y}),\ S_x=\sqrt{\Sigma(X-\bar{X})^2},\ S_y=\sqrt{\Sigma(Y-\bar{Y})^2}$$

$$\mathrm{a}=\bar{Y}-\mathrm{b}\bar{X}$$

5.5 회귀직선과 예측

두 변수가 있을 때, 하나의 변수를 설명변수로 하고, 다른 하나를 종속변수로 하면, 언제든지 회귀직선을 만들 수 있다. 예를 들어 [표 5-1]의 뇌 자료에서 몸무게와 키의 관계를 나타내는 회귀식은 다음과 같다.

$$키 = 128 + 0.67 \times 몸무게$$

이 식을 사용하면, 몸무게가 60kg인 사람은 키가 168cm이다. 즉, 어떤 사람을 직접 대면하지는 않았지만, 이 사람의 몸무게가 60kg인 것을 알면 이 사람의 키가 168cm 정도일 것이라고 예측할 수 있다. 즉, 회귀모형은 설명변수를 사용하여 종속변수의 값을 예측하는 데 사용할 수 있다.

이제 거꾸로 키를 몸무게를 사용하여 예측하는 관계식을 생각해 보자. 얼핏 생각하기에 앞의 관계식에서 몸무게를 키에 대해 풀면 될 것 같다. 이렇게 하면 다음과 같은 식이 나타난다.

$$몸무게 = -191 + 1.49 \times 키$$

실제 이 식을 사용하여 키가 180cm인 사람의 몸무게를 예측하면 77kg으로 적절한 식이 나타나는 것 같다. 그러나 이러한 과정은 틀린 것이다.

회귀모형을 만들 때 기본적인 가정이 있으며, 이는 종속변수는 확률적으로 오차를 갖고 변하는 값으로 생각하지만, 독립변수는 오차가 없는 상수로 생각한다. 따라서, 키와 몸무게의 회귀식은 수학적인 등식이 아니고, 몸무게가 어떤 값으로 지정되면 키는 평균적으로 “128+0.67×몸무게”의 값을 갖지만 이 값이 정확하게 성립하는 것이 아니고 오차를 갖는다는 뜻이다. 예를 들어 몸무게가 60kg인 사람의 경우, 이 식에 의하면 키가 168cm로 예측되지만 이 값은 평균적인 의미가 있을 뿐이며 사람에 따라 오차를 갖고 변하게 된다. 만약 이 오차가 작으면 이 회귀식은 좋은 관계식이 되지만 이 오차가 크면 나쁜 관계식이 된다.

몸무게를 키로 예측하는 회귀식을 만들어 본 결과 다음과 같은 식이 나

그림 5-16 키와 몸무게간의 산점도 및 회귀직선

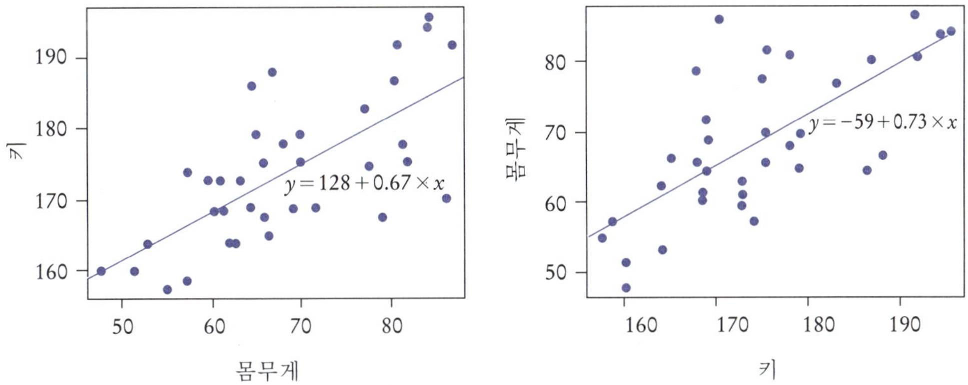

주: 몸무게를 알면 키는 "키=128+0.67×몸무게"의 관계식을 사용하여 예측할 수 있다. 또, 키를 알면 몸무게는 "몸무게=−59+0.73×키"의 관계식을 사용하여 예측할 수 있다.

타났다.

$$\text{몸무게} = -59 + 0.73 \times \text{키}$$

이 식에 의하면 키가 168cm인 사람은 몸무게가 63kg으로 예측할 수 있다.

통계적 예측방법은 여러 가지가 있다. 그러나 모든 예측방법은 여기서 설명한 회귀직선을 사용하여 예측하는 것과 같은 성격을 갖고 있다. 이들을 정리하면 다음과 같다.

1. 예측은 현재 제공된 자료로부터 만든 통계적 모형에 의해 이루어진다. 예를 들어 앞에서 만든 키나 몸무게의 예측모형은 미국 대학생을 기준으로 만들어졌으므로 한국 대학생에게는 맞지 않을 수 있으며, 여기서는 단순히 키와 몸무게의 관계를 사용하였기 때문에 다른 조건이 포함되었을 경우 부적절한 모형이 될 것이다. 또한, 선형회귀식보다 더 정교한 다른 예측모형을 사용하면 더 좋은 예측을 할 수 있을 것이다.

2. 모형이 자료를 잘 설명할수록 예측은 더 잘된다. 실제자료와 예측자료의 차이를 잔차라고 한다. 따라서 잔차가 전체적으로 작으면서 특별한 패턴이 없이 랜덤하게 나타나면 예측모형이 자료를 잘 설명한다고 할 수 있다.

3. 모형을 만드는 데 활용한 자료의 범위 밖에서는 예측이 위험하다. 앞에서 만든 키와 몸무게의 모형은 대학생의 경우이다. 만약 이를 어린이에게 적용한다면 황당한 결과를 가져올 수 있다. 예를 들어 키가 70cm인 경우 몸무게$=-59+0.73\times70=-7.9$가 된다.

5.6 상관계수 r과 회귀직선의 설명계수 R^2

어떤 나라의 성인 남자의 키는 평균이 160cm이고, 표준편차가 5cm라고 한다. 만약 내가 이 나라에서 오는 한 사람을 내일 만난다고 하자. 이 사람의 키가 얼마나 되리라고 예측할 수 있겠는가? 다른 아무런 정보가 없다면 평균이 가장 좋은 추정값이고 따라서 160cm 정도라고 예측할 수 있을 것이다. 이제 이 나라 사람에 대한 몸무게와 키의 관계식이 "키$=130+0.6\times$몸무게"라는 사실을 안다고 하자. 또, 이 사람의 몸무게가 60kg이라는 사실을 안다면 이 사람의 키에 대해서는 $130+0.6\times60=166$cm라고 예측하는 것이 더 바람직할 것이다. 이와 같이 설명변수를 알기 때문에 종속변수의 값을 더 잘 예측할 수 있고, 따라서 종속변수가 갖는 변동의 폭(평균에서 떨어져 있는 정도)을 더 줄여줄 수 있다. 종속변수의 전체의 변동 중에서 설명변수에 의한 회귀모형이 설명할 수 있는 변동의 비율을 회귀모형의 설명계수 R^2라고 한다. R^2는 상관계수 r의 제곱과 같다.

[그림 5-17]에 유럽지역의 21개 국가의 노벨상 수상자수와 각 국가의 수도에 거주하는 국민의 IQ지수에 대한 관계가 나타나있다(자료는 [표 5-3]). 이 자료에 의하면, 국민의 IQ와 노벨상 수상자수와의 상관계수는 0.25이고, 회귀식과 R^2는 각각 다음과 같다.

$$\text{노벨상 수상자수}=-142+1.5\times\text{IQ},\quad R^2=6\%$$

[그림 5-17]을 보면 3개 나라가 뛰어나게 노벨상 수상자가 많은 것을 알 수 있다. 이 중에서 가장 뛰어나게 많은 나라인 영국(수상자수가 85)을 제외하고 이를 산점도로 그리고 회귀식을 만든 것이 [그림 5-18]에 나타나 있

표 5-3 국가별 IQ 점수

국 가	수 도	평균 IQ	노벨상 수상자수	수상자수/인구
Holland	Amsterdam	109.4	15	1054
Germany	Hamburg	109.3	73	1124
Poland	Warsaw	108.3	7	5516
Sweden	Stockholm	105.8	23	387
Yugoslavia	Zagreb	105.7	2	5603
Italy	Rome	103.8	15	3782
Austria	Vienna	103.5	7	1163
Switzerland	Zurich	102.8	15	485
Portugal	Lisbon	102.6	2	4959
GreatBritain	London	102.0	85	695
Norway	Oslo	101.8	6	740
Denmark	Copenhagen	100.7	11	487
Hungary	Budapest	100.5	2	5093
Czechoslovakia	Bratislava	100.4	2	7839
Spain	Madrid	100.3	6	6528
Belgium	Brussels	99.7	5	2036
Greece	Athens	99.4	2	5354
Ireland	Dublin	99.2	5	727
Finland	Helsinki	98.1	2	2579
Bulgaria	Sofia	96.3	1	8195
France	Paris	96.1	42	1404

다. 회귀식과 R^2는 다음과 같다.

$$\text{노벨상 수상자수} = -150 + 1.6 \times \text{국민 IQ}, \quad R^2 = 13\%$$

여기서 알 수 있는 바와 같이 21개 점 중에서 한 개의 독특한 값이 빠짐으로 인해 회귀계수와 R^2에 큰 변화를 가져온 것을 알 수 있다. 즉, R^2는 6%에서 13%로 두 배나 증가하였으며, 회귀계수도 절편과 기울기가 모두 변하였다. 이와 같이 회귀계수와 R^2(또는 상관계수 r)는 하나의 이상값에 의해 많은 영향을 받는다.

그림 5-17 노벨상 vs. 국민 IQ (r=0.25)

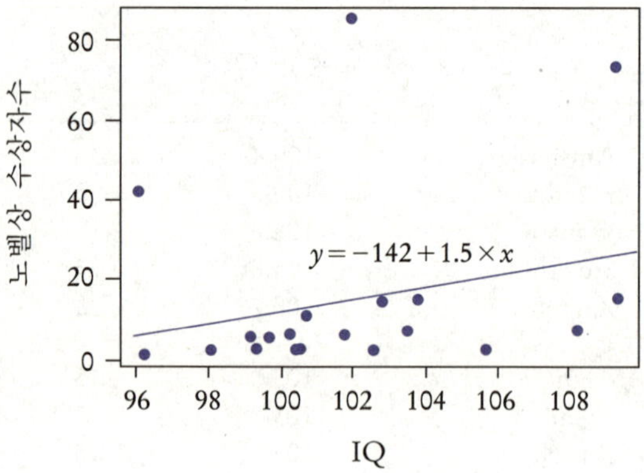

주: 유럽지역 21개국의 국민 IQ와 노벨상 수상자수의 산점도와 수상자수를 IQ에 의해 회귀식을 만든 결과.

그림 5-18 노벨상 vs. 국민 IQ(영국 제외, r=0.36)

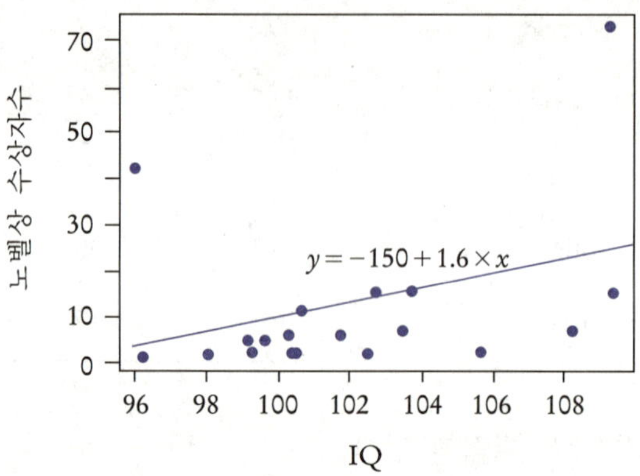

주: 유럽지역 21개국에서 영국을 제외한 산점도와 회귀식으로 상관계수가 0.25에서 0.36으로 크게 변화한 것을 알 수 있다.

독일과 프랑스도 특별히 수상자수가 많은 나라들이며 이들을 삭제시키면 회귀식과 R^2가 다음과 같이 크게 변한다.

$$\text{노벨상 수상자수} = -96 + 1.9 \times \text{IQ}, \quad R^2 = 31\%$$

상관계수와 회귀모형은 한두 개의 특이한 값에 매우 영향을 받기 때문에 이를 만들고 해석하는 데 주의가 필요하다. 또한, R^2는 %로 표시하였고 상관계수 r은 소숫점 숫자로 표기하였다. 상관계수는 [−1, 1] 사이의 범위에 있는 값이라고 하였고, R^2는 자료 전체 변동 중에서 회귀모형이 차지하는 비율이라고 하였다. 따라서 R^2는 %로 표시한다.

영국에서 200명 부부를 랜덤하게 택하고 이들 부부의 키와 부부의 나이, 결혼할 당시 남편의 나이 등을 기록하였다.[6] 먼저 남편의 키와 부인의 키를 산점도로 그려보면 [그림 5-20]과 같다. 이 자료를 분석한 결과, 남편과 부인의 키는 상관관계가 매우 약하다(0.37). 따라서 선형식의 의미가 별로 없어 보인다(설명계수(R^2)=14%, 부인의 키=1,023+0.33×남편의 키). 또, 남편과 부인의 나이에 대해 산점도를 그려본 결과가 [그림 5-21]과 같다. 이 그림을 보면 남편과 부인의 나이는 매우 긴밀한 관계를 갖고 있는 것을 알 수 있으며, 상관계수는 0.94이고 설명계수는 88%이다.

이 장의 마지막에 나타나있는 세계 232개국 자료를 이용하여 IQ와 국가의 GNI, 문자해독률, 유아사망률, 생활만족도표 등에 대한 상관계수, 선형회귀식을 구해보자(여기 나타나있는 각 국가별 IQ는 앞의 노벨상과 관련된 IQ

그림 5-19 노벨상 vs. 국민 IQ(영국 · 독일 · 프랑스 제외, r=0.56)

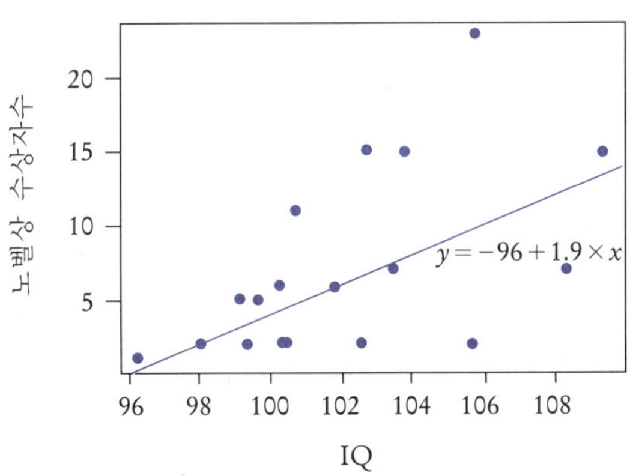

주: 유럽 21개국 중 영국 · 독일 · 프랑스를 제외한 경우, 노벨상 수상자와 IQ와의 관계.

6) 자료는 홈페이지 참조(www.stat.skku.ac.kr/~).

그림 5-20 남편과 부인 키

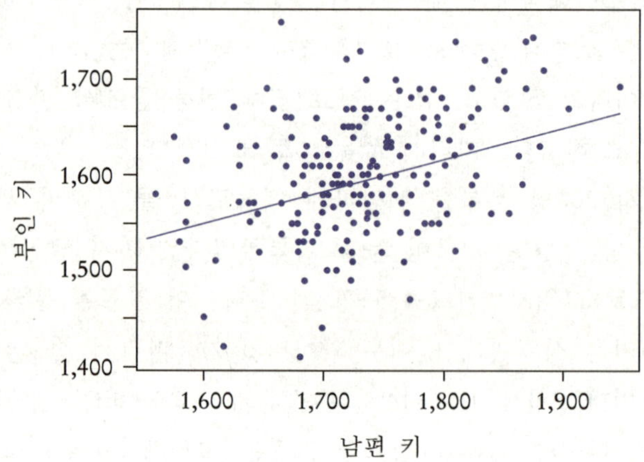

주: 영국의 부부 중 200명을 랜덤하게 택하여 이들의 키를 측정한 결과.

점수와는 차이가 있다. 왜냐하면, 앞의 IQ는 각 국가의 수도에 거주하는 인구의 IQ였지만, 여기 나타나 있는 IQ는 전체 국가의 평균이다. 중요한 것은 한국이 전세계 IQ 1위라는 점이다). 먼저 IQ와 각 변수들간의 산점도를 그려본 것이 [그림

그림 5-21 남편과 부인 나이

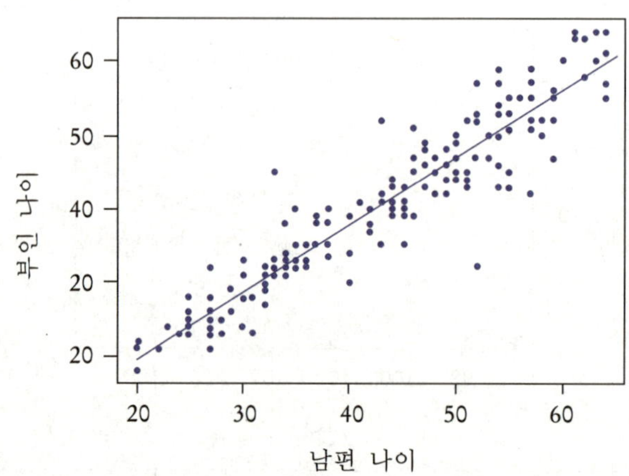

주: 남편과 부인의 나이에는 부인 나이=1.56+0.91×남편 나이. 또, 이 선형식의 설명계수는 94%나 된다.

그림 5-22 232개국의 IQ와 다른 변수들간의 관계 및 회귀식

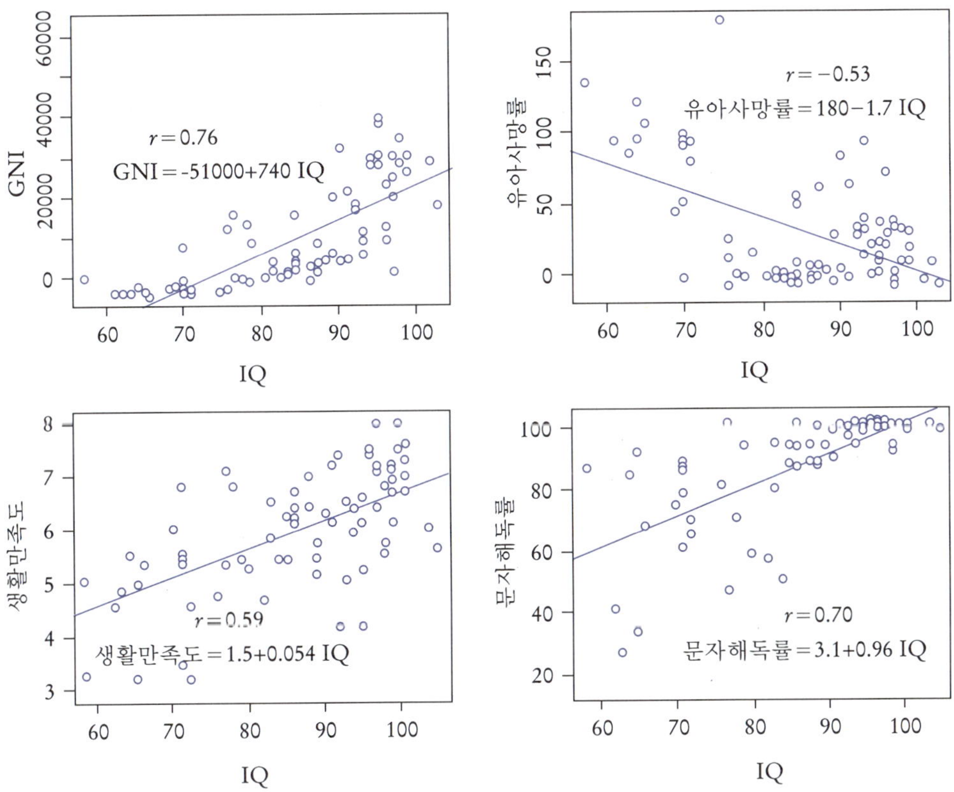

5-22]와 같다. IQ와 GNI, 문자해독률, 생활만족도 등이 서로 비슷하게 관계되어 있는 것 같지만 GNI는 생활만족도에 회귀직선상에 더 밀집되어 있는 것을 알 수 있다. 따라서 GNI가 생활만족도보다 더 큰 상관관계를 갖고 있는 것을 알 수 있다. 이들 관계식에서 보듯이 회귀계수의 크기만으로는 두 변수의 관계를 논하기 어렵다. 두 변수의 관계는 상관계수를 보아야 알 수 있다. 회귀식은 두 변수간의 상관 정도를 나타내는 것보다는 예측이나 두 변수간의 관계식을 만들어내는 데 더 유용하게 이용된다.

5.7 연관분석과 인과관계

"비흡연자에 비해 흡연하는 남성은 폐암에 걸릴 확률이 23배이며, 흡연 여성의 경우 13배이다. 폐암으로 사망하는 남성의 90%가 흡연 때문이며, 여성의 경우 80%이다."[7]

[그림 5-23]에 흡연과 기관지암 사망률과의 연관관계를 나타내는 산점도와 회귀직선이 나타나 있다. 이 자료는 영국에서 25개 직업군(농사, 광업, ..., 행정업무, 전문직업)에서 일하는 사람들에 대한 평균적인 값으로서, 흡연 정도는 흡연하는 전체 인구의 흡연 정도를 100으로 놓을 때 해당 직업군에 속한 사람의 흡연 정도를 나타내고 있으며, 사망률은 전체 사망자 중 기관지암으로 사망한 사람의 비율을 100으로 하였을 때, 각 그룹에서 기관지암으로 사망한 사람의 비율이다. 이 도표를 보면 흡연 정도와 사망률은 매우 깊은 관계에 있는 것을 알 수 있다. 회귀식과 R^2는 다음과 같다.

$$\text{기관지암 사망률} = -2.9 + 1.0 \times \text{흡연 정도}, \qquad R^2 = 51\%$$

그림 5-23 흡연율과 기관지암 사망률의 관계

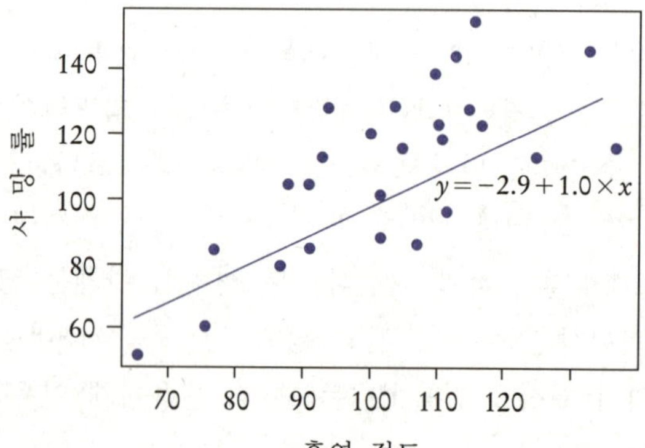

7) 자료: http://quitsmoking.about.com/od/tobaccostatistics/a/cancerstats.htm

표 5-4　영국에서 각 직업군별로 흡연 정도와 기관지암 사망률을 조사한 자료

직　업　군	흡연 정도	기관지암 사망률
Farmers_foresters_and_fisherman	77	84
Miners_and_quarrymen	137	116
Gas_coke_and_chemical_makers	117	123
Glass_and_ceramics_makers	94	128
Furnace_forge_foundry_rolling_mill_workers	116	155
Electrical_electronics_workers	102	101
Engineering_allied_trades	111	118
Woodworkers	93	113
Leather-workers	88	104
Textile_workers	102	88
Clothing_workers	91	104
Food_drink_tobacco_workers	104	129
Paper_printing_workers	107	86
Makers_of_other_products	112	96
Construction_workers	113	144
Painters_decorators	110	139
Drivers_stationary_engines_cranes	125	113
Laborers_included_elsewhere	133	146
Transport_communications_workers	115	128
Warehousemen_storekeepers_packers_bottlers	105	115
Clerical_workers	87	79
Sales_workers	91	85
Service_sport_recreation_workers	100	120
Administrators_managers	76	60
Professionals_technical_workers_artists	66	51

그러나 흡연과 기관지암의 사망률에 상관관계가 있다고 하여, 흡연이 기관지암을 유발한다고 할 수 있는가? 흡연이 암의 원인이 되는 것은 단순히 이런 상관관계만으로 입증한 것은 아니다. 두 변수간의 연관성이 있다고 하여 하나의 변수가 다른 변수의 원인이 된다고 할 수 없다. 흡연이 암을 발생시키는 주범이라는 사실에 대해서는 이러한 단순한 연관관계 이상의 연구가 이를 뒷받침하였다.

몸무게와 키도 연관이 있으며, 영어점수와 수학점수도 연관이 있다. 이

제 몸무게가 크면 키가 커진다고 할 수 있고 영어점수가 좋아지면 수학점수가 좋아진다고 할 수 있는가? 만약 몸무게가 키가 커지는 데 대한 원인효과라면 키가 작은 사람이 운동을 하지 않고 식사를 많이 하여 몸무게를 늘리면 키가 커지겠는가? 또, 영어점수와 수학점수의 상관관계가 높다고 하여 영어만 열심히 공부하여 영어점수를 늘리면 자연히 수학점수가 올라가겠는가? 두 변수간에 통계적인 연관성이 존재한다고 하여 하나의 변수가 다른 하나의 변수를 변화시키는 요인이라고 할 수 없다. 두 변수간의 관계는 종종 다른 잠재된 변수에 의해 영향을 받게 된다.

5.8 여러 변수간의 관계

여태까지는 두 변수간의 관계에 대해서만 고려하였다. 이제는 여러 개의 변수간의 관계에 대해서 살펴보기로 한다. 뇌 자료의 경우, 성별, FSIQ, VIQ, PIQ, 몸무게, 키, MRI 등 7개 변수들 상호간의 관계를 한꺼번에 보는 방법은 [표 5-5]과 같은 상관계수 행렬을 통해서 가능하다. [표 5-5]에 7개 변수의 상관계수행렬이 주어져 있다. 여기서 성은 남, 여 두 가지이며 이는 여자를 0, 남자를 1로 하고 상관계수를 계산하였다.

이 표에서 대각요소는 모두 1인 것을 알 수 있다. 대각요소는 자기 자

표 5-5 뇌 자료에서 성, 3가지의 IQ, 몸무게, 키, 뇌크기의 상관계수 행렬

	성	FSIQ	VIQ	PIQ	몸무게	키	뇌크기
성	1.00	0.07	0.12	0.04	0.62	0.71	0.65
FSIQ	0.07	1.00	0.95	0.93	-0.06	−0.12	0.33
VIQ	0.12	0.95	1.00	0.78	0.08	−0.12	0.30
PIQ	0.04	0.93	0.78	1.00	0.00	−0.09	0.38
몸무게	0.62	−0.06	−0.08	0.00	1.00	0.70	0.51
키	0.71	−0.12	−0.12	−0.109	0.70	1.00	0.59
뇌크기	0.65	0.30	0.30	0.38	0.51	0.59	1.00

신끼리의 상관계수이기 때문에 당연히 1이다. 성과 IQ 관련변수의 상관계수는 0.07, 0.12, 0.04 등으로 거의 무시할 수 있는 것을 알 수 있다. 그러나 몸무게, 키, MRI_Count 등은 매우 관계가 깊은 것을 알 수 있다. 여기서 여자를 0, 남자를 1로 하여 성과 몸무게의 상관계수는 0.62가 되었다. 즉, 성이 커지면(여자에서 남자로 가면) 몸무게가 커진다는 의미다. 만약 남자를 0, 여자를 1로 하였다면, 성이 커지면서 몸무게가 작아지므로 상관계수는 −0.62가 될 것이다. 이는 일반적으로 성립한다. 즉, 2개의 카테고리를 갖는 명목변수의 경우, 순서를 바꾸면 상관계수의 부호가 바뀐다. 명목변수의 경우, 상관계수의 부호가 문제되지 않는다. 다른 변수의 경우, FSIQ와 VIQ의 상관계수는 0.95, FSIQ와 PIQ는 0.93 등으로 상관관계가 매우 높은 것으로 나타났다. IQ 항목과 몸무게나 키의 상관계수가 음인 것이 있으나, 이 값은 매우 작아 무시할 수 있다. 또, 몸무게와 키는 상관계수가 0.7로 매우 높은 것으로 나타났다.

[그림 5-24]에 여러 개의 변수들 간의 산점도를 하나의 그림에 그려놓

그림 5-24 산점도행렬

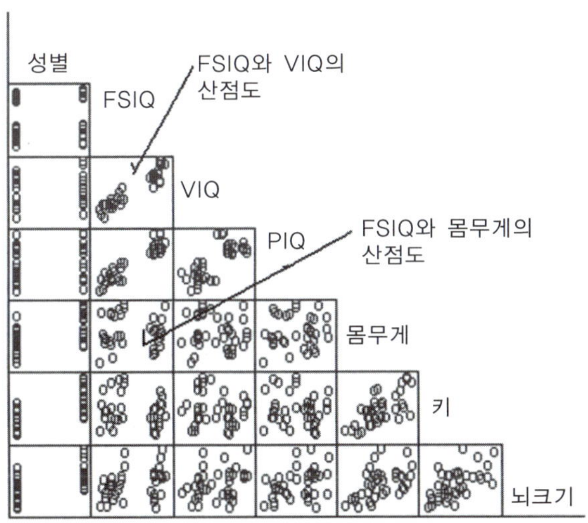

주: 7개 변수들 간의 산점도를 하나의 그림에 그린 것을 산점도행렬이라고 한다. 이 그림을 보면 FSIQ와 VIQ, PIQ들의 관계가 깊은 것을 알 수 있고, 또, 키와 몸무게의 관계도 큰 것을 알 수 있다. MRI도 키와 몸무게와 밀접한 관계가 있는 것으로 나타났다.

은 것이 나타나 있다. 이를 산점도행렬(scatterplot matrix)이라고 한다.

여러 개의 변수에 관한 정보를 파악하는 데 또 다른 매우 유용한 도형이 평행좌표계이다. [그림 5-25]와 [그림 5-26]에 뇌자료에 대한 평행좌표계가 나타나 있다. 이 그림은 하나의 수직선이 하나의 변수를 나타낸다. 뇌

그림 5-25 뇌자료의 평행좌표계(Ⅰ)

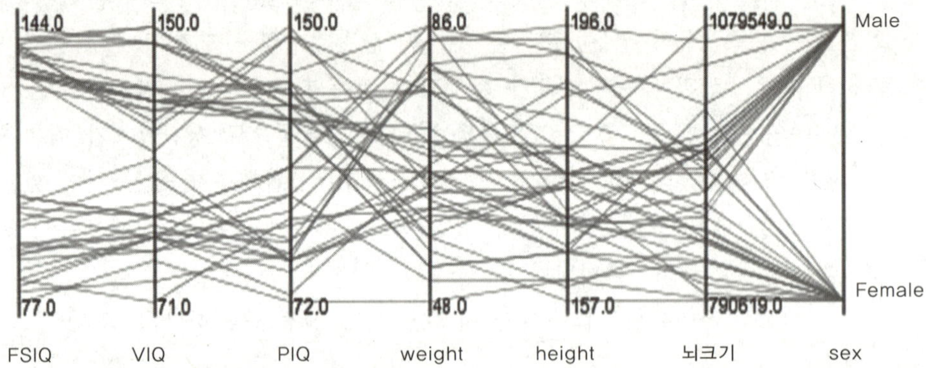

주: 수직선은 변수를 나타내고 수평선들은 관측값을 나타낸다. 각 직선이 나아가는 진로를 보고 변수들 간의 연관성을 파악할 수 있다.

그림 5-26 뇌자료의 평행좌표계(Ⅱ)

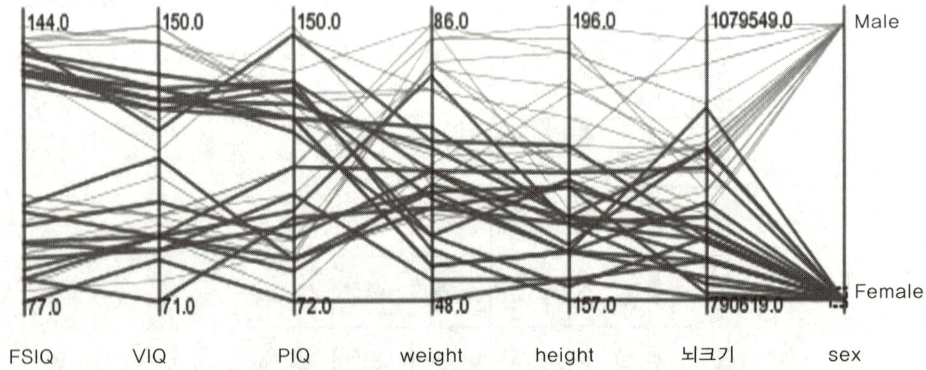

주: 평행좌표계에서 관심 있는 부분을 진하게 표현하면 다른 직선들과 구분이 되어 연관성을 이해하는 데 더욱 용이하다. 이 그림의 경우 여자를 진하게 표현하였으며, 이 관계를 보면 FSIQ, VIQ, PIQ 등에는 여자가 높낮이에 관계없이 고루 나타나지만, 그 외의 변수들에서는 주로 아래에 있는 것을 알 수 있다.

자료의 경우 7개의 변수가 있으므로 7개의 수직선이 있으며 수평으로 하나씩 지나가는 선은 각 관측값을 나타낸다. 이 그림을 보면 sex(0: 여자, 1: 남자)가 0에서 출발한 여러 개의 직선이 다음번 변수인 FSIQ로 진행하는 데 높은 데로 가는 것도 있고 낮은 데로 가는 것도 있다. 그리고 FSIQ가 높은 곳으로 간 선들은 VIQ와 PIQ 등에서 높은 곳에 머무는 경우가 많지만 다음에 나타난 weight 나 height, MRI 등에는 높낮이에 별 관계없이 진행하는 것을 알 수 있다. 이렇게 각 선분이 지나가는 위치를 보면 해당 변수들의 연관관계를 알 수 있다. 그러나 이 그림을 보면 직선들이 서로서로 얽혀있어 이러한 연관이 정확히 보이지 않을 수 있다. 이를 보완하기 위해 그래프의 기법을 활용한다. [그림 5-25]와 [그림 5-26]을 보면 여자(sex=0)에서 출발한 직선들이 어느 방향으로 진행하는가를 쉽게 볼 수 있다.[8]

표 5-6 세계 232개국의 인구, 국토, IQ, 유아사망률(인구 1,000명당 출생 후 1년 내 사망자수), GNI, 생활만족도, 문자해독률(?는 결측값)

국 명	인구 (1,000명)	국도 (km^2)	IQ	유아 사망률	GNI	생활 만족도	문자 해독률
Afghanistan	29929	252	?	142	?	?	?
Albania	3170	11	?	7	5070	4.6	86.5
Algeria	32814	920	?	3.5	6260	5.2	70
American_Samoa	63	0	?	5.5	?	?	?
Andorra	740	?	2.5	?	?	?	?
Angola	15375	481	?	?	2030	4.8	66.8
Anguilla	13	0	?	4.3	?	?	?
Antigua_Barbuda	80	0	?	0	?	7.4	85.8
Argenti?	38592	1074	96	22.3	12460	6.8	97.1
Armenia	3033	12	?	31	4270	3.7	98.6
Aruba	97	0	?	4.3	?	?	?
Australia	20351	2989	98	11.3	29200	7.3	99
Austria	8151	32	102	27.2	31790	7.8	98
Azerbaijan	8388	33	?	7.2	3830	4.9	98.8
Bahamas	319	5	?	7.5	16140	7.7	95.6

8) [그림 5-24~5-26]은 저자가 만든 소프트웨어 DAVIS(stat.skku.ac.kr/myhuh/ davis. html)를 사용하여 그린 것이다.

국 명	인구 (1,000명)	국토 (km^2)	IQ	유아 사망률	GNI	생활 만족도	문자 해독률
Bahrain	731	0	?	2.8	18070	7.2	89.1
Bangladesh	144233	56	?	24.9	1980	5.7	43.1
Barbados	258	0	78	21	15060	7.3	99.7
Belarus	9776	80	?	88.4	6900	4	99.6
Belgium	10458	12	100	40	31360	7.3	99
Belize	292	9	?	5.4	6510	6.9	94.1
Benin	8439	43	?	81	1120	5.4	33.6
Bermuda	62	0	?	6.6	?	?	?
Bhutan	970	18	?	33	?	?	?
Bolivia	8922	424	?	26	2590	5.5	87.2
Bosnia_Herzegovi?	3840	20	?	17.4	7430	5.1	94.6
Botswa?	1640	225	?	?	8920	5.4	79.8
Brazil	184184	3300	87	16	8020	6.3	86.4
British_Virgin_Islands	22	0	?	4.4	?	?	?
Brunei	363	2	?	2.9	?	?	?
Bulgaria	7741	43	93	85.1	7870	4.3	98.6
Burki?_Faso	13925	106	?	118	1220	4.7	26.6
Burundi	7795	11	?	94	660	3	51.6
Cambodia	13329	70	?	32	2180	5.6	73.6
Cameroon	16380	184	?	89	2090	5.1	79
Ca?da	32225	3850	97	10.2	30660	7.6	99
Cape_Verde	476	2	?	16.9	5650	5.8	76.6
Cayman_Islands	44	0	?	2.6	?	?	?
African_Republic	4238	241	?	105	1110	4.9	51
Chad	9657	496	?	99.8	1420	4.5	47.5
Channel_Islands	149	0	?	29.4	?	?	?
Chile	16136	292	?	4.4	10500	6.5	96.2
Chi?	1303701	3696	100	6.6	5530	6.3	90.9
Hong_Kong	6921	0	?	4.1	31510	6.6	93.5
Chi?_Macao	474	0	?	2.4	21880	?	94.5
Christmas_Island	0	0	?	?	?	?	?
Cocos_Keeling	1	0	?	?	?	?	?
Colombia	46039	440	89	5.1	6820	7.2	92.5
Comoros	671	1	?	57.3	1840	5.9	56.5
Congo	3999	132	73	82	750	3.3	65.5
Congo_DRP	60764	905	65	88	680	5.7	83.8
Cook_Island	13	0	?	23	?	?	?

국 명	인구 (1,000명)	국토 (km^2)	IQ	유아 사망률	GNI	생활 만족도	문자 해독률
Costa_Rica	4331	20	?	3.2	9530	7.5	96
Cote_dIvoire	18154	125	?	99.6	1390	4.5	50.9
Croatia	4438	22	90	66	11670	5.9	98.5
Cuba	11275	43	85	11.2	?	?	?
Cyprus	965	4	?	11.2	22330	6.9	97.6
Czech_Republic	10212	30	87	60	18400	6.4	99
Denmark	5418	17	98	43	31550	8.2	99
Djibouti	793	9	?	75	2270	4.8	67.9
Dominica	70	0	?	12.7	5250	7.3	94
Dominican_Republic	8862	19	?	16.7	6750	7	84.7
East_Timor	947	6	?	72	?	?	?
Ecuador	13032	109	80	9.5	3690	5.6	92.5
Egypt	74033	387	83	9.4	4120	4.8	57.7
El_Salvador	6881	8	?	9.3	4980	6.6	80.2
Equatorial_Guinea	504	11	59	133	7400	5.2	85.7
Eritrea	4670	45	?	77	1050	4.4	58.6
Estonia	1345	17	?	74.8	13190	5.1	99.8
Ethiopia	77431	126	63	95.1	810	4.7	42.7
Falkland_Islands	3	5	?	3.1	?	?	?
Faroes_Islands	50	1	?	20.7	?	?	?
Fiji	842	7	84	8	5770	6.7	93.7
Finland	5246	131	97	29	29560	7.7	100
France	60742	213	98	19	29320	6.6	99
French_Guia?	195	35	?	3.9	?	?	?
French_Polynesia	255	2	?	4.5	?	?	?
Gabon	1384	103	?	68	5600	6.2	63.2
Gambia	1595	4	?	80.3	1900	5.7	40.1
Georgia	4501	27	?	61	2930	4.1	100
Germany	82490	138	102	37	27950	7.2	99
Gha?	22019	92	71	50.7	2280	6.2	74.8
Gibraltar	29	0	?	18.6	?	?	?
Greece	11100	51	92	35.5	22000	6.3	97.5
Greenland	57	132	?	13.2	?	?	?
Gre?da	101	0	?	15.4	7000	6.5	96
Guadeloupe	450	1	?	14.4	?	?	?
Guam	169	0	?	3.4	?	?	?
Guatemala	12701	42	79	9.8	4140	7	70.6

국 명	인구 (1,000명)	국토 (km^2)	IQ	유아 사망률	GNI	생활 만족도	문자 해독률
Guinea	9453	95	66	96.3	2130	5.1	35.9
Guinea_Bissau	1586	14	?	139	690	5.1	42.4
Guya?	751	83	?	31.6	4110	7.2	98.8
Haiti	8288	11	?	87.7	1680	5.5	52.9
Honduras	7212	43	?	6.1	2710	7.2	76.2
Hungary	10086	36	99	74.8	15620	5.7	99.4
Iceland	295	40	?	6.8	32360	7.8	99
India	1103596	1269	81	24.6	3100	5.4	59.5
Indonesia	221932	735	89	8.9	3460	6.6	87.9
Iran	69515	631	84	7.7	7550	6	79.4
Iraq	28807	169	87	54	?	?	?
Ireland	4125	27	93	14.4	33170	7.6	99
Isle_of_Man	78	0	?	60.5	?	?	?
Israel	7105	8	94	8.3	23510	6.7	95.4
Italy	58742	116	102	37	27860	6.9	98.6
Jamaica	2666	4	72	7.8	3630	7	87.9
Japan	127728	146	105	17.8	30040	6.2	99
Johnston	1	0	?	?	?	?	?
Jordan	5795	34	?	5.6	4640	5.1	91.3
Kazakhstan	15079	1049	?	62	6980	5.8	98.4
Kenya	33830	224	72	92.1	1050	5.6	85.1
Kiribati	92	0	?	24.8	?	?	?
Korea	48294	38	106	4.1	20400	5.8	97.9
Korea_North	22912	47	?	14.4	?	?	?
Kuwait	2589	7	?	1.9	19510	7.2	83.5
Laos	5924	91	?	76	1850	5.4	66.4
Latvia	2300	25	?	83	11850	4.7	99.8
Lebanon	3779	4	86	8.6	5380	5.6	87.4
Lesotho	1804	12	?	?	3210	4.3	84.8
Liberia	3283	43	?	153	?	?	?
Libya	5766	679	?	3.9	?	?	?
Liechtenstein	35	0	?	6.4	?	?	?
Lithuania	3415	25	?	65	12610	4.7	99.6
Luxembourg	457	1	?	18	61220	7.6	100
Macedonia	2039	10	?	31	6480	4.9	96.1
Madagascar	17308	227	?	74	830	5.8	68.9
Malawi	12341	46	?	119	620	4.6	62.7

국 명	인구 (1,000명)	국토 (km^2)	IQ	유아 사망률	GNI	생활 만족도	문자 해독률
Malaysia	26121	127	92	5.4	9630	7.4	88.7
Maldives	294	0	?	3.3	?	?	?
Mali	13518	479	?	102	980	5.3	46.4
Malta	405	0	?	17.9	18720	7.5	92.8
Marshall_Islands	59	0	84	6.2	?	?	?
Martinique	397	0	?	19.6	?	?	?
Mauritania	3069	396	?	93	2050	5.3	41.7
Mauritius	1243	1	?	14.2	11870	6.5	85.6
Mayotte	181	0	?	34	?	?	?
Mexico	107029	756	87	5.2	9590	6.9	92.2
Micronesia	108	0	?	16.9	?	?	?
Midway	0	0	?	?	?	?	?
Moldova	4206	13	?	66.9	1930	3.5	99.1
Mo?co	33	0	?	94.7	?	?	?
Mongolia	2646	605	?	16.2	2020	6.7	97.8
Montserrat	5	0	?	64.4	?	?	?
Morocco	30704	172	85	8.4	4100	5.6	51.7
Mozambique	19420	309	?	120	1160	5.4	47.8
Myanmar	50519	261	?	49	?	?	?
?mibia	2031	318	?	97	6960	6.5	84
?uru	13	0	?	5.1	?	?	?
Nepal	25371	57	78	32.1	1470	5.5	48.6
Netherlands	16296	16	102	18.1	31220	7.5	99
Netherlands_Antilles	187	0	?	20.9	?	?	?
New_Caledonia	227	7	?	4.5	?	?	?
New_Zealand	4107	104	100	12.1	22130	7.4	99
Nicaragua	5774	50	?	5.8	3300	6.3	67.5
Niger	13957	489	?	165	830	5.5	17.6
Nigeria	131530	357	67	107	930	5.5	68
Niue	2	0	?	22.1	?	?	?
Norfolk	2	0	?	6.2	?	?	?
Northern_Maria?s	80	0	?	8	10360	?	?
Norway	4620	125	98	31	38550	7.4	100
Oman	2436	82	?	3.6	13250	7.3	75.8
Pakistan	162420	307	?	53	2160	4.3	48.7
Palau	21	0	?	3.7	?	?	?
Palestinian_Territory	3762	2	?	4	?	?	?

국 명	인구 (1,000명)	국토 (km^2)	IQ	유아 사망률	GNI	생활 만족도	문자 해독률
Pa?ma	3232	29	?	5.1	6870	7.2	92.6
Papua_New_Guinea	5887	179	?	64	2300	6.3	64.6
Paraguay	6158	157	?	4.8	4870	6.5	94
Peru	27947	496	90	8.8	5370	5.6	87.7
Philippines	84765	116	86	5.5	4890	6.4	92.6
Pitcairn_Island	0	0	?	?	?	?	?
Poland	38163	125	99	36.1	12640	5.9	99.8
Portugal	10576	36	95	40.4	19250	6.1	93.3
Puerto_Rico	3912	3	84	11.6	?	?	?
Qatar	768	4	78	2.8	?	?	?
Reunion	782	1	?	4.8	?	?	?
Romania	21612	92	94	67.1	8190	5.2	98.4
Russia	143025	6593	96	94.2	9620	4.3	99.6
Rwanda	8722	10	?	100	1300	4.4	70.4
Samoa	188	1	87	9.6	5670	6.9	99.7
San_Marino	30	0	?	10	?	?	?
SaoTome_Principe	153	0	?	33	?	?	?
Saudi_Arabia	24573	830	?	3.1	14010	7.3	78.8
Senegal	11658	76	?	71	1720	5.6	40.2
Serbia_Montenegro	10722	39	?	61.7	?	?	?
Seychelles	81	0	?	22.2	15590	7.4	91.9
Sierra_Leone	5525	28	64	?	790	5	29.6
Singapore	4296	0	100	3.1	26590	6.9	92.5
Slovakia	5382	19	96	38.3	14370	5.4	99.6
Slovenia	1998	8	95	35	20730	6.6	99.7
Solomon_Islands	472	11	?	27	1760	6.9	?
Somalia	8592	246	?	101	?	?	?
South_Africa	46923	471	72	95	10960	5.7	86.4
Spain	43484	195	99	29	25070	7	97.9
Sri_Lanka	19722	25	?	7.9	4000	6.1	92.3
St_Kitts_Nevis	48	0	?	21.1	11190	7.4	97.8
St_Lucia	163	0	?	7	5560	?	?
St_Vincent_Gre?dines	111	0	?	15	6250	7.2	96
Sudan	40187	967	72	56.8	1870	3.6	61.1
Suri?me	447	63	89	15.4	?	?	?
Swaziland	1138	7	?	?	4970	4.2	81.6

국 명	인구 (1,000명)	국토 (km^2)	IQ	유아 사망률	GNI	생활 만족도	문자 해독률
Sweden	9029	174	101	39	29770	7.7	99
Switzerland	7446	16	101	18	35370	8.2	99
Syria	18389	71	?	3.9	3550	5.1	76.9
Taiwan	22731	14	104	6.3	?	?	?
Tajikistan	6813	55	?	26.8	1150	6.1	99.4
Tanzania	36481	365	72	100	660	5.5	78.2
Thailand	65002	198	91	12.4	8020	6.5	92.6
Togo	6145	22	?	73.9	1690	4.9	60.9
Tokelau	2	0	?	17.2	?	?	?
Tonga	102	0	87	16.8	7220	6.6	98.9
Trinidad_and_Tobago	1305	2	?	20	11180	6.9	98.6
Tunisia	10043	63	?	7.6	7310	6.4	74.3
Turkey	72907	299	90	15.6	7680	5.3	86.5
Turkmenistan	5240	188	?	24.4	6910	4	98.8
Turks_and _Caicos_Islands	21	0	?	12.4	?	?	?
Tuvalu	10	0	?	49.7	?	?	?
US_Virgin_Islands	109	0	?	6.7	?	?	?
Uganda	26907	93	73	94	1520	4.7	69.9
Ukraine	47110	233	?	94.1	6250	3.6	99.7
United_Arab_Emirates	4618	32	?	0	21000	7.4	77.9
United_Kingdom	60068	95	100	43	31460	7.1	99
United_States	296483	3718	98	20.6	39710	7.4	99
Uruguay	3419	68	96	45.7	9070	6.3	98
Uzbekistan	26444	173	?	16.7	1860	6.4	99.3
Vanuatu	18	5	?	9.8	2790	7.4	74
Vatican_City	1	0	?	35	?	?	?
Venezuela	26749	352	?	5.2	5760	7.4	93.4
Viet?m	83305	128	?	7.9	2700	6.1	90.3
Wallis_and_Futu?	15	0	?	7.8	?	?	?
Western_Sahara	341	97	?	25.6	?	?	?
Yemen	20727	204	?	58	820	6.2	50.2
Zambia	11227	291	77	171.9	890	4.9	80.6
Zimbabwe	13010	151	66	120	2180	3.3	90.7

자료: http://stat.skku.ac.kr/myhuh/DAVIS.html

연습문제

5.1 노인자살이 크게 늘고 있다는 통계청 발표에 대해 조선일보는 다음과 같이 기술하고 있다(2005년 1월 27일자).

노인 자살이유 '고독·질병·돈'

1990년 한 해 자살하는 노인(65세 이상)은 310명이었다. 이 숫자가 1994년 510명, 1998년 1159명, 2003년 2760명 등 폭발적으로 늘고 있다.

'노년 자살'은 선진국도 뾰족한 해법을 찾지 못하는 난제 중 난제다. 하지만 우리나라는 정도가 너무 심하다. 빠른 고령화 속도만큼 빠르게 해체되는 효(孝)사상과 가족공동체, 하지만 여전히 후진적인 수준인 노인 복지 등 요인이 맞물려 노인을 자살로 몰고 있는 것이다. 실제로 지난 한 달간 언론에 보도된 노인 자살의 이유는 대략 고독(관계)·질병(건강)·돈(경제) 등이었다. 가족을 대체하는 새로운 '관계' 설정, 고통을 줄여주는 의료 혜택, 최소한의 의식주를 해결해주는 복지 혜택…이들 세 가지에 상당수 노인들의 생사가 걸려 있다고 해도 과언은 아니다. 이성훈기자 (블로그)inout.chosun.com

이 그래프는 하나의 도형에 두 개의 내용을 동시에 보여주는 좋은 방법이라고 할 수 있다. 이제 이 자료를 아래의 그림처럼 x축에는 노인의 비율, y축에는 노인자살수를 보여줄 수도 있다. 이 그림에서는 조선일보가 보여준 그림과 어떤 다른 점을 발견할 수 있는가?

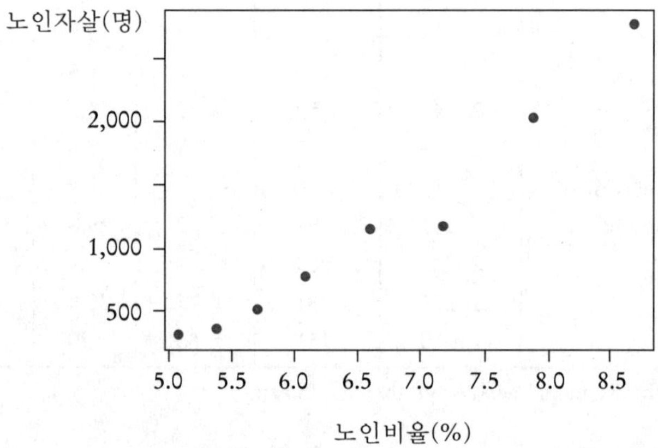

5.2 중간고사에서 매우 높은 점수를 받은 학생은 기말고사에서도 역시 매우 높은 점수를 받을 수 있을까? 또한 천재 부모는 천재 아이를 갖겠는가? Galton의 "평균에의 회귀" 논리를 사용하여 이 가설이 맞지 않는 것을 설명해 보아라.

5.3 흡연과 폐암에 의한 사망률 자료에서 흡연을 많이 하면서도 폐암으로 사망하는 비율이 전체적인 경향에 비해 작은 직업군은 무엇인가? 또, 흡연율은 중간 수준 정도인데 폐암 사망률이 상대적으로 높은 직업군은 무엇인가?

5.4 두뇌자료의 산점도행렬 [그림 5-24]를 참고할 때, FSIQ가 높은 사람과 낮은 사람 중에 어떤 그룹이 PIQ와 관계가 더 깊은가? 또 다른 변수와의 관계는?

5.5 다음은 미국 2002년도 Medical Review 잡지에 실린 내용이다("Alcohol, Heart Disease, and Mortality: A Review," Robert A.Vogel). *x*축에는 알콜 1일 섭취량(g 단위)이고 y축은 HDL콜레스테롤의 변화량이다. 여기서 점의 굵기가 해당 위치에 있는 환자수이다. 이 자료는 전체 45개 자료를 총합한 것이다. 이 그래프를 보고 알콜 섭취와 HDL과의 관계를 해석해 보아라.

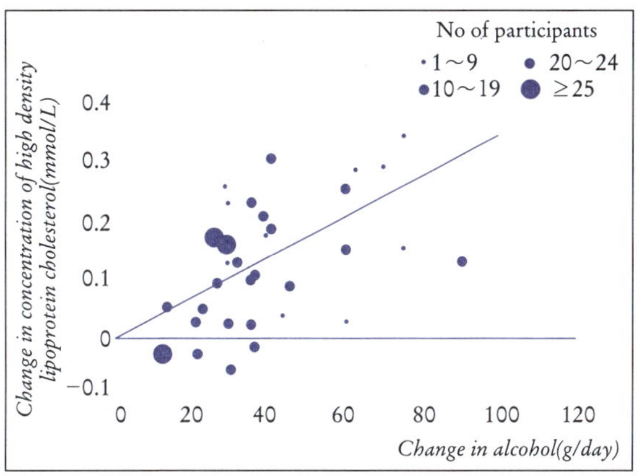

5.6 다음은 윗문제와 같은 논문에서 발췌한 그래프이다. 이 그래프는 *x*축에 하루 알콜 섭취량이고 *y*-축에는 10만명당 사망자 수를 나타낸다. 이 그래프를 보고 알콜이 심장질환 사망에 미치는 영향과 심장을 포함한 사망에 미치는 영향을 살펴보아라(1 drink는 맥주로 환산할 때 350cc이고 포도주 반 잔(120cc, 포도주 1병은 맥주 7병에 해당), 양주 28cc에 해당. Alcohol-augmented conditions는 알콜

중독증세에 의한 사망, All cardiovascular diseases는 모든 심장질환 관련 사망이고 All causes는 모든 질병에 의한 사망이다).

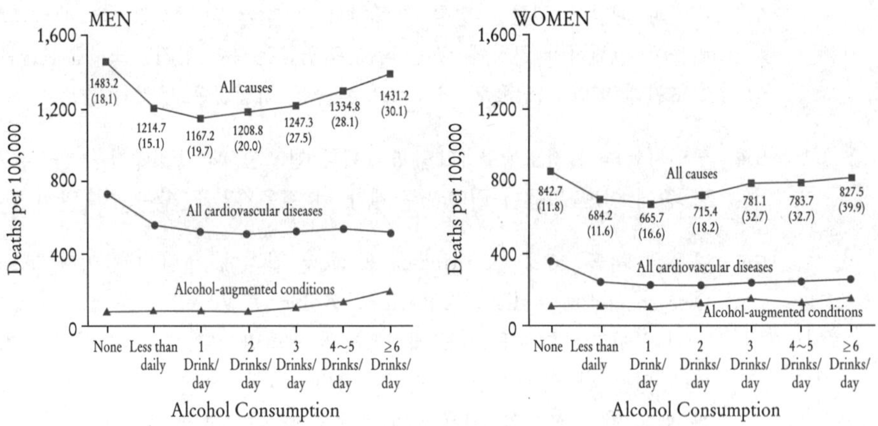

제 3 부

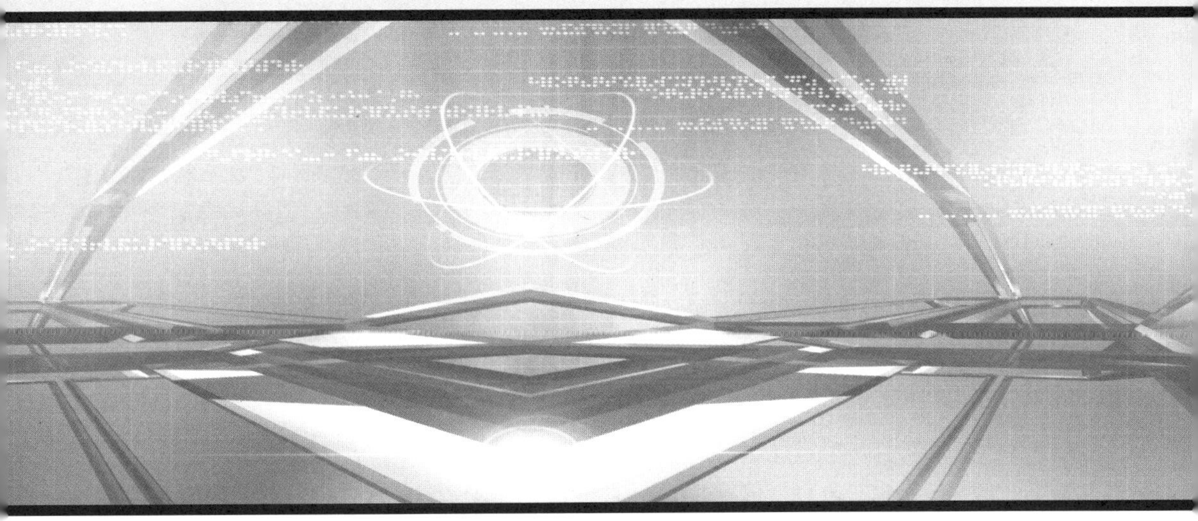

가능성과 확률
Chance and Probability

제 6 장
가능성과 확률

제 7 장
정보가 추가된 확률

제 8 장
시뮬레이션

인생을 살아가다 보면 몇 가지 주어진 선택을 두고 결정을 내려야 하는 순간들이 자주 있게 마련이다. 어떻게 보면 인생은 여러 가지의 가능한 선택들 중 하나를 결정하는 연속적인 과정인지도 모른다. 예를 들어 현재 나의 상황이 대학을 졸업하는 시점이고 대학원 등 상급학교에 진학할지의 여부를 결정해야 할 수도 있으며 자동차를 운전하여 친구를 만나러 가고 있는 상황에서 두 가지의 길 중 하나를 선택해야 하는 상황일 수도 있다. 이 때 우리가 고려하는 중요한 요소 중의 하나가 바로 가능성이다. 대학원에 진학하면 학업을 잘 마치고 학위를 취득할 가능성은 있는가? 있다면 어느 정도인가? 또는 친구와의 약속장소로 가는 A와 B의 두 가지 길 중 어느 쪽을 선택하는 것이 더 빠를 것인지 과거의 경험들과 주어진 정보를 이용하여 추측하고 그 결과 더 빠른 시간 안에 도착할 가능성이 있는 길을 선택하게 될 것이다.

이처럼 삶은 가능성과 많은 연관이 있으며 사람들은 가능성을 확률이라고 하는 수로 나타내고 이 값에 따라 의사결정을 하거나 참고자료로 삼고 있다. 제 3 부에서는 이와 같이 일반적으로는 가능성(chance)이라는 단어로 표현되며 수학적인 용어로는 확률이라 불리는 개념에 대하여 살펴보기로 하자.

제 6 장　가능성과 확률

6.1 가능성(Chance)이란?

예제 6-1: 우주왕복선 챌린저호

그림 6-1　우주왕복선 챌린저호의 발사와 폭발 그리고 승무원들

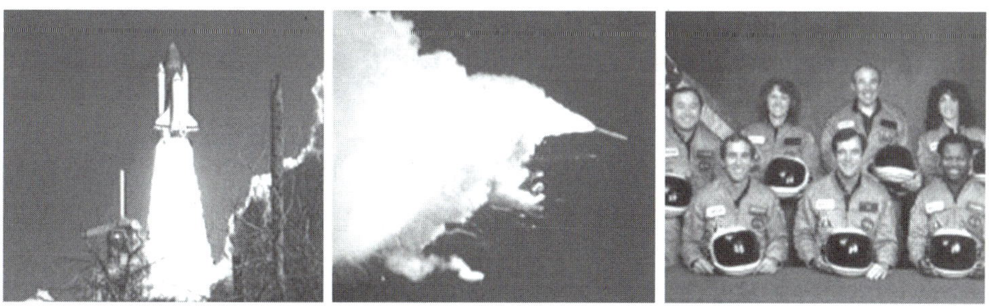

1986년 1월 28일 4개의 우주왕복선(컬럼비아, 챌린저, 디스커버리, 아틀란티스) 중 두 번째로 1982년에 제작된 챌린저호는 역사상 처음으로 TISP(Teacher In Space Program)에 따라 최초의 여성 선생님인 Sharon Crista McAuliffe와 6명의 승무원을 싣고 이륙한 지 73초 만에 공중에서 폭발하였다. 이 사건은 NASA와 미국인들뿐 아니라 세계에 적잖은 충격을 주었으며 NASA의 우주왕복선 계획에 대하여 전면적인 재검토를 하게 되는 계기가 되었다.

어찌되었건 이 사건으로 우주왕복선의 안전에 대한 재조사가 이루어졌으며

이와 같은 사건의 발생확률에 대하여 100분의 1 정도라는 엔지니어들의 견해와 10만분의 1 정도라는 관리자들의 의견이 있었다.

여기서 관리자들이 주장한 10만분의 1이라는 확률을 어떻게 이해하는 것이 좋을까? 10만 번에 한 번이라는 의미를 "하루에 한 번씩 우주왕복선을 띄운다고 할 때 약 300년(정확히는 109,500일)에 한 번 정도 일어나는 가능성이라고 본다면 어떨까?

이미 4개의 우주왕복선 중에서 2개는 사고로 사라지고 없는 상황에서 10만분의 1이라는 가능성을 이와 같이 표현한다면 관리자들이 말한 확률은 과장되어 있다고 추측할 수 있다. 이처럼 하나의 수로 되어 있는 가능성 또는 확률을 더욱 구체적으로 표현하는 것은 그 의미를 이해하는 데 훨씬 효과적이다.

확률이라는 학술적인(?) 개념에 대하여 정의를 내리기 전에 우선 chance라는 단어를 생각해 보자. chance는 학술적인 용어인 확률에 대응하는 일반적인 단어라고 생각할 수 있다. chance에 대한 사전적인 의미에는

우연, 가능성, 행운, 운명, 기회, 호기, 위험, 재난(고어)

등이 포함되어 있다. 우연이라는 의미에는 여러 가지의 가능한 결과 중에 어떤 것이 실현될지 알 수 없음을 나타내고 있고 행운, 기회 등에는 결과 중에 바라는 것이나 좋은 쪽을, 그리고 비록 옛날에만 사용되었던 의미이지만 위험, 재난 등은 나쁜 쪽의 결과를 강조하였다고 할 때 모든 의미가 결국은 확률을 내포하는 사건과 연관되어 있는 여러 단면들을 나타내는 것을 알 수 있다.

결국 확률에 따라 나타날 결과는 어떤 것이 될지 알 수 없는 우연의 결과이며 행운 아니면 불행 중의 하나가 아닌가?

6.2 확률(probability)

우리는 어떤 사건이나 실험 등에 관한 가능성 또는 확률을 말할 때

[1] 사건이나 실험에 대한 결과의 종류는 알고 있지만
[2] 실제로 가능한 결과 중 어떤 것이 실현될지는 알 수 없음

을 전제로 하고 있다. 위와 같은 사건이나 실험에서 결과들에 대한 가능성 또는 확률을 부여하는 방법에 대하여 살펴보기 위하여 동전을 한 번 던지는 간단한 예제부터 시작하기로 하자.

예제 6-2: 동전 던지기

확률과 관련하여 가장 많이 이용되는 예제가 바로 동전을 던져 바닥에 떨어진 후 위를 보고 있는 동전의 면이 앞면 또는 뒷면인가를 관찰하는 실험에 관한 것이다. 이 실험의 경우 우리는 앞에서 말한 것처럼

[1] 100원짜리 동전을 한 번 던지면 위를 보고 있는 면은 이순신 장군의 얼굴에 "백원"이라는 글씨가 있는 면이거나 아니면 "100"과 발행연도가 있는 면 중에 하나이지만
[2] 실제 동전을 던졌을 때 둘 중에 어떤 면이 위를 볼 것인지

는 알 수 없다. 편의를 위하여 "100"이 쓰인 면을 "뒷면"이라고 하고 "백원"이라고 쓰인 면을 "앞면"이라고 하자. 물론 동전이 바닥에 떨어졌을 때 어느 한 면이 위로 되어 있지 않고 서 있을(?) 수도 있을 것이나 이러한 경우는 매우 특별한 경우이므로 불가능하다고 가정하고 다음의 질문을 생각해 보자.

[질문] 동전을 한 번 던졌을 때 "앞면"이 나올 가능성은 얼마인가?

아마 통계학이나 수학을 전공하지 않은 사람이라도 대부분 가능성은 1/2, 0.5 또는 50%라고 자신 있게 대답할 것이다. 그렇다면 이 1/2 또는 0.5라는 값은 무엇을 의미하는가? 동전을 던지는 실험에서의 결과는 당연히 "앞면" 아니면 "뒷면" 중에 하나일 것이므로 0.5라는 확률의 의미는 한 번의 시행에 해당하는 내용이 아님을 알 수 있다. 우리가 당연한 것으로 받아들여왔던 0.5라는 값은 사실 여러 가지의 뜻으로 해석될 수 있다.

동전을 던지는 시행을 반복하면서 200번 시행할 때까지 앞면이 나온 비율(앞면이 나온 횟수/현재까지의 총 시행횟수)을 그래프로 표시하면 아래의 [그림 6-2]와 같다. 시행횟수가 증가함에 따라 앞면이 나온 비율이 0.5에 점점 접근하는 것을 알 수 있다.

그림 6-2 동전을 200회 던지는 실험에서 앞면이 나온 비율

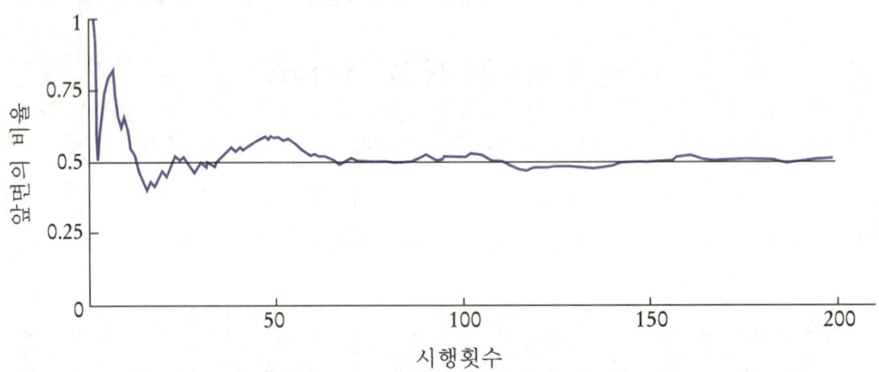

동전을 던지는 실험에 대한 예제에서와 같이 어떤 사건이나 실험에서 여러 가지의 결과들에 대한 가능성(chance)을 학문적으로 정의한 것을 확률이라고 하며 다양한 정의가 존재한다. 동전을 한 번 던지는 실험에서 '앞면'이 나올 확률을 앞의 예제에서와 같이 "동전을 무수히 던졌을 때 '앞면'이 나오는 비율이 수렴하는 값"이라고 정의할 수 있는데 이것을 "빈도적 확률"이라고 한다.

조금 더 복잡한 예제를 생각해 보자.

예제 6-3: 14면체 목제주령구

[그림 6-3]에서 보는 물건은 1975~76년 안압지 발굴 당시 못 안에서 출토된 유물로 통일신라시대의 귀족들이 술좌석에서 굴려 나오는 글자의 내용에 따라 유희했던 것으로 추정되는 놀이기구로 주령구라 불린다. 왼쪽 그림의 한 면에 있는 내용을 살펴보면 "삼잔일거(三盞一去): 한 번에 술 석 잔 마시기"라는 의미를 가지고 있음을 알 수 있다.

주령구에는 정사각형의 면 6개와 삼각형 형태의 8개 면으로 이루어져 있다. 단순한 주사위 등과 같이 같은 모양의 면들로 이루어져 있지 않아 각 면이 밑으로 올 확률을 추측하거나 계산하는 것은 간단하지 않다.

그림 6-3 안압지에서 출토된 통일신라시대의 주령구

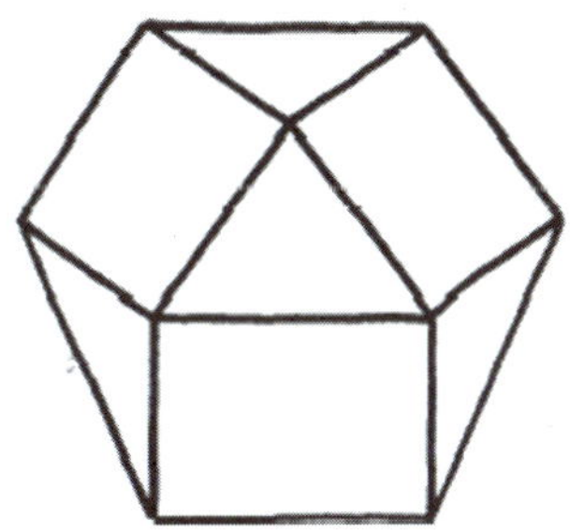

[예제 6-3]의 주령구에 대한 정확한 확률을 구하는 것은 쉽지 않으나 어떤 조건이나 정보가 주어진다면 구하고자 하는 확률을 쉽게 구할 수 있는 경우가 있는데 주령구의 경우도 여기에 해당한다. 조건이 주어진 경우의 확률에 대한 내용은 다음 장에서 자세히 살펴보기로 한다.

확률하면 빼놓을 수 없는 것이 바로 카지노에서 즐길 수 있는 여러 가지의 게임들이다. 카지노에서는 다양한 종류의 게임을 제공하는데, 게임에 따라 이길 확률은 서로 다르다. 일반적으로 게임을 즐기는 고객의 입장에서 가장 유리한 게임으로 알려져 있는 것이 룰렛게임이다.

예제 6-4: 룰렛 게임(Ⅰ)

룰렛 게임은 카지노에서 즐기는 게임 중 가장 오래되고 인기 있는 게임 중의 하나로 알려져 있다. 원판 안에 있는 수의 차이에 따라 유럽식과 미국식으로 나누어지는데 여기서는 미국식만을 고려하기로 하자.

그림 6-4 미국식 룰렛 게임

미국식 룰렛 게임의 원판에는 0, 00, 그리고 1~36까지의 수가 있다. 게임은 돌아가고 있는 원판과 반대 방향으로 굴러가는 구슬이 속력이 떨어져 하나의 번호에 안착하게 되면 이 번호에 따라 베팅한 금액과 종류에 따라 배당을 받게 된다. 구슬이 0과 00에 들어가면 베팅한 모든 돈은 카지노 소속이 된다. 0과 00의 숫자는 초록으로 되어 있고 1~36까지의 숫자 중 반은 빨강, 그리고 반은 검정으로 되어 있다.

베팅을 하는 방법은 크게 하나 또는 그 이상의 수에 돈을 거는 방법과 결과로 나타난 수가 홀수/짝수, 빨강/검정, 또는 1~18까지의 낮은 수/19~36까지의 높은 수인지 등에 따라 여러 가지의 방법들이 있다. 베팅 방법 중 홀수/짝수, 빨강/검정, 또는 낮은 수/높은 수의 경우는 확률적으로 동일하므로 여기서는 하나의 수를 선택하는 방법과 빨강/검정에 베팅하는 방법에 대하여만 살펴보기로 한다.

일단 0, 00을 포함하여 모든 수가 나올 확률은 동일한 것으로 가정하면 총

표 6-1 베팅의 형태와 확률 및 배당금액

베팅 형태	확 률	배 당
1개 번호	1/38	베팅한 금액의 35배
빨강 또는 검정	18/38	베팅한 금액의 1배

38개의 수가 있으므로 각각의 확률은 1/38이 된다.

만일 0과 00이라는 수가 없이 나머지 1~36의 수만 있는 룰렛 게임이 있다면 카지노 측과 고객에게 모두 공평한 게임이라고 할 수 있다. 그러나 0과 00이 포함되어 있는 게임은 오랜 시간이 흐르면 카지노는 고객이 베팅하는 전체 금액의 2/38가 수입이 되는 불공평한 게임이다. 이것이 바로 누구나 카지노를 설립할 수 없도록 하는 이유일 것이다.

카지노에서 제공하는 모든 게임은 이와 같이 항상 카지노에게 유리하도록 되어 있는 불공평한 게임이다. 이러한 게임은 고객의 입장에서는 오래하면 할수록 손해를 보게 된다. 이렇게 불공평한 게임에서 내가 원하는 만큼의 돈을 딸 수 있는 방법은 없을까? 최소한 딸 수 있는 확률을 가장 크게 하려면 어떻게 행동하여야 할까? 여기에 대한 해답은 다음의 확률모형에서 다시 살펴보기로 하자.

룰렛 게임과 같이 가능한 결과들(0, 00, 1과 36 사이의 자연수)이 나올 가능성이 같다고 판단되는 경우 어느 한 결과의 확률을 "1/모든 가능한 결과의 가짓수"로 정의한 것을 "고전적 확률"이라고 한다.

이러한 고전적인 확률은 모든 가능한 결과의 수를 알 수 있는 모든 경우에 적용이 가능한가? 예를 들어 누군가 이 고전적인 확률을 가지고 "내일 비가 오거나 아니거나 둘 중의 하나이므로 내일 비가 올 확률은 1/2이다"라고 하였다면 이는 정확한 판단인가? 또는 다음에 나올 로또 예제에서 내가 산 로또는 일등에 당첨이 되거나 아니거나 둘 중의 하나이므로 이 경우도 로또 1등에 당첨이 될 확률이 1/2이라고 한다면 우리는 직관적으로 무엇인가 잘못되었다는 것을 알 수 있다.

그렇다면 어떤 경우에 "고전적 확률"을 적용할 수 있는가? 여러분도 이

예제 6-5: Lotto 6/45

1부터 45까지의 자연수들 중에 6개만 맞으면 인생역전을 할 수 있다는 Lotto 6/45에 대하여 살펴보자. 1등에 당첨될 확률은 800만분의 1보다도 작다. 앞의 챌린저호의 예처럼 이 확률을 표현하면 일주일에 1장씩 로또를 구입하는 경우 평균적으로 8,145,060주에 한 번 일등에 당첨된다는 의미이며 이는 1년이 대략 52주이므로 연수로 8,145,060/52이 되어 약 156,635년이 되고 사람이 평균 80년을 산다고 가정하였을 때 내가 80평생을 1,959번 반복해서 살 수 있다면 일등에 한 번 정도 당첨된다는 의미가 된다.

확률이 그렇게 작은데도 이번 주에 일등에 당첨된 사람이 4명이나 나왔단 말인가? 그 이유는 4명이 당첨된 주에는 한 종류의 번호를 구입하는 데 1,000원이라고 가정하면 평균적으로 8,145,060×1,000×4=32,580,240,000원이라는 돈이 복권구입에 사용되었기 때문이다.

표 6-2 Lotto 6/45의 당첨 확률

등 위	당첨기준	당첨 확률	당 첨 금
1등	6개 숫자 일치(2등 보너스 숫자 제외)	1:8,145,060	총 당첨금 중 5등 당첨금을 제외한 당첨금액의 60%
2등	5개 숫자+2등 보너스 숫자 일치	1:1,357,510	총 당첨금 중 5등 당첨금을 제외한 당첨금액의 10%
3등	5개 숫자 일치(2등 보너스 숫자 제외)	1:35,724	총 당첨금 중 5등 당첨금을 제외한 당첨금액의 10%
4등	4개 숫자 일치(2등 보너스 숫자 제외)	1:733	총 당첨금 중 5등 당첨금을 제외한 당첨금액의 20%
5등	3개 숫자 일치(2등 보너스 숫자 제외)	1:45	5,000원

자료: http://www.kbstar.com

미 짐작하였겠지만 "고전적 확률"은 가능한 결과 각각이 나타날 가능성 또는 확률이 모두 동일한 경우에만 적용할 수 있다. 앞의 예제들처럼 결과가 두 가지라고 모든 경우의 확률이 1/2이 되는 것은 아니다. 따라서 가능한 결과들 각각에 대한 확률이 서로 같지 않은 경우 이들 각각에 대한 확률의 계산은 문제에 따라 적절한 계산방법을 사용하여야 한다.

위의 예제에서 1등에 대한 당첨 확률 1/8,145,060은 다음과 같이 계산되었다. 로또에서 모든 가능한 결과란 1에서 45까지의 자연수 중에서 6개의 다른 자연수를 선택하는 가짓수와 같다. 따라서 8,145,060은 45개의 자연수들 중에서 서로 다른 6개의 자연수를 선택하는 가짓수, 즉 결과들이고 이 결과들에 앞에서 설명한 "고전적 확률"을 적용하면 정확한 1등의 확률을 구할 수 있게 되는 것이다.

Lotto 6/45 예제에서 수학적으로 1등에 당첨될 확률은 정확하게 1/8,145,060이지만 개인에 따라 느끼는 확률은 천차만별일 것이다. 비록 틀린 확률이지만 1등 당첨에 대하여 다음과 같이 생각하는 사람이 없다고 할 수는 없을 것이다.

[1] 일등에 당첨되거나 아니거나 둘 중에 하나이므로 확률은 0.5다?
[2] 45개 수 중에서 순서에 관계없이 6개 숫자만 맞으면 되므로 확률은 6/45=0.133이다?

이처럼 어떤 확률적인 사건이나 실험에 대하여 개인적으로 판단하는 확률을 "개인적 확률"이라고 한다. 물론 개인적인 확률과 관계없이 우리가 관심을 가지는 결과에 대한 정확한 확률은 정해져 있을 것이다. 그리고 그 확률은 Lotto 6/45의 경우처럼 정확한 확률을 알 수 있는 경우도 있을 것이고 대단히 복잡한 사건의 경우에는 현실적으로 참의 값을 알아내거나 추측하기가 불가능한 경우도 있을 것이다.

대학을 졸업하고 취업하는 대신 마음이 맞는 친구들과 인터넷 통계분석 및 상담 사이트를 개설하여 운영을 하는 경우 매년 매출 1억원 이상씩을 10년 동안 올릴 수 있을 확률은 얼마일까?

제 6 장에서는 가능성이라는 일반적인 단어로 표현되는 확률이라는 개념에 대하여 살펴보았다. 확률에는

[1] 고전적 확률: 관심 있는 결과의 가짓수÷가능한 전체 결과의 가짓수
[2] 빈도적 확률: 무한히 같은 실험을 반복할 수 있는 경우 관심 있는 결과가 수렴하는 비율
[3] 개인적 확률: 개인적인 경험과 합리적인 판단에 의하여 결정되는 확률

의 세 가지 개념적 유형이 존재한다. 더불어 모든 확률은 0과 1 사이의 값으로 표현하기로 약속하여 0은 나타나지 않는 결과에 대한 확률이고 1은 항상 발생하는 결과인 경우의 확률이 된다. 이를 우리가 자주 사용하는 %로 나타내면 0은 0%로 그리고 확률 1은 100%가 될 것이다. 어떤 사건에서 관심 있는 결과를 A라고 할 때 A라는 결과에 대한 확률은 보통 $P(A)$ 또는 $Pr(A)$ 등으로 표시한다.

"고전적 확률"과 "빈도적 확률"에 대한 정의를 수식으로 살펴보면 다음과 같다. 이를 위하여 주사위를 한 번 던지는 확률시행을 생각하고 사건 A를 다음과 같이 두자.

사건 A: 주사위의 눈금이 짝수

사건 A에 대한 고전적 확률은

$$P(A)=\frac{A\text{결과의 가짓수}}{\text{전체 확률 사건에서 가능한 결과의 가짓수}}$$

$$=\frac{\text{주사위의 눈금이 짝수인 가짓수}}{\text{모든 가능한 주사위 눈금의 가짓수}}=3/6=1/2$$

이 되며 같은 사건에 대한 빈도적인 확률은

$$P(A)=\lim_{\text{시행횟수}\to\infty}\frac{A\text{결과가 나온 횟수}}{\text{시행횟수}}$$

$$=\lim_{\text{시행횟수}\to\infty}\frac{\text{짝수가 나오는 횟수}}{\text{시행횟수}}=3/6=1/2$$

으로 주사위를 무한히 던졌을 때 전체 던진 횟수에 대하여 짝수가 나오는 경우의 횟수가 수렴하는 값이 된다. 그런데 이 값은 정말 1/2로 수렴할까? 불

행하게도 무한정 주사위를 던지는 것은 불가능하기 때문에 그 값은 알 수 없으나 편의상 1/2로 가정하고 사용하는 것이 일반적이다.

연습문제

6.1 일상생활에서 확률이 적용되는 사례들을 찾아보자.

6.2 건강을 위해 줄넘기를 하는 경우 다음과 같은 실험을 생각하자.

[1] 우선 자신의 줄넘기 실력을 고려하여 조금 어려운 기술을 선택한다. 예를 들면 "한 번 뛸 때 줄을 두 번 동시에 넘기" 등

[2] 적당한 수를 정하고 실수 없이 정해진 횟수만큼 성공할 가능성을 계산하려면 어떻게 하여야 하는가?

6.3 주령구를 던지는 실험에서 윗면에 삼각형이 나올 확률과 사각형이 나올 확률 중 어떤 것이 더 클 것인지 판단하고 그 근거를 제시하라.

6.4 하나의 동전을 앞면이 한 번 나올 때까지 연속적으로 던지는 실험을 생각하자.

[1] 동전을 한 번 던져 실험을 끝낼 확률을 추측하여 보아라.

[2] 홀수 번째에 성공할 가능성은 얼마나 될까?

6.5 친구가 Lotto 6/45의 1등 당첨 확률이 앞의 개인적인 확률의 예에서처럼 6/45 = 0.113이라고 주장한다고 하자. 당신은 그 친구의 계산이 틀렸다는 것을 어떻게 설명할 것인지 생각해 보라.

6.6 어떤 사람이 과거의 모든 Lotto 6/45 1등 당첨번호를 살펴보고 예를 들어 32라는 숫자가 상대적으로 적게 나타났으니 번호 추첨에 사용되는 기계가 공정하지 못하다고 하였다면 그의 의견이 맞다고 생각하는가? 왜 그렇게 생각하는지 이유를 들라.

6.7 비행기 사고는 자동차 사고에 비하여 많은 사람들의 관심이 되어 왔으며 뉴스의 주목을 받아 왔다. 그렇다면 두 종류의 사고로 어떤 사람이 사망할 가능성에는 어떤 차이가 있을까? 특정한 국가를 선택한 후 이 국가에서 1년 동안 교통사고

및 비행기 사고로 사망한 사망자수를 알아보고 다음을 생각해 보라.

[1] 왜 미디어에서 비행기 사고를 더 중요하게 다루는가?

[2] 미디어의 뉴스가 모든 사람들로 하여금 자동차를 운잔하는 것보다 비행기에 탑승하는 것이 더욱 위험하다고 느끼게 만드는 이유는 무엇일까?

제 7 장 정보가 추가된 확률

7.1 정보의 추가

앞에서 우리는 가능성 또는 확률에 대하여 살펴보고 여러 유형의 개념을 살펴보았으며 실제적인 예제들을 통하여 관심 있는 결과들에 대한 확률을 구하는 방법들을 공부하였다.

이 장에서는 관심 있는 어떤 확률 사건에서 추가적인 정보가 있는 경우를 생각해 보자. 추가적인 정보가 있다면 각각의 결과에 대한 확률은 어떻게 달라질까?

예제 7-1: 주사위(Ⅰ)

주사위를 한 번 던지는 간단한 실험을 생각하자. 주사위를 한 번 던졌을 때 나온 결과에 대한 확률은 1, 2, 3, 4, 5, 6이 모두 1/6이 될 것이다. 이제 다음과 같은 상황을 상상해 보자.

눈을 완벽하게 가리고 주사위를 던지는 실험을 하였다. 목적은 이 실험에서 가능한 결과인 1, 2, 3, 4, 5, 6의 각각에 대한 확률을 추측하는 것이다. 물론 주사위의 6면이 완벽하게 대칭으로 되어 있다면 각각을 1/6로 하는 것이 적합할 것이다. 그런데 갑자기 머릿속에 산신령이 나타나 "철수야 지금 네가 던진 주사위의 숫자는 짝수 중에 하나이니 그리 알도록 하라" 하고 사라졌다고 하자. 그렇다면 이 경우 각각의 숫자가 나올 확률은 어떻게 될까?

[1] 홀수인 1, 2, 3이 나올 확률은 모두 0이 될 것이다.
[2] 짝수인 2, 4, 6이 나올 확률은 1/6이 아니고 1/3이 될 것이다.

이처럼 확률사건에 대하여 추가적인 정보가 있는 경우 결과들에 대한 확률은 달라진다.

이처럼 주어진 정보나 조건이 추가된 경우의 확률, 좀더 정확히 말하면 모든 가능한 결과의 가짓수에 대하여 우리가 원하는 결과의 가짓수의 비율로 나타내어지는 "고전적 확률"은 어떻게 되는가를 알아보자. 앞의 간단한 주사위의 예에서 나온 결과가 짝수 중의 하나임을 미리 알았다면 가능한 결과가 1~6까지의 모든 자연수가 아닌 2, 4, 6이 될 것이고 결과적으로 각각의 수의 확률은 짝수에 대하여 1/3이 되며 홀수의 경우에는 모두 0이 될 것이다. 조금 거창하게 이야기하면 이 경우 주사위 실험의 우주가 1~6의 모든 수에서 2, 4, 6의 짝수들로 줄어든 것이다.

종합하면 추가적인 정보가 있는 경우, 또는 추가적인 조건이 있는 경우 각각의 결과에 대한 확률들이 달라진다. 이러한 경우 우리는 이를 조건부 확률이라 하고 고려의 대상이 모든 가능한 결과가 아닌 주어진 정보에 따라 축소된 결과들이 된다. 이를 수식으로 표시하면 A라는 사건이 주어졌을 때 또는 발생한 것을 알았을 때 새로운 사상 B의 조건부 확률(conditional probability)은 $P(B \mid A)$로 표시하며

$$P(B \mid A) = \frac{A\text{조건을 만족하는 } B\text{결과의 가짓수}}{A\text{결과의 가짓수}}$$

가 된다. 여기서 중요한 것은 B결과 중 A조건을 만족하지 않는 결과에 대한 확률은 0이 된다는 것이다. 주사위의 예제에서 A는 짝수 그리고 B는 1인 경우 이 확률은 0이 되며 B가 2인 경우에는 1/3이 됨을 알 수 있다. 조건부 확률을 다르게 표현해 보면 더 많은 의미를 파악할 수 있다. 이를 위하여 위의 조건부 확률식의 분자와 분모를 전체 결과의 가짓수로 함께 나누면

그림 7-1 *A*와 *B*가 겹치는 부분이 $A \cap B$가 된다

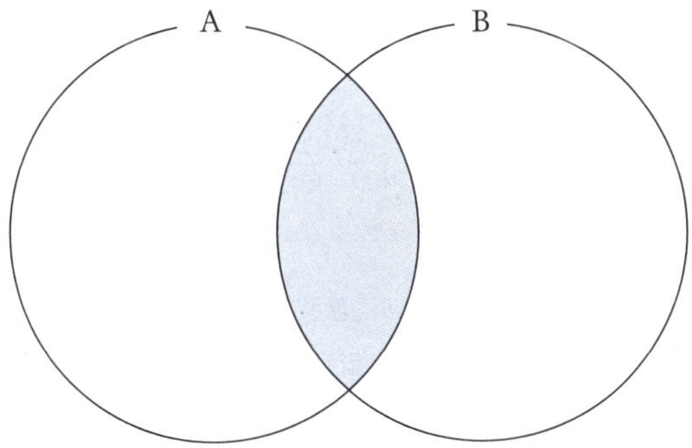

$$P(B \mid A) = \frac{A\text{ 조건을 만족하는 } B\text{결과의 가짓수}}{A\text{ 결과의 가짓수}}$$

$$= \frac{\dfrac{A\text{ 조건을 만족하는 } B\text{결과의 가짓수}}{\text{전체 확률 사건에서 가능한 결과의 가짓수}}}{\dfrac{A\text{ 결과의 가짓수}}{\text{전체 확률 사건에서 가능한 결과의 가짓수}}}$$

이 되며 이것을 다시 확률로 표시하면

$$P(B \mid A) = \frac{P(B \cap A)}{P(A)} \qquad \cdots\cdots\cdots \text{(식 7-1)}$$

으로 나타낼 수 있다. 분자 부분의 의미는 *A*조건을 만족하는 *B*의 확률 또는 *A*와 *B*를 동시에 만족하는 결과의 확률을 의미한다. 주사위 예제에서 *A*가 짝수이면서 *B*가 2인 경우 가짓수는 1이 되지만 *B*가 1인 경우는 짝수이면서 동시에 1인 경우가 불가능하기 때문에 이 경우 분자의 결과수는 0이 되어 확률도 0이 되는 것이다([그림 7-1]을 참고할 것).

예제 7-2: 14면체 목제주령구

안압지에서 출토된 주령구의 경우 나타난 결과가 정사면체 또는 정삼면체인 것을 안다고 하면 각 형태에 대한 조건부 확률은

[1] 정사면체의 경우 총 6개이므로 각각의 확률은 1/6이 되고
[2] 정삼면체의 경우는 총 8개이므로 각각의 확률은 1/8

이 되어 복잡한 이론적인 계산이나 시뮬레이션의 도움 없이도 간단하게 알아낼 수 있다.

앞의 여러 예제에서 보았듯이 조건부 확률의 개념은 주어진 정보에 따라 가능한 결과의 종류가 변화하여 관심 있는 결과들에 대한 확률을 여기에 따라 수정하는 것이라고 할 수 있다. 그렇다면 어떤 정보가 주어지면 우리의 관심인 결과의 확률이 항상 영향을 받을까? 직관적으로 생각해봐도 그렇지 않은 경우도 있을 것이다.

7.2 독립(Independence)이란?

예제 7-3: 주사위(Ⅱ)

주사위 1개를 두 번 연속해서 던지는 실험을 생각하자. 이 경우에는 모든 가능한 결과가 6가지가 아닌 36가지가 된다. 처음 던진 주사위와 두 번째 던진 주사위의 결과는 각각 1에서 6 사이의 자연수가 되므로 이들 둘의 결과를 (첫번째 결과, 두 번째 결과)와 같이 표현하면 가능한 모든 결과는

(1, 1), (1, 2), (1, 3), (1, 4), (1, 5), (1, 6)
(2, 1), (2, 2), (2, 3), (2, 4), (2, 5), (2, 6)
(3, 1), (3, 2), (3, 3), (3, 4), (3, 5), (3, 6)
(4, 1), (4, 2), (4, 3), (4, 4), (4, 5), (4, 6)
(5, 1), (5, 2), (5, 3), (5, 4), (5, 5), (5, 6)
(6, 1), (6, 2), (6, 3), (6, 4), (6, 5), (6, 6)

의 6×6=36개가 된다. 이 때 처음 던지는 시행의 결과가 3이었다고 하자. 그렇다면 두 번째 던지는 시행에서 짝수가 나올 확률은 얼마일까? 처음 나온 수가 홀수이므로 두 번째 짝수가 나올 확률은 각각의 짝수에 대하여 1/6보다 더 작아질까?

주사위를 던지는 사람이 많은 훈련을 통하여 원하는 수가 나오도록 하는 특별한 재주가 없다면 일반적으로는 두 번째 시행에서 짝수가 나올 확률은 2, 4, 6 각각에 대하여 1/6 또는 짝수 전체에 대하여 1/2이라고 하는 것이 타당할 것이다.

이처럼 어떤 두 사건의 결과가 서로 영향을 미치지 않는 경우를 독립이라고 한다. 이를 수리적으로 표현하면 두 사건 A와 B가 서로 독립이면

$$P(B \mid A) = P(B) \qquad \cdots\cdots\cdots \text{(식 7-2)}$$

가 성립한다. 앞의 (식 7-2)에서 정의된 조건부 확률식(이 식은 두 사건이 독립이건 아니건 항상 참인 식이다)을 살펴보면 두 사건 A와 B가 독립인 경우에는

$$P(B \mid A) = P(B) = \frac{P(A \cap B)}{P(A)}$$

가 성립한다는 의미이고 이 중 뒤의 부분을 살펴보면

$P(B) = \dfrac{P(A \cap B)}{P(A)}$는 $P(A \cap B) = P(A) \times P(B)$와 같은 의미이므로 두 사건 A와 B가 동시에 발생할 확률은 두 사건의 각각의 확률을 곱하여 구할 수 있다

예제 7-4: 주사위(Ⅲ)

앞의 주사위 1개를 두 번 연속해서 던지는 실험에서 처음 던진 시행의 결과가 3이었다고 할 때 두 번째 던지는 시행에서 짝수가 나올 확률을 살펴보자. 우선 사건 A와 B를 다음과 같이 정의하자.

사건 A: 처음 던진 시행의 결과가 3
사건 B: 두 번째 던진 시행의 결과가 짝수

우선 $P(A)$는 처음 던지는 시행의 가능한 결과가 1에서 6까지의 자연수이고 사건 A는 3인 경우이므로 1/6이 될 것이며 비슷하게 $P(B)$는 3/6=1/2이 될 것이다. 이제 조건부 확률 $P(B \mid A)$를 보자.

$$P(B \mid A) = \frac{P(A \cap B)}{P(A)}$$

에서 사건 $A \cap B$의 의미는 처음에 3이 나오고 두 번째 짝수가 나오는 사건이므로 (3, 2), (3, 4), (3, 6)이 되어 $P(A \cap B) = 3/36 = 1/12$이 되므로 $P(B \mid A) = \dfrac{1/12}{1/6}$이 된다. 더 나아가 $3/36 = 1/12 = P(A \cap B) = P(A) \times P(B) = (1/6) \times (1/2) = 1/12$이 됨을 알 수 있으며 이는 두 사건이 독립이므로 위에서 보았듯이 $P(A \cap B) = P(A) \times P(B)$가 성립하는 것을 보여준다.

는 것을 의미한다.

두 사건 A와 B가 독립이 아니라면 (식 7-1)로부터 두 사건이 동시에 발생하는 확률 $P(A \cap B)$는 $P(A) \times P(B \mid A)$를 이용하여 계산할 수 있으며 두 사건이 독립인 경우에는 $P(B \mid A) = P(B)$이므로 이 확률은 $P(A) \times P(B)$가 된다. 이는 다음 절의 베이즈 정리에서도 사용되며 추가적인 내용은 7.3절을 참고하기 바란다.

7.3 베이즈 정리(Bayes Rule)

앞에서 살펴본 조건부 확률 중에는 베이즈 정리라고 불리는 중요한 확률이 있다. 실질적인 내용은 단순한 조건부 확률이지만 실제 공장 등에서 생산되는 생산품에 대한 품질관리나 의학 분야에서 개발되는 검사나 약품 등의 신뢰성을 측정하는 데 유용하게 사용되고 있다.

예제 7-5: 사탕 바구니

초등학교 1학년인 민이는 사탕을 매우 좋아하여 항상 2개의 바구니에 사탕을 넣어두고 저녁 식사를 마친 후 우선 하나의 바구니를 임의로 선택하고 계속하여 선택된 바구니에 있는 사탕 하나를 역시 임의로 선택하여 먹는다고 하자. 그런데 두 바구니에는 각각 40개의 사탕이 들어 있으며 바구니 1에는 포도맛 사탕 10개와 딸기맛 사탕 30개가, 그리고 바구니 2에는 포도맛 사탕 20개와 딸기맛 사탕 20개가 같은 수로 들어 있다.

어느 날 민이가 오빠인 윤이에게 딸기맛 사탕을 보여주면서 "오빠! 내가 어떤 바구니에서 사탕을 뽑았게?" 하고 물었다고 하자. 마침 대학생인 윤이는 통계적 사고를 수강하고 있었는데 민이가 딸기맛 사탕을 뽑은 것을 아는 상태에서 그것이 어떤 바구니에서 나왔는지에 대한 확률을 계산해 보기로 하였다.

오빠는 정확한 계산을 하기 전에 논리적으로 생각해 보니 바구니 1에 딸기맛 사탕이 더 많기 때문에 당연히 그 사탕이 바구니 1에서 나왔을 확률이 바구니 2에서 나왔을 확률보다 클 것이라고 생각하였다. 여러분의 생각은?

관심있는 사건들을 다음과 같이 정의하자.

사건 $Basket\,1$: 민이가 바구니 1을 선택하는 사건
사건 $Basket\,2$: 민이가 바구니 2를 선택하는 사건
사건 SB: 민이가 딸기맛 사탕을 선택하는 사건

이제 오빠인 윤이가 알고 싶은 확률들은 두 개의 조건부 확률로서 $P(Basket\ 1 \mid SB)$와 $P(Basket\ 2 \mid SB)$가 될 것이다. 우선 바구니 1이 선택되었을 조건부 확률부터 살펴보면 앞의 (식 7-1)에 따라

$P(Basket\ 1 \mid SB) = \dfrac{P(Basket\ 1 \cap SB)}{P(SB)}$가 되며 분자 부분의 확률을 예제 7-4에서 유도된 두 사건이 동시에 발생하는 확률 $P(A \cap B) = P(A) \times P(B \mid A)$를 이용하여 분해하면 $P(Basket\ 1 \mid SB) = \dfrac{P(Basket\ 1 \cap SB)}{P(SB)}$

$= \dfrac{P(Basket\ 1) \times P(SB \mid Basket\ 1)}{P(SB)}$이 된다.

주어진 조건들을 이용하면

$P(Basket\ 1) = 0.5$

$P(SB \mid Basket\ 1) = 30/40 = 0.75$

$P(SB) = (30+20)/(40+40) = 50/80 = 0.625$

가 되어 구하는 확률 $P(Basket\ 1 \mid SB) = \dfrac{0.5 \times 0.75}{0.625} = 0.6$이 됨을 알 수 있다. 비슷하게 $P(Basket\ 2 \mid SB) = \dfrac{P(Basket\ 2) \times P(SB \mid Basket\ 2)}{P(SB)} = \dfrac{0.5 \times 0.5}{0.625} = 0.4$가 되며 이는 바구니 1에서 선택될 확률을 1에서 제한 값이 된다.

동생 민이가 딸기맛 사탕을 선택한 것을 알고 있으면 그것이 바구니 1에서 나올 확률은 모르고 있는 경우의 0.5보다 더 큰 0.6이 되는 것이다. 바구니 1에 딸기맛 사탕이 더 많기 때문에 당연한 결과이다. 반대로 바구니 2에서 선택되었을 확률은 0.5에서 0.4로 더 작아진다.

일반적으로 주어진 정보가 없는 상태에서 바구니 1을 선택할 확률을 사전확률이라고 하고 사후적인 정보(딸기맛 사탕이 선택된 것을 아는 것)가 주어진 경우의 조건부 확률을 사후확률이라고 한다. 이 문제를 조금 다른 각도에서 생각해 보자. 위의 예제에서 어떤 바구니에서 선택되었는지가 우리가 알고 싶은 내용이라고 할 때 민이가 선택한 사탕에 대한 정보가 하나도 없는 경우에는 두 바구니에 대하여 모두 1/2로 같은 확률을 줄 수밖에 없다. 하지만

딸기맛 사탕이 선택된 것을 알면 우리는 바구니들에 들어 있는 사탕의 수들을 바탕으로 그것이 바구니1에서 선택될 가능성이 더 큰 것을 알 수 있게 되고 바구니를 선택하는 것이 우리가 하여야 할 의사결정이라면 조건부 확률이 더 큰 바구니1을 선택할 것이다. 추가적인 정보를 이용하여 불확실한 것을 조금 더 확실하게 알 수 있는 것이다. 다시 말하면 추가적인 정보를 통하여 아무 정보도 없는 상태의 사전확률을 업데이트하는 것이다.

조금 더 현실적인 문제를 생각해 보자.

예제 7-6: 희귀한 질병에 대한 검사(Ⅰ)

질병이 있는 사람을 치료하는 것도 중요하지만 병이 걸리기 전에 예방하는 것이 더 바람직하다고 할 때 환자가 특정한 질병을 가지고 있는지 알아보는 적절한 검사법은 그 질병을 치료하는 방법이나 의약품에 못지않게 중요하다고 할 수 있다.

다음의 내용은 과학기술부산하 생물학연구정보센터의 홈페이지에 게시된 뉴스의 일부분이다.

> Oregon Health & Science University(OHSU)와 University of California, San Francisco (UCSF)의 연구자들은 Hallervorden-Spatz Syndrome(HSS)을 앓고 있는 환자들을 위한 새로운 검사 방법을 발견했다. 이 연구자들은 2001년에 파킨슨병(Parkinson's disease)과 관련 있는 희귀한 신경퇴행성 질환을 유발하는 중요 유전자의 위치를 발견해낸 바로 그 연구팀이다. 그들의 가장 최근 발견에 대한 결과들은 2003년 1월 2일자 The New England Journal of Medicine에 출판되었다.
>
> \- 생물과학연구정보센터 -

이 검사를 질병이 있는 환자에게 시험하였을 때 양성반응(결과 +)이 나올 확률이 0.95이고 질병이 없는 사람에게 시험하였을 때 양성반응이 나올 확률이 0.01이었다. 이 질병이 전국적으로 10,000명당 한 명 꼴로 있을 때 이 검사를 받은 어떤 사람이 양성반응(+)을 나타내었다면 이 사람이 질병(C)에 걸려 있을 확률을 구하는 문제를 생각해 보자.

여기서 사건 C를 질병에 걸려 있는 사상이라 하고 검사 결과가 양성인 사건을 +라 정의하고 주어진 정보를 앞에서 다룬 조건부 분포를 이용하여 정리하면 다음과 같다.

[1] $P(C)=1/10{,}000=0.0001$: 질병이 있을 확률
[2] $P(+|C)=0.95$: 질병이 있는 사람이 양성반응을 나타낼 조건부 확률
[3] $P(+|C^c)=0.01$: 질병이 없는 사람이 양성반응을 나타낼 조건부 확률

위의 확률 중 마지막에 있는 질병이 없는 경우 양성반응이 나올 확률에서 C^c는 사건 C의 여사건(complemetary)이라고 하며 모든 경우에 대하여 질병이 있는 사건을 제외한 부분을 의미한다. 다른 사건의 경우에도 주어진 사건의 여사건을 의미한다.

이제 원하는 사건은 $C|+$이며 이 사건의 확률은 조건부 확률의 정의(식 7-1)에 의하여

$$P(C|+)=\frac{P(C\cap +)}{P(+)} \quad \cdots\cdots\cdots \text{(식 7-3)}$$

가 되는데 앞에서 주어지거나 유도된 확률들만으로는 이 사상의 확률을 직접 계산할 수는 없다.

그림 7-2 질병 여부와 검사결과의 분류

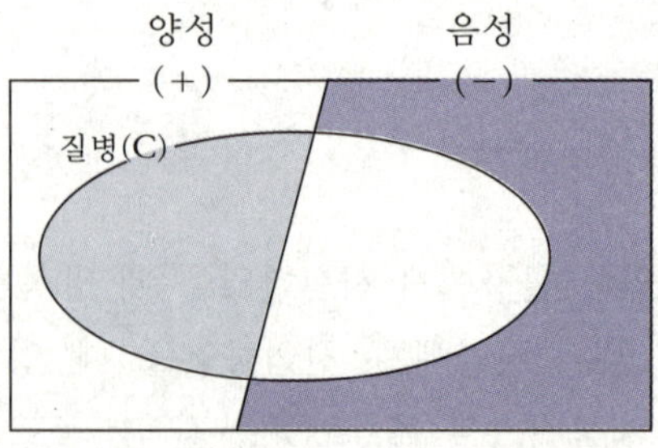

원하는 조건부 확률을 구하기 위하여 질병(C) 여부와 양성반응 여부를 그림으로 나타내면 [그림 7-2]와 같다. 그림에서 전체 직사각형은 모든 경우를 의미하여 왼쪽의 사각형이 양성(+)반응이 되고 따라서 그 여사상인 오른쪽의 사각형은 음성(− 또는 $+^c$)인 사건이 된다. 가운데에 있는 타원은 질병(C)이 있는 경우를 나타낸다. 질병이 없는 사람들은 전체 직사각형에서 타원을 제외한 부분에 속해 있을 것이다.

원하는 조건부 확률로 돌아가 보자. 우선 조건부 확률의 분자 부분은 $P(C \cap +)$로 질병이 있으면서 동시에 검사에서 양성 반응이 나온 사건을 의미한다. 만일 이 두 사상이 독립이라면 이 확률은 앞의 독립에 대한 설명부분에서 보았듯이 $P(C) \times P(+)$가 될 것이나 이를 미리 알 수 없기 때문에 독립이 아닐 수도 있다는 가정하에 확률을 구하여야 한다.

베이즈 정리에 대하여 알아보기 전에 앞 절에서 살펴본 조건부 확률과 두 사건이 동시에 발생하는 확률에 대하여 조금 더 자세하게 살펴보자.

[두 사건이 동시에 발생하는 경우의 확률]

여기서 앞의 조건부 확률에 대한 (식 7-1)을 다시 표시하면 다음과 같다.

$$P(B \mid A) = \frac{P(B \cap A)}{P(A)}$$

이로부터 일반적인 두 사건 A와 B가 동시에 일어날 확률은

$$P(B \cap A) = P(A) \times P(B \mid A)$$

가 되며 비슷하게 B와 A를 바꾸어 놓으면 조건부 확률로부터 A와 B가 동시에 일어날 확률에 대한 다른 표현

$$P(A \cap B) = P(B) \times P(A \mid B)$$

도 얻을 수 있다. 이를 모두 하나로 정리하면

$$P(A \cap B) = P(B) \times P(A \mid B) = P(A) \times P(B \mid A) \quad \cdots\cdots\cdots \text{(식 7-4)}$$

가 되어 두 사건 A와 B가 동시에 일어날 사건의 확률은 두 가지로 표시할 수 있음을 알 수 있다. 이를 조금 더 음미해 보면 일반적인 두 사건 A와 B가 동시에 일어날 확률은 사건 A 또는 B사건이 일어날 확률에 다른 사건이 일어날 확률을 단순히 곱하는 것이 아니라 앞의 사건이 일어난 경우 뒤의 사건이 일어나는 조건부 확률을 곱하여 구한다는 의미가 된다. 그렇지 않으면 두 사건이 동시에 발생하는 것이 불가능하지만 각각의 사건이 일어날 확률은 0이 아닌 경우 두 사건이 동시에 일어날 확률값이 0이 되지 않아 틀리게 된다. 예를 들어 주사위를 두 번 던지는 실험에서
경우 두 사건이 동시에 일어날 확률은 0이 되어야 하는데 이는

[1] 사건 A: 첫번째 주사위의 값이 5이고
[2] 사건 B: 두 주사위의 합이 4인

$$P(A \cap B) = P(A) \times P(B \mid A)$$

에서 $P(A) = 1/6$이나 $P(B \mid A)$는 첫번째 주사위의 합이 5인 상태에서 두 주사위의 합은 5보다 크므로 0이 되어 두 사건이 동시에 일어날 확률은 0이 된다. 단순히 사건 A의 확률 1/6에 사건 B의 확률 3/36(두 주사위를 던져 나오는 모든 가능한 가짓수는 6×6으로 36가지가 되고 합이 4인 가짓수는 (1, 3), (2, 2), (3, 1)의 경우 3가지이므로)을 곱한 값을 사용하면 틀리게 된다.

이제 예제 7-6으로 돌아가 분자 부분의 확률 $P(C \cap +)$을 분해하여 보면

$$P(C \cap +) = P(C) \times P(+ \mid C) = P(+) \times P(C \mid +)$$

의 두 가지 중 하나를 이용하여야 하는데 뒷 부분의 확률에는 우리가 구하고자 하는 확률이 들어 있어 사용할 수가 없으므로 앞부분의 식을 이용하여 확률을 구하면 $(1/10{,}000) \times 0.95$가 된다.

분모 부분의 확률은 검사결과가 양성반응이 나오는 사건에 대한 확률이다. 이 확률도 주어지거나 유도된 확률들을 이용하여 쉽게 구할 수는 없다.

[그림 7-2]의 분류에 대한 그림을 살펴보면 양성인 결과(왼쪽의 사각형)는 두 개의 부분으로 나누어져 있음을 알 수 있다. 두 부분은 질병(C)이 있으면서 양성(+)인 경우와 질병이 없으면서 양성인 부분의 합으로 되어 있으며 따라서 양성인 확률은 이 두 경우의 확률의 합이 된다.

$$P(+) = P(C \cap +) + P(C^c \cap +)$$

이 확률에서 앞부분은 분자와 같으므로 이미 구하였고 뒷부분도 앞부분과 비슷하게 분해한 후 앞의 정보들로부터 여사건의 확률 등을 이용하여 얻을 수 있는 아래의 확률들로부터 쉽게 구할 수 있다.

마지막으로 우리가 구하고자 하는 확률은

[4] $P(C^c) = 1 - 1/10{,}000 = 0.9999$: 질병이 없는 경우의 확률
[5] $P(+^c \mid C) = 0.05$: 질병이 있는 경우 음성 반응을 나타낼 조건부 확률
[6] $P(+^c \mid C^c) = 0.99$: 질병이 없는 경우 음성 반응을 나타낼 조건부 확률

$$P(C \mid +) = \frac{P(C) \times P(+ \mid C)}{P(C) \times P(+ \mid C) + P(C^c) \times P(+ \mid C^c)}$$
$$= 0.00941$$

이 된다. 이것을 자세히 살펴보면 검사의 결과가 양성일 때 질병에 걸려 있을 확률이 1%도 안 된다는 것을 의미한다. 다시 말하면 양성반응이 나온 100명 중에서 실제로 질병에 걸려 있는 사람은 한 명 정도라는 것이며 검사의 신빙도가 아주 낮음을 알 수 있다. 이것은 질병에 걸려 있는 사람 중 검사에서 양성반응을 보일 확률 0.95에 비하면 아주 작은 값이며 이 확률만 가지고 검사의 신빙성을 말할 수 없다는 것을 우리는 이 예제를 통하여 알 수 있다.

그렇다면 이 조건부 확률은 아무 의미도 없는 것인가? 아니다. 검사가 양성이 나왔다는 정보 하나만으로 어떤 사람에게 이 질병이 있을 확률은 0.0001(사건확률)에서 0.00951(사후확률)로 95배나 높아진 것을 알 수 있다. 사전확률의 크기에 따라 사후확률의 크기가 원하는 만큼 크지 않을 수도 있지

만 결국 중요한 것은 상대적으로 어느 정도 더 정확해졌느냐인 것이다.

베이즈 정리는 단순한 조건부 확률이지만 질병에 대한 검사를 통하여 질병에 걸려 있을 사후확률을 구하여 질병에 대한 검사의 신빙성 등을 알아보는 데 유용하게 사용된다.

특히 아주 위험하거나 치료가 불가능한 질병의 경우 검사가 양성반응이 나왔는데 실제로는 질병에 걸리지 않았거나 반대로 질병이 있는데 검사결과가 음성이 나와 초기에 치료할 기회를 놓치게 되는 경우가 중요한 관심의 대상이 되며 이는 위의 예제에서 구한 확률 $P(C \mid +)$와 $P(C \mid -)$를 통하여 그 크기를 알 수 있고 이는 검사에 대한 신뢰도와 한계 등을 나타내는 중요한 정보가 될 것이다.

지금까지 살펴본 베이즈 정리를 일반적으로 나타내면 다음과 같다.

두 확률사건 A와 B에 대하여

$$P(A \mid B)=\frac{P(A)\times P(B \mid A)}{P(B)}$$

$$=\frac{P(A)\times P(B \mid A)}{P(A)\times P(B \mid A)+P(A^c)\times P(B \mid A^c)} \quad \cdots\cdots\cdots \text{(식 7-5)}$$

이다.

재미있는 예제를 하나 더 보자.

예제 7-7: 제비뽑기

과거에 제비뽑기를 해본 경험이 있었다면 아마도 언제 제비를 뽑는 것이 나에게 유리한지에 대하여 고민해 본 적이 있을 것이다. 긴 실 3개와 짧은 실 30개(우리 반은 총 33명이었다)로 이루어진 제비들 중 긴 실을 뽑는 3명이 방과 후 교실청소를 하여야 하는 불행(?)을 피하기 위하여 제일 처음으로 나가서 뽑는 것이 좋을까 아니면 가장 늦게 뽑는 것이 좋을까 하고 고민하던 기억들 …… 선택이 되면 한 반에 배정된 검정고무신 10켤레 중 하나를 받는 것처럼 좋은 경우와 방과 후 남아서 청소를 하여야 하는 나쁜 경우에 따라 나름대로의 합리적인 원칙을 세우고 좋은 경우는 가능하면 제일 먼저 뽑고 나쁜 경우에는 가능하면 늦게 뽑기 위해 노력했던 경우도 있을 것이다.

앞에서 생각해 보았던 조건부 확률이라는 개념을 활용하면 이와 같은 전략이 적절한 것처럼 생각될 것이다. 검정고무신을 주는 제비뽑기에 내가 나가기 전에 다른 친구들이 고무신을 많이 받아 가면 갈수록 내가 고무신을 탈 확률은 점점 작아지는 것은 당연한 것이다. 분명 내가 고무신을 탈 조건부 확률은 나보다 앞서 제비를 뽑는 친구들의 결과와 독립이 아니다.

나이가 들어 고무신을 나눠주는 제비뽑기를 할 때면 항상 마지막에 나가서 뽑던 친구를 얼마 전 동창회에서 만났을 때 그 확률의 정답을 알고 말았다.

나: 야! 아무개야! 너는 왜 옛날 학창시절 제비뽑기할 때 항상 마지막에 나갔니?

친구: 아! 그거! 앞에 미리 나간 친구들이 고무신 못 받으면 내가 당첨될 확률은 점점 높아지잖아 ……

아뿔사! 언제 뽑아도 확률은 같구나!!!!! 조건부 확률의 공식을 이용하여 정확한 확률을 구하는 과정은 이 책의 수준을 넘으므로 생략한다. 조건부 확률의 공식을 이용하지 않고 순열과 조합을 이용하여 언제 제비를 뽑건 뽑힐 확률은 일정함을 보일 수 있으나 생략하였다. 각자 도전해 보기 바란다.

단순한 동전 던지기와 같지만 두 개의 가능한 결과 중 하나를 뽑는 제비뽑기의 실제 예제가 있어 인용한다.

예제 7-8: 플로리다주 카운티 의회의원 선출

2000년 미국 대선에 이어 2004년 대선에서도 초미의 관심사가 됐던 플로리다주에서 카운티 의회 당선자를 동전 던지기로 결정하는 일이 발생, 유별난 선거사에 진기한 기록 한 건이 추가됐다.

사건이 발생한 곳은 올랜도에서 서쪽으로 40km 가량 떨어진 인구 4천 400명의 소도시 그로블랜드. 지난 2일 대선과 함께 실시된 이 카운티 의회선거에서 G. P. 슬론(77) 후보와 리처드 플린(75) 후보는 똑같이 689표를 얻었다. 결국 2차례의 재검표 후에도 승자를 결정하지 못하자 양측은 지난 11일 시민회관에 지지자 수십명이 모인 가운데 카운티 행정담당관 제이슨 야버러의 주재로 당선자 결정 동전 던지기를 했다. 플린 후보가 "앞면"을 외치자 야버러 행정관은 동전을 던졌고 그의 손등에 떨어진 동전은 뒷면이 보이고 있었다.

슬론이 당선자가 되는 순간이었다.

코니 플릿우드 시장은 "투표에 터치 스크린의 컴퓨터 투표 시스템이 사용되는 이런 시대에 동전을 던져서 당선자를 결정하는 것은 매우 이례적인 일"이라고 소감을 밝혔다.

플로리다주 법은 선거에서 후보들이 동률을 기록하면 승자를 결정하기 위해 제비뽑기를 하도록 규정하고 있으며 선거감독관이 제비뽑기 방법을 결정할 수 있다. 슬론 후보와 플린 후보는 당선자가 결정된 뒤 모두 동전 던지기로 승자를 선택한 것은 공정한 방법이라고 생각한다고 말했다.

(그로블랜드〈美플로리다〉 AP/연합뉴스)

베이즈 정리는 Thomas Bayes(1702~61)에 의하여 처음 발견된 것으로 알려져 있으나 사실은 영국의 과학자이자 수학자인 Nicholas Saunderson (1682~1739)에 의하여 그 이전에 발견되었다. 아이러니하게도 베이즈는 이 발견을 알리면 사람들이 도박을 하는 데 이것을 사용할 것으로 생각하여 세상에 알리지 않았다고 한다. 베이즈 정리는 베이즈가 세상을 떠난 후 1763년에 그의 친구였던 Richard Price에 의하여 세상에 소개되었다.

그림 7-3 Thomas Bayes(1702~61)

연습문제

7.1 조건부 확률이 적용되는 실제 예를 탐색해 보라.

7.2 정보의 추가가 가능성을 더 크게 하는 경우의 현실적인 예제를 들라.

7.3 7.2와 반대로 정보의 추가가 가능성을 더 작게 하는 경우의 현실적인 예제를 들라.

7.4 서로 독립인 두 사건의 실제 예를 탐색해 보라.

7.5 동전을 한 번 던지고 다음에 주사위을 한 번 던지는 실험을 생각할 때 동전은 뒷면이 나오고 동시에 주사위는 1 또는 2가 나올 확률은 얼마인가? 이 두 사건은 독립인가?

7.6 동전을 5번 연속으로 던지는 실험에서 모두 앞면이 나왔다고 할 때 여섯 번째의 시도에서 앞면이 나올 확률과 뒷면이 나올 확률의 크기는 어떻게 될 것인지 생

각해 보고 각자가 생각한 확률에 대한 근거를 제시하라.

7.7 A학생은 버스 또는 지하철을 이용하여 등교한다. 버스는 60% 정도 이용하고 버스로 등교하는 경우는 교통체증으로 인하여 30% 정도 지각을 한다. 반면 지하철을 이용할 때는 10% 정도만 지각을 하게 된다고 한다. 어느 날 이 학생이 지각을 하였다면 버스를 타고 왔을 확률은 얼마나 될까?

제 8 장 시뮬레이션(Simulation)

8.1 시뮬레이션이란?

가상의 상태에서 반복된 결과를 이용하여 원하는 사건이 확률을 구하거나 더 나아가 복잡한 현실세계에 대한 정보를 얻는 방법을 시뮬레이션이라고 한다.

예제 8-1: 교통지옥(Ⅰ)

세계의 대도시들이 대부분 비슷한 상황이지만 서울은 어디에 비교하여도 절대 뒤지지(?) 않을 정도로 심각한 교통문제를 가지고 있다. 수없이 많은 차들과 여기 저기 얽히고 설킨 도로들과 수많은 건널목들이 있는 상황에서 이 정도라도 교통소통이 되는 것을 보면 신기할 지경이다.

[질문] 이렇게 주어진 여러 가지의 조건하에서 운행차량을 강제로 줄이거나 하지 않으면서 가장 소통을 원활하게 하는 방법은 무엇일까?

누구나 쉽게 생각할 수 있는 방법은 운행차량들의 속도는 극대화하고 대기시간은 최소화하는 방향으로 수많은 교차로 및 건널목들의 신호체계를 최적화하는 방안일 것이다. 자, 이제 방법은 결정되었으니 당장 오늘부터 서울시 또는 특정지역의 교차로, 건널목 등의 신호체계를 여러 가지로 조정해 보면서 결과를 기록하면 어떨까? 좌회전하기 위해서 2시간을 기다린 사람이 생기고 100m 진행하는데 예전보다 서너 배 시간이 더 걸린 사람도 있을 것이며 반대로 운좋게 강북에서 강남까지 5분 만에 도착한 사람도 있겠지만 아마 서울은 삽시간에 교통 지옥이 되고 여기 저기 수많은 문제들이 발생하고 불만이 팽배할 것이다.

이러한 경우 직접 현실에 여러 가지의 교통체계를 실험하는 대신 가상의 모형을 통하여 최적의 조건을 찾는 방법이 바로 시뮬레이션이다. 오래 전에 뉴욕시에서는 시뮬레이션 모형을 이용하여 교통체계를 최적화하여 운행하는 차량들의 대기시간을 줄이고 평균속도를 향상시키는 결과를 가져왔다.

제6장에 있는 예제들을 살펴보면 동전 던지기나 룰렛 게임처럼 특정한 사건이 발행할 확률을 쉽게 계산할 수 있는 경우도 있지만 주령구와 같이 쉽게 짐작할 수 없는 경우도 있다. 이러한 경우 정확한 확률을 알아내기 위한 가장 단순한 방법으로는 주령구를 던지는 실험을 무수히 반복하여 각 면에 대한 발생빈도를 측정할 수 있을 것이다. 하지만 직접 주령구를 던지는 실험을 통하여 각 면에 대한 확률을 어느 정도 정확하게 구하기 위하여는 많은 반복이 필요하며 이를 위하여 많은 시간을 필요로 할 것이다. 더 나아가 실험자가 아무리 주의를 하여 주령구를 던진다고 하여도 던지는 높이나 세기 등이 결과에 영향을 줄 수 있기 때문에 완벽한 실험이라고 할 수 없다. 여러분들도 열심히 훈련을 하면 동전을 10번 던져서 10번 모두 앞면이 나오도록 할 수 있을 것이다.

이처럼 실제 실험에 따르는 여러 가지 문제점들 때문에 수많은 반복을 통하여 결과에 대한 확률(정확하게는 빈도적 확률)을 구하는 데 가상의 시뮬레이션 방법이 주로 사용된다.

> 시뮬레이션은 난수표라고 하는 확률적으로 무작위(random)한 수들을 모아놓은 표나 컴퓨터를 이용하여 생성된 난수들을 이용하여 확률적인 실험을 모방하는 기법이다.

비록 주사위나 동전처럼 각각의 결과에 대한 확률을 쉽게 계산할 수 있는 경우라고 하더라도 우리의 관심이 이들의 기본적인 결과가 아니고 이러한 결과들로 이루어진 복잡한 형태인 경우에는 관심 있는 결과에 대한 확률을 쉽게 구할 수 없는 경우도 있으며 이러한 경우 시뮬레이션 기법을 사용할 수 있다.

8.2 시뮬레이션 과정

간단한 주사위를 던지는 실험을 통하여 시뮬레이션의 과정을 살펴보기로 하자.

예제 8-2: 주사위

주사위를 던졌을 때 윗면에 짝수(2, 4, 6)가 나올 확률은 직관적으로 계산하여도 3/6=1/2임을 알 수 있다. 이 확률을 구하기 위하여 실제로 주사위를 던지는 실험을 무수히 반복하거나 컴퓨터나 난수표를 이용하여 시뮬레이션(모의실험이라 번역한다)을 수행하는 것은 부질없는 짓이다. 그러나 만일 우리의 관심이 주사위를 13번 던졌을 때 1~6 사이의 수가 모두 한 번 이상 나올 확률이라면 문제는 달라진다.

[실제 실험을 통한 방법]

[1] 주사위를 13개 준비한다. 13개가 없으면 하나를 이용하여도 좋다.

[2] 주사위 13개를 던지거나 1개를 13번 반복하여 던지는 시행을 하고 나온 수 13개에 1, 2, 3, 4, 5, 6이 모두 한 번 이상이 있으면 성공으로, 하나라도 빠진 경우는 실패로 기록한다.

[3] 할 수 있는 만큼 [2]를 반복하고 총 시행횟수(13개의 주사위를 던지는 시행이 한 번이 됨) 중 성공의 비율을 구하면 이 값이 바로 우리가 원하는 확률에 대한 추측값이 된다.

[난수표를 이용하는 방법]

난수표는 0, 1, 2, ..., 9의 수가 무작위하게 나열되어 있는 표로 책 뒤의 [표 A]에 있다. 이 난수표를 이용하여 주사위의 값을 나타내는 방법 중 가장 간단한 방법은 난수표에서 얻어지는 난수들 중 0, 7, 8, 9는 버리고 1~6 사이의 자연수만을 사용하는 방법이 있다. [표 A]의 첫번째 줄에 있는 난수들을 순서대로 나열하면 다음과 같다.

19223 95034 05756 28713 96409 12531 42544 82853

이들 중 처음부터 순서대로 1~6 사이의 수만을 모으면

12235345562136412531425444353

이 되며 각각의 수가 바로 각 주사위의 결과라고 하면 처음 13개의 수는

1223534556213

이 되어 1, 2, 3, 4, 5, 6이 모두 포함되어 있으므로 성공인 시행이 되며 그 다음의 13개 수 역시 1~6 사이의 수를 모두 포함하므로 성공인 경우가 된다.

6412531425443

예를 들어 난수표의 15번째 줄 처음부터 1~6 사이의 수들만 13개를 나열하면

6141644322243

이 되므로 이 경우에는 5가 없다. 따라서 위의 값들을 하나의 시행으로 고려하는 경우에는 실패가 된다.

이러한 과정을 가능한 한 많이 반복하여 성공하는 비율을 구하면 원하는 확률에 대한 추측값을 구할 수 있다.

그림 8-1 여러 개의 주사위

우리가 지금까지 살펴본 모의실험들은 모의비행이나 모의자동차 운전 등에서 사용되는 시뮬레이션과는 차이가 있다. 이러한 시뮬레이션에는 확률적인 모형이나 시행이 포함되어 있지 않으므로 주어진 상황이 같으면 항상 같은 반응이나 결과를 나타내게 된다. 그러나 우리가 고려하고 있는 시뮬레이션은 확률적 시행이나 모형을 포함하고 있어 주어진 상황이 같아도 그 결과는 확률적이기 때문에 항상 같지 않다. 이와 같은 모의실험을 특별히 확률적(stochastic) 또는 통계적 시뮬레이션이라고 표현한다.

앞의 주사위 예제에서 실제 주사위를 던지는 실험을 난수표의 난수들을 이용하여 수행하는 방법을 살펴보았으나 현실적인 문제들에 대한 통계적 시뮬레이션은 대부분 컴퓨터를 통하여 얻어지는 난수를 사용한다. 그러나 불행하게도 컴퓨터를 이용하여 얻어지는 난수들은 수학적인 특성에 있어 완벽하지 않다. 완벽한 난수는 우선 나타난 수들 사이에 연관성이 없이 서로 독립이어야 하며 모든 수가 나올 확률이 동일하여야 하는데 컴퓨터는 스스로 이러한 수를 만들어 낼 수 있는 능력이 없기 때문에 완벽한 의미의 난수를 얻을 수 없다. 0~9의 수가 적힌 돌아가는 원판에 화살을 쏜다거나 번호가 적힌 공들을 잘 섞은 뒤 하나씩 추출하는 복권의 추첨 등에 사용되는 많은 방법들 또한 진정한 의미의 난수는 아니다. 아직까지 추출된 수들이 서로 전혀 영향을 주지 않고 수없이 많은 시행을 하면 원하는 확률(일반적으로는 0~9의 모든 수가 나올 확률이 1/10인)로 정확히 수렴하는 난수추출법은 존재하지 않는다.

8.3 컴퓨터를 이용하여 난수 만들기

컴퓨터를 이용하여 난수를 만드는 방법을 살펴보자. 앞에서 언급한 것처럼 컴퓨터는 우리가 어떤 지시를 내리거나 부탁을 하면 정확하게 필요한 계산 등을 빠른 시간 안에 수행하고 결과를 보여 줄 수는 있지만 스스로 무엇인가를 창조하거나 만들어 낼 수 있는 능력이 없다. 컴퓨터에서 난수를 생성하는 방법은 주어진 초기값에 정하여진 승수를 곱하고 다른 특정한 값을 더한 후 아주 큰 값으로 나눈 나머지를 다음의 난수로 하는 과정을 반복하게 된다.

그림 8-2 컴퓨터에서 생성된 1,000개 난수의 히스토그램

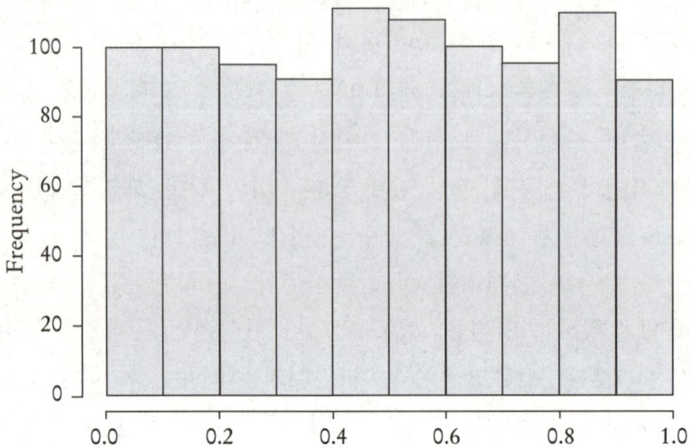

i번째의 난수=(승수×i−1번째 난수+상수)를 정해진 수로 나눈 나머지

이 때 "나누는 수"는 가능하면 아주 큰 수를 사용하는데 이는 가능한 난수의 값이 0, 1, 2, …, (나누는 수−1)이 되기 때문이다. 따라서 컴퓨터에서 생성되는 난수는 [표 A]의 난수와 같이 0~9 사이의 정수의 연속이 아닌 0에서 (나누는 수−1)까지의 수가 되며 이 값을 "나누는 수"로 나눈 0에서 1 사이의 수를 제공하는 것이 일반적이다. 특정한 통계패키지에서 구해진 1,000개의 난수에 대한 히스토그램을 보면 다음과 같다.

그림에서 알 수 있듯이 컴퓨터에서 생성되는 난수는 0과 1 사이의 실수 값을 가지며 모든 수가 나올 확률이 동등할 것이라고 짐작할 수 있다.

8.4 시뮬레이션 예제들

기본적인 확률시행은 간단하지만 원하는 결과가 복잡한 예제를 통하여 구체적인 시뮬레이션의 과정을 살펴보기로 하자.

예제 8-3: 딸낳기(I)

얼마 전까지만 하여도 우리 국민들의 아들에 대한 선호는 매우 강하여 남성과 여성의 성비 불균형이 심각한 상황이었다. 다행히 얼마 전부터 이런 아들에 대한 선호는 많이 사라지고 "잘 키운 딸 하나 열 아들 부럽지 않다"고 하는 표어와 함께 이제는 딸에 대한 선호도 높아졌다.

그림 8-3 IT's a GIRL!!!!!

막 결혼한 신혼부부가 있다고 하자. 이들은 결혼 후 딸을 갖기를 원하고 있어 다음과 같은 가족계획을 수립하였다고 하자.

[계획] 자녀는 딸을 얻을 때까지 계속 낳기로 하나 최대 3명까지만 낳는다

이러한 계획을 가진 부부들에 대하여 가질 수 있는 질문은 다음과 같을 것이다.

[질문 1] 이 부부가 딸을 가질 확률은 얼마인가?
[질문 2] 이와 같은 계획을 가진 부부들의 평균자녀수는 몇 명이나 될까?

위의 두 질문에 대한 답은 앞의 주사위 예제와 마찬가지로 여러 가지의 방

법을 통하여 구할 수 있다.

[실제 실험]

이 신혼부부와 같은 가족계획을 가지고 있는 부부들을 대상으로 자녀를 모두 낳을 때까지 추적하여 조사한다. 이 방법은 현실적으로 많은 시간과 비용이 필요하며 대상 부부들이 자식 낳기를 끝마쳤는지를 확인하여야 하므로 실질적으로는 불가능한 방법이라고 할 수 있다.

[난수표를 이용하는 방법]

난수표를 이용하는 방법은 앞의 주사위 예제와 유사하므로 자식을 낳은 경우 남아 또는 여아인지 지정해 주는 방법만을 설명하고 전체 과정에 대한 내용은 생략한다. 만일 여아와 남아의 출생비율이 정확하게 반반, 즉 50:50이라면 난수들을 두 자리씩 묶은 후 00～49(총 50개의 숫자)까지는 남아, 50～99(총 50개의 숫자)까지는 여아라고 하면 된다. 그러나 실제의 자연적인 출생비율을 보면 남아가 약간 높은 것으로 알려져 있다. 따라서 남아의 출생비율을 50%가 아닌, 예를 들어 51%로 하고 싶은 경우에는 00～50까지를 남아로 하고 나머지 51～99까지를 여아로 하면 된다.

[컴퓨터에서 생성되는 난수를 이용하는 방법]

마지막으로 컴퓨터를 통하여 얻어지는 난수들을 이용하여 모의실험을 하는 과정을 살펴보자. 앞에서 설명한 것처럼 컴퓨터의 경우에는 제공하는 난수가 0과 1 사이의 실수값이 되므로 얻어진 하나의 난수를 이용하여 남아 또는 여아를 결정하는 방법이 난수표를 이용할 때와 차이가 있다. 전체 모의실험 과정과 그 결과는 다음과 같다. 자연적인 출생에서 남아의 비율은 52%라고 가정하자.

〈모의실험과정〉

[1] 하나의 난수를 구한다.

[2] 구해진 난수가 0.52보다 작으면 출생한 신생아를 남아로, 크거나 같으면 여아로 한다.

[3] 여아가 태어난 경우 실험을 중지한다.

[4] 남아가 태어난 경우 총 자녀수가 3명 미만이면 [1]로 돌아가 다시 반복한다.

[5] 총 자녀수가 3명이 되면 여아가 없더라도 실험을 종료한다.

한 쌍의 부부에 대하여 시뮬레이션 과정을 컴퓨터 프로그램 등의 흐름을 표시하는 그림인 플로우차트(flow chart)로 나타내면 [그림 8-4]와 같다.

문제의 시작에서 관심을 두었던 두 질문에 대한 답을 구하려면 앞의 모의실험과정을 가능한대로 많이 반복한 후 딸을 가지는 데 성공한 부부의 비율과 각각의 부부들의 자녀수의 평균이 어떤 값으로 수렴하는지 살펴보면 된다.

그림 8-4 딸낳기 모의실험 과정

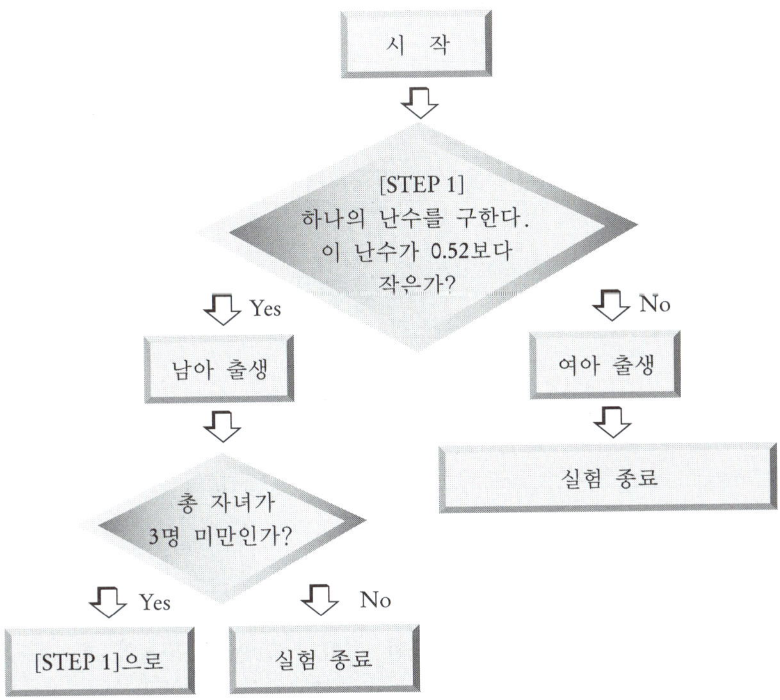

아래의 결과는 통계 패키지의 하나인 R을 이용하여 모의실험을 2,000번, 즉 2,000쌍이 될 때까지 수행하고 두 질문에 대한 결과를 그래프로 나타낸 것이다.

[질문 1] 이 부부가 딸을 가질 확률은 얼마인가?

그림 8-5 모의자료로부터 얻어진 딸을 가진 부부의 비율 변화

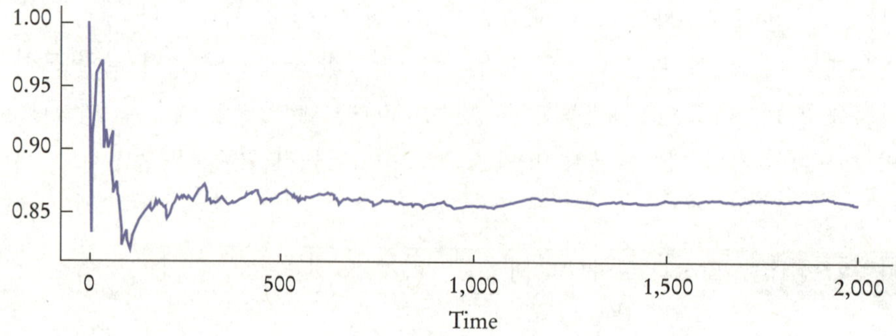

[질문 2] 이와 같은 계획을 가진 부부들의 평균자녀수는 몇 명이나 될까?

그림 8-6 모의자료로부터 얻어진 평균자녀수의 변화

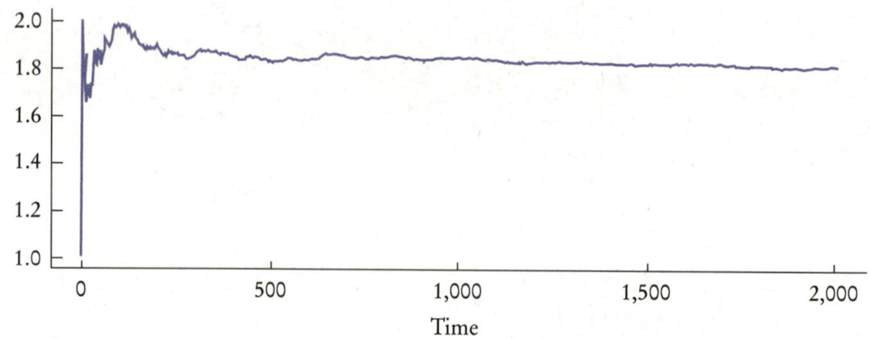

우리의 관심인 두 가지 질문에 대한 정확한 확률과 평균의 계산은 제 4 부 제10장의 기댓값에서 다시 고려하기로 하자.

앞에서 든 예제들은 비교적 간단한 시뮬레이션 모형이다. 그렇다면 현실의 현상을 모형화하기 위한 시뮬레이션은 어떠한지 교통지옥 예제를 이용하여 대략적인 내용을 살펴보기로 하자.

예제 8-4: 교통지옥(Ⅱ)

앞에서 서울시의 교통체계를 최적화하는 방법으로 실제 신호체계를 여러 가지로 조정하는 것은 현실적으로 많은 문제점을 발생시킬 수 있음을 보았다. 이러한 경우 직접 현실에 여러 가지의 교통체계를 실험하는 대신 통계적인 시뮬레이션 모형을 이용하여 비교적 빠른 기간 안에 적은 비용으로 최적해를 구할 수 있다. 그렇다면 신호체계 최적화를 위한 시뮬레이션 모형은 어떻게 만들 수 있을까?

시뮬레이션 모형은 말 그대로 현실의 상황을 가상으로 만드는 것이므로 가능하면 현실과 비슷하도록 만들어져야 한다. 서울의 교통상황을 크게 두 부분으로 나누면

[1] 운행상황과
[2] 신호체계

가 될 것이며 서울시의 차량운행 상황에 대한 시뮬레이션 모형을 가능하면 현실과 유사하도록 만들고 여러 가지의 가능한 신호체계들의 조합에 대하여 가상의 차량들이 운행하도록 한 후 운행속도 및 대기시간을 최적화하는 조합을 찾으면 되는 것이다. 이 과정을 좀더 구체적으로 설명하면 다음과 같다.

[1] 서울시의 차량 운행상황을 정확히 파악한다. 이를 위하여 시간, 장소, 차량의 종류 및 운행행태(진행 방향, 속도 등)에 대하여 세분화된 기준에 따라 실제 운행상황에 대한 조사를 실시한다.
[2] 운행상황에 대한 시뮬레이션 모형을 구축한다.
[3] 구축된 운행 시뮬레이션 모형에 따라 가상의 운행상황을 시작한다.
[4] 신호체계의 여러 가지의 조합에 대하여 실제 운행에서 나타나는 각 차량의 속도 및 대기시간을 기록한다.
[5] 최적의 신호체계에 대한 조합을 탐색한다.

앞의 여러 예제들에서 살펴본 바와 같이 통계적인 시뮬레이션 모형은 간

단한 확률시행으로 이루어진 여러 가지 결과들에 대한 확률을 계산하는 데 이용될 수 있으며 복잡한 현실세계에 대한 최적해를 구하는 데도 효과적으로 사용될 수 있음을 보았다.

연습문제

8.1 현실에서 시뮬레이션이 적용된 사례들을 탐색해 보라.

8.2 주사위를 두 번 던지는 실험을 시뮬레이션을 이용하여 수행하는 방법을 작성하라.

8.3 주사위를 두 번 던져 두 주사위의 합이 3보다 작을 확률을 시뮬레이션을 이용하여 구하는 방법을 설명하라.

8.4 카지노 등에서 많이 행해지는 게임을 하나 들고 이 게임의 과정을 가상 시뮬레이션을 통하여 구현하는 방법을 구체적으로 작성하라. 여러 가지의 전략 또는 베팅 방법이 있는 경우 어떻게 하면 돈을 딸 확률이 가장 높은지도 생각해 보라.

8.5 어떤 학급에 23명의 학생이 있다고 하자. 이 반의 학생들 중 생일(월과 일)이 같은 학생이 있을 확률을 알고 싶을 때 이를 시뮬레이션을 이용하여 어떻게 모형화할 것인지 생각해 보라. 단, 일년 365일 중 특정한 날에 태어날 확률은 모두 같다고 가정하자.

8.6 S일보 가판대에서 과거 1년 동안 일별로 판매된 신문 부수를 살펴보았더니 다음과 같았다고 하자.

판매부수	10부	20부	30부	40부	50부
일/365	25/365	70/365	180/365	67/365	?

[1] 일년을 365일로 잡았을 때 50부가 팔린 날은 며칠인가?

[2] 위의 판매부수를 시뮬레이션을 통하여 구현하는 방법을 구체적으로 설명하라.

제 4 부

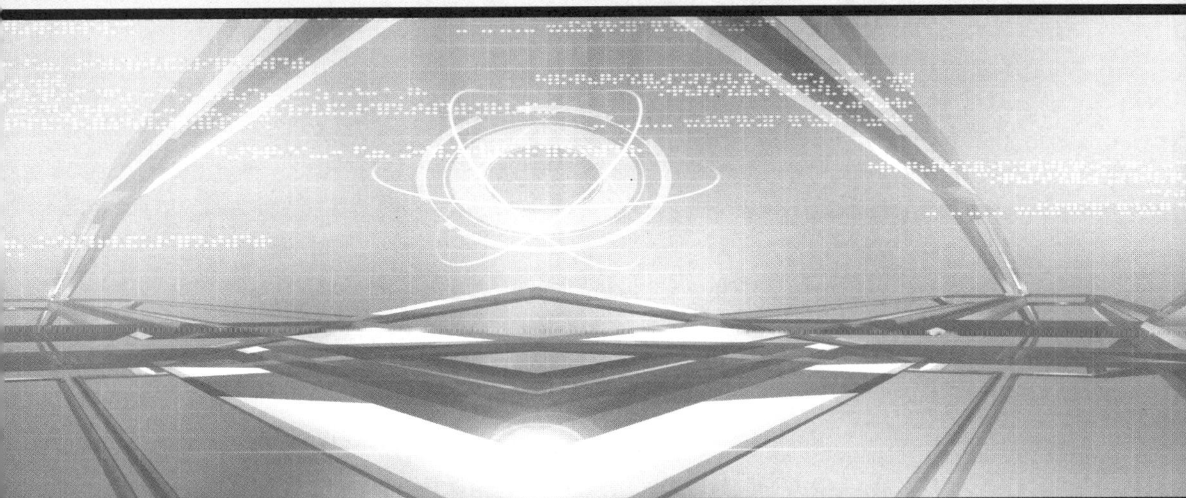

확률모형과 기댓값
Probability Model and Expected Value

우리는 앞의 제 3 부에서 확률의 개념들과 조건부 확률 및 여러 가지 유형들 그리고 복잡한 확률 시행들의 결과에 대한 확률을 구하는 시뮬레이션 방법들 등에 대하여 살펴보았다. 제 4 부에서는 이러한 확률시행들을 모형화한 확률모형(또는 확률분포)에 대하여 공부하기로 한다.

제 9 장 확률모형(Probability Model)

확률모형이란 앞에서 살펴보았던 여러 가지의 확률 시행들에 대하여

[1] 가능한 모든 결과들과

[2] 이들에 대하여 확률을 부여한 모형

을 의미한다. 주사위 예제의 경우 모든 가능한 결과는 1, 2, 3, 4, 5, 6이며 이들 각각에 대한 확률은 모두 1/6로 동일하다.

비록 기본적인 확률 시행에 대한 확률모형은 간단하지만 때때로 우리의 관심이 이러한 기본적인 확률 시행에서 유도되는 복잡한 사건들일 수도 있다. 예를 들면 단순하게 주사위를 던졌을 때 나오는 값들에 대한 확률모형이 아니고 두 개의 주사위를 던졌을 때 두 주사위의 합에 대하여 가능한 모든 결과들과 각각의 결과들에 대한 확률에 관심이 있을 수도 있을 것이다. 확률모형은 확률시행과 관련하여 가능한 모든 결과와 이들에 대한 확률을 부여하는 것이라고 할 수 있다.

9.1 확률의 법칙

예제 9-1: 동전 던지기

가장 간단한 확률 시행의 하나인 동전을 던지는 실험을 생각하자. 여기 "앞

면"과 "뒷면"이 나올 확률이 똑같은 동전이 하나 있다고 가정하자. 앞에서 우리는 동전을 던졌을 때 앞면이 나올 빈도적 확률이 0.5에 수렴함을 보았다. 고전적 확률 또한 모든 가능한 결과 중 앞면의 가짓수를 이용하여 1/2이 됨을 쉽게 알 수 있다. 따라서 앞면과 뒷면이 나올 확률이 동일한 동전을 한 번 던지는 실험에 대한 확률모형을 막대그림과 표로 나타낸 것이 다음과 같다.

그림 9-1 동전 던지기 확률모형

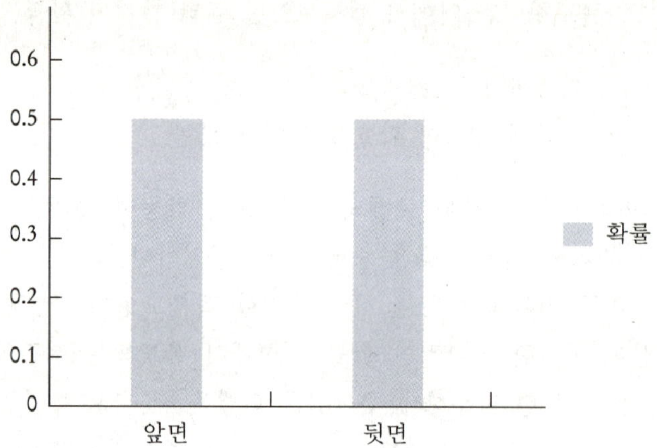

표 9-1 동전 던지기 확률모형

결 과	확 률
앞면	0.5
뒷면	0.5

이론적으로 확률모형은 다음과 같은 몇 가지의 기본적인 조건과 원칙을 따르게 된다. 확률 법칙의 각각에 대하여 살펴보면 확률 법칙 [1]은 일어나지 않는 결과는 확률이 0의 값을 가지며 항상 일어나는 결과인 경우 1의 값을 갖게 된다는 의미이고 [2]에서 모든 가능한 결과에 대한 확률의 합이 1이 되는 것은 단순한 약속이라고 할 수 있다. 예를 들어 %의 개념으로 표현하면

확률 1은 100%가 되는 것이다. [3]의 내용은 앞의 베이즈 정리에서 다룬 내용으로 여사건에 대한 확률에 대한 법칙이고 마지막으로 [4]의 내용은 두 가지 사건 A와 B가 같은 결과를 포함하지 않는 경우 사건 A 또는 B 중의 하나 또는 두 사건 모두가 발행하는 사건을 의미하며 그 확률은 각각의 사건의 확률의 합이 된다는 것이다.

확률 법칙

[1] 모든 확률은 0과 1 사이의 값을 갖는다.
[2] 모든 가능한 결과에 대한 확률의 합은 1이 되어야 한다.
[3] 어떤 사건이 일어나지 않을 확률은 1에서 그 사건이 일어날 확률을 뺀 값이다.
[4] 어떤 두 사건이 같은 결과를 포함하지 않으면 두 사건의 발생확률은 각각의 사건 발생확률의 합이 된다.

확률 법칙들을 수식으로 표현하면 다음과 같다. 이를 위하여 어떤 확률 시행에 있어 모든 가능한 결과를 포함하는 집합을 S라 하고 S의 부분집합(전체 결과의 일부분으로 이루어진 사건) A와 B를 생각하자.

확률 법칙(수식)

[1] $0 \leq P(A) \leq 1$
[2] $P(S)=1$
[3] $P(A^c)=1-P(A)$
[4] 두 사건 A와 B가 $A \cap B=\phi$를 만족할 때 $P(A \cup B)=P(A)+P(B)$

수식으로 표현된 확률 법칙 [4]에서 두 사건 A와 B가 $A \cap B=\phi$를 만족한다는 것은 두 사건이 같은 결과를 포함하지 않는다는 의미로 배반이라는 것을 의미하며 두 사건에 대한 $A \cup B$의 의미는 두 사건들 중 하나가 발생하거나 또는 두 사건이 동시에 발생하는 사건을 의미한다.

위의 확률 법칙들은 물론 모든 가능한 확률의 법칙들을 모두 포함하지는 않는다. 예를 들어 위의 확률 법칙에는 어떤 결과도 포함되지 않는 사건에 대한 확률은 0이라는 내용은 포함되어 있지 않다. 왜 그럴까? 여러분들은 이미 짐작하였겠지만 위에 포함되지 않은 많은 확률 법칙들은 위의 법칙들을 이용하여 유도할 수 있기 때문이다. 사실 더 정확하게 말하면 위의 확률 법칙 중 [3]은 포함되지 않아도 나머지의 법칙들로부터 유도할 수 있다. 확률 법칙들에 대한 상세한 내용은 조금 더 전문적인 수리통계학 등의 과목에서 공부하게 된다.

9.2 여러 가지 확률모형

앞에서 보았던 예제들을 통하여 여러 경우에 대한 확률모형을 살펴보자.

확률모형들은 확률시행으로 나타난 결과가 가질 수 있는 값들의 형태(제 2장 자료의 형태 참조)에 따라 구분할 수 있다. 주사위 같이 한정된 몇 가지의 숫자로 이루어진 것도 있고 동전을 던지는 시행의 경우처럼 한정된 범주(category)로 나타날 수도 있으며 때로는 온도 등과 같이 연속적인 실수값을 갖는 연속형으로 이루어진 경우도 있을 것이다.

본 절에서는 이산형 및 연속형 결과값을 갖는 확률모형들의 예들을 살펴보기로 하자.

예제 9-2: 딸낳기(Ⅱ)

딸을 꼭 원해서 3명에 한하여 딸을 얻을 때까지 자녀를 낳을 계획을 가진 신혼부부의 예제에서 첫번째 질문은 이 부부가 딸을 가질 확률을 알아보는 것이었는데, 우리는 이 확률을 수많은 가상 반복을 이용하는 시뮬레이션 모형을 통하여 살펴보았다.

그렇다면 이러한 가족계획을 가지고 있는 부부들의 자녀수는 어떤 확률모형을 갖게 될까? 앞의 확률모형의 구성요소를 하나씩 고려해 보기로 하자. 문제를 간단하게 하기 위하여 남아가 탄생할 확률은 정확히 0.5라고 가정하자.

[1] 가능한 모든 결과

이 경우 자녀는 최대 3명까지 낳기로 하였으며 원하는 딸을 얻기 위하여 적어도 한 명 이상의 자녀를 가져야 하므로 가능한 모든 결과는 1, 2, 3이 될 것이다.

[2] 각각의 결과에 대한 확률

〈자녀가 1명인 경우〉

처음 낳은 아이가 딸이어야 하므로 확률은 0.5가 된다.

〈자녀가 2명인 경우〉

처음에는 아들을 낳고 두 번째 딸을 낳아야 하므로 확률은

$$P(\text{첫 아이는 아들이며 동시에 두 번째 아이는 딸})$$
$$=P(\text{처음은 아들})\times P(\text{둘째는 딸}\mid\text{처음은 아들})$$

이 되는데 태어나는 신생아의 성별은 이전의 자녀의 성별과 무관하다고 가정하면 위의 확률은

$$P(\text{처음은 아들})\times P(\text{둘째는 딸})=0.5\times 0.5=0.25$$

가 된다.

〈자녀가 3명인 경우〉

이 경우는 3명이 모두 아들인 경우와 또는 처음 두 명은 아들이고 막내가 딸인 경우의 두 가지가 있다. 여기서 막내가 딸인 경우는 총 3명의 자녀 중 1명이 딸인 경우와는 다르므로 주의하여야 한다.

따라서 이들 중 첫번째 확률은

$$P(\text{첫째, 둘째, 셋째 모두가 아들})$$
$$=P(\text{첫째도 아들})\times P(\text{둘째도 아들})\times P(\text{셋째도 아들})$$
$$=0.5\times 0.5\times 0.5=0.125$$

가 되고 비슷하게 처음 두 자녀는 아들이고 막내가 딸인 경우의 확률은

$$P(\text{첫째, 둘째 모두 아들이고 막내가 딸})$$

$= P(\text{첫째도 아들}) \times P(\text{둘째도 아들}) \times P(\text{셋째는 딸})$

$= 0.5 \times 0.5 \times 0.5 = 0.125$

가 되어 두 확률의 합은 0.25가 된다.

모든 결과를 종합하여 자녀의 수에 대한 확률모형을 표와 막대그래프로 나타내면 [표 9-2] 및 [그림 9-2]와 같다. 그렇다면 앞에서 시뮬레이션을 이용하여 살펴보았던 첫번째 질문에 대한 확률은 어떻게 될까? 어떤 부부가 딸을 가지는 경우에 대한 확률은 자녀 3명이 모두 아들인 경우를 제외한 모든 경우가 되므로 그 확률은 0.5+0.25+0.125=0.875가 됨을 알 수 있다. 물론 앞의 시뮬레이션 예제에서는 남아의 탄생비율이 0.5가 아니고 이보다 약간 큰 0.52였기 때문에 수렴하는 첫번째의 그래프에서 보면 이 값은 0.875보다는 약간 작은 0.86정도가 되어 차이가 있다.

표 9-2 자녀의 수와 확률

자녀의 수	확 률
1	0.5
2	0.25
3	0.25

그림 9-2 자녀수의 확률모형

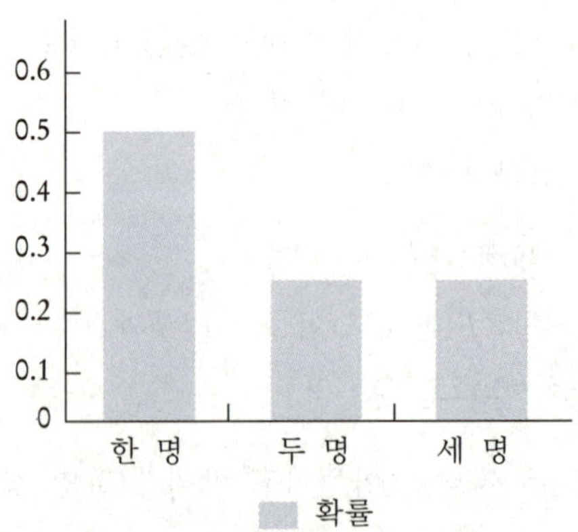

앞의 6장 [예제 6-4]에서 다루었던 룰렛 게임에 대하여 조금 더 생각해 보기로 하자. 앞에서도 설명하였지만 모든 카지노에서 즐길 수 있는 게임은 항상 고객에게 불리한 불공평한 게임이다. 다시 말하면 카지노에서 도박을 계속하고 있으면 언젠가는 가진 돈을 모두 잃을 수밖에 없다. 그렇다면 이렇게 불공평한 게임에서 도대체 고객이 이길 수 있는 확률은 얼마나 될까? 조금이라도 더 고객에게 유리한 전략은 없는 것인가? 있다면 어떤 것인가?

예제 9-3: 룰렛 게임(Ⅱ)

룰렛 게임에서 정해진 금액 m을 딸 수 있는 방법에 대하여 생각해 보자. 앞에서 이미 보았듯이 룰렛 게임의 돈을 베팅하는 방법이 여러 가지가 있으며 따라서 정해진 금액을 딸 수 있는 방법도 여러 가지가 있을 것이다. 여기서 고려할 방법은 여러 가지의 방법들 중에서 가장 가능성이 높은 방법이나 몇 가지 전제 조건이 필요하다. 그것은 룰렛 게임에서 한 번에 베팅할 수 있는 금액에 제한이 없으며 내가 가진 돈이 따고자 하는 금액 m에 비하여 상당히 많아야 한다는 것이다.

배당금은 작지만 당첨확률이 가장 높은 베팅 방법은 짝수/홀수, 낮은 수/높은 수, 그리고 마지막으로 빨강/검정에 베팅하는 경우가 모두 같으며 이 경우 배당금은 베팅한 금액의 1배(베팅한 금액을 포함하여 2배)가 되고 그 확률은 18/38이 되어 0.5에 약간 못 미친다. 이 베팅만을 생각하는 이유는 근본적으로 카지노에서의 게임은 고객에게 불리하도록 되어 있는 공평하지 못한 게임임을 감안하면 여기서 이기는 방법은 가능한 한 빠른 시간 안에 승부를 보는 방법밖에 없으며 따라서 여러 가지의 방법 중 이길 확률이 가장 큰 경우만을 고려하는 것이 훨씬 유리하기 때문이다.

이러한 내용들을 종합하여 불리한 게임에서 가장 유리한 전략을 고려하여 다음과 같이 게임을 한다고 가정하자.

[1] 따기를 원하는 배당금은 원금을 제외하고 m이라고 하자.

[2] 룰렛 게임에서 빨강 또는 검정에 베팅을 하는 전략을 사용한다.

[3] 처음에 원하는 돈인 m을 빨강 또는 검정에 베팅한다.

[4] 이 베팅에서 이기면 경기를 중단하고 지는 경우는 다음에 $2m$만큼(앞서서 잃은 m을 포함하여 이길 경우 총 m만큼을 따기 위하여)을 빨강 또는 검정에 베팅한다.

[5] 이 베팅에서 이기면 경기를 중단하고 지는 경우는 다음에 $4m(m+2m+m)$ 만큼을 빨강 또는 검정에 베팅한다.

[6] 한 번 이길 때까지 베팅을 반복한다.

위와 같은 전략은 돈을 계속 잃는 경우 베팅 금액을 (지금까지 잃은 돈$+m$) 만큼씩 무한정으로 늘려가며 계속할 수는 없다. 그 이유는 첫째, 대부분의 카지노에서는 베팅 금액에 한계를 두고 있기 때문이며, 둘째, 준비할 수 있는 금액에 한계가 있기 때문이다. 만일 베팅 금액에 한계가 없고 무한정 돈을 준비할 수 있다면 원하는 만큼의 돈을 따는 것은 항상 가능할 것이다. 과거 은행들이 카지노에 모여서 서로의 돈을 따기 위하여 도박을 하던 시절에는 베팅 금액에 제한이 없었기 때문에 자금이 많은 은행들이 모든 돈을 독식하는 경우도 있었다고 한다. 아무튼 이러한 전략에 따라 게임을 하는 경우 반복하는 횟수에 따라 그 이전에 원하는 m만큼의 돈을 딸 수 있는 확률을 알아보기로 하자.

〈첫번째 시도에서 성공할 확률〉

첫번째 시도에서 성공할 확률은 $18/38=0.47$이다.

〈첫번째는 실패하고 두 번째에 성공할 확률〉

첫번째 실패할 확률×두 번째 성공할 확률$=(20/38)(18/38)=0.25$

〈이런 식으로 n번째에 가서 성공할 확률〉

$(n-1)$번 계속 실패할 확률×n번째 성공할 확률$=(20/38)^{(n-1)}\times(18/38)$이 된다. 이 확률은 한 번 성공하기 위하여 필요한 시도횟수별 확률이며 우리가 원하는 확률은 예를 들어 3번 시도할 때까지 한 번이라도 이길 확률이기 때문에 1～3번까지의 각각의 확률을 모두 더한 확률이 된다. 6번 시도할 때까지의 각각의 시도횟수에 가서 처음으로 성공할 확률 및 이들의 누적확률과 각각의 시도횟수까지 가기 위하여 필요한 돈은 [표 9-3]과 같다.

표 9-3 룰렛 게임에서 시도횟수별 성공확률과 누적 성공확률

시도횟수	시도횟수 중 마지막에 가서 단 한 번 성공할 확률	성공 누적확률	횟수만큼 시도하기 위해 필요한 돈
1	0.4737	0.4737	m
2	0.2493	0.7230	$m+2m=3m$
3	0.1312	0.8542	$3m+4m=7m$
4	0.0690	0.9233	$7m+8m=15m$
5	0.0364	0.9596	$15m+16m=31m$
6	0.0191	0.9787	$32m+33m=65m$

예를 들어 5번까지 시도하는 경우 그 이전에 한 번이라도 이겨 m을 딸 확률은 누적확률인 0.9596으로 약 96% 정도가 되며 5번까지 베팅을 할 수 있으려면 원하는 돈의 31배만큼이 필요하다. 따는 돈이 준비한 돈에 비하여 작긴 하지만 승산 있는 전략이 아닌가? (위의 확률모형을 기하분포라 부른다.)

이제까지 몇 가지 예제들을 통하여 여러 가지 확률모형들을 살펴보았다. 확률모형들 중에는 그 결과가 주사위나 자식을 출산하는 경우처럼 수로 표현되는 경우도 있지만 동전을 던지는 실험의 경우처럼 문자로 표현되는 범주로 되어 있는 경우도 있다. 이렇게 문자나 특정한 범주 등으로 표현되는 결과를 수로 변환한 값들에 대한 확률모형을 고려하면 여러 가지 면에서 좋은 점들이 많다.

예를 들어 동전을 던지는 실험의 경우 앞면을 1로 하고 뒷면을 0으로 하면 여러 가지 계산들이 가능하여 통계적인 추론 등에 사용할 수 있게 되며 이러한 이유로 확률변수(random variable)라는 함수를 이용하여 확률 시행의 여러 사건들을 수로 변환한 후 이에 대한 확률모형을 정의하고 사용한다. 이러한 확률모형을 특히 확률분포라고 한다.

9.3 실수 구간의 값을 갖는 확률모형

확률분포는 수학 분야나 현실분야 등으로부터 유래된 많은 종류가 있는데 이들은 확률변수가 어떤 구간의 실수값을 갖는 경우와 지금까지 제 3 · 4 부에서 보았던 예제들에서처럼 결과가 자연수 또는 어떤 범주를 갖는 경우로 분류된다. 확률변수가 자연수와 같이 몇 개의 값을 갖거나 범주를 의미할 때에는 확률변수(이산형 확률변수라고 한다)의 값(또는 결과)에 확률을 줄 수 있으나 연속적인 실수값을 갖는 경우에는 하나의 값에 대한 확률은 이론적으로 0이 되어 하나의 값에 대한 확률은 정의되지 않고 주어진 어떤 구간에 대한 확률만 존재하게 된다. 그것은 이 세상에 키가 정확히 180cm인 사람은 단 한 명도 없음을 생각하면 알 수 있다.

연속적인 실수값의 구간에 정의된 확률변수(연속형 확률변수라고 한다)에 대한 확률모형은 앞의 제 2 부의 데이터의 관리와 탐색 부분에서 다룬 히스토그램의 극한으로 설명할 수 있음을 보았다. 앞의 4장에서 살펴본 정규분포가 좋은 예제가 될 것이다. 다음의 예제에서는 여러 가지의 확률분포의 형태를 알아보기로 하자. 확률분포들은 자바 애플릿으로 구현되어 특정한 컴퓨터 언어가 설치되지 않은 컴퓨터에서도 분포들을 살펴볼 수 있다.

예제 9-4: 자바 애플릿으로 보는 확률분포들

앞에서 살펴본 확률분포들 이외에도 다양한 형태의 확률시행들에 대한 여러 가지의 확률분포들이 존재한다. 이러한 확률분포들은 단순한 동전 던지기에서부터 복잡한 현실의 확률 현상들을 설명하기 위하여 만들어졌으며 그 종류도 매우 다양하다. 이러한 분포들은 앞에서 설명한 것과 같이 변수 즉, 결과값의 형태와 결과값에 대한 확률에 따라 다양한 모양을 가지고 있다.

인터넷 사이트[http://www2.spsu.edu/math/deng/m2260/java.htm]에서 제공하는 확률분포 자바 애플릿에서 원하는 확률분포를 선택하고 변수별로 필요한 값들을 지정하여 주면 이산형 확률분포의 경우에는 가능한 모든 결과값 및 범주들에 대한 확률을 막대그래프의 형태로 볼 수 있으며 연속형 확률변수인 경우에는 히스토그램의 극한으로 설명되어지는 확률분포의 밀도함수의 형태를 볼 수 있다(위의 사이트는 항상 접속이 가능하지 않을 수도 있으며 이 경우에는 구글 등 웹서핑 툴에서 distribution, java, applet 등의 단어를 이용하여 확률분포 애플릿을 제공하는 사이트를 찾을 수 있다).

본 예제에서는 여러 가지 확률분포들 중 동전을 던지는 시험을 정해진 횟수 반복할 때 앞면이 나오는 횟수를 결과값으로 하는 이항분포와 앞의 5장에서 배운 정규분포 중 평균이 0이고 분산이 1인 표준정규분포의 형태를 자바 애플릿으로 살펴보기로 하자.

[이항분포]

이항분포(binomial distribution)는 동전을 정해진 수만큼 던졌을 때 앞면이 나온 횟수에 대한 확률모형이라고 할 수 있다. 다만 동전처럼 앞면이 나오는 확률이 항상 0.5가 아니고 0에서 1 사이의 모든 값이 될 수 있다는 점만 다르다.

보기에서는 시행횟수 각각의 시행이 성공할 확률이 0.3(p)이고 이를 독립적으로 10번(n) 시행하였을 때 성공횟수에 대한 각각의 확률을 나타내고 있다.

그림 9-3 성공확률이 0.3이고 시행횟수가 10인 이항분포의 확률분포

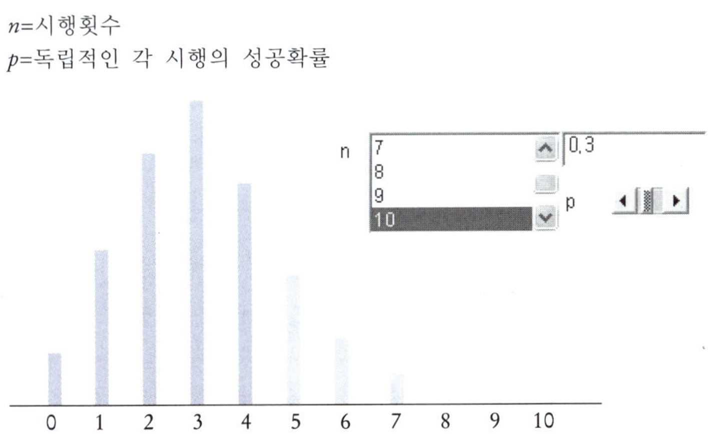

[표준정규분포]

표준정규분포는 앞의 4장에서 살펴보았듯이 모든 분포의 표본평균이 수렴하는 아주 중요한 분포에서 특별히 평균이 0이고 분산이 1인 경우이다.

그림 9-4 표준정규분포의 밀도함수와 결과값이 -1에서 1 사이에 있을 확률값

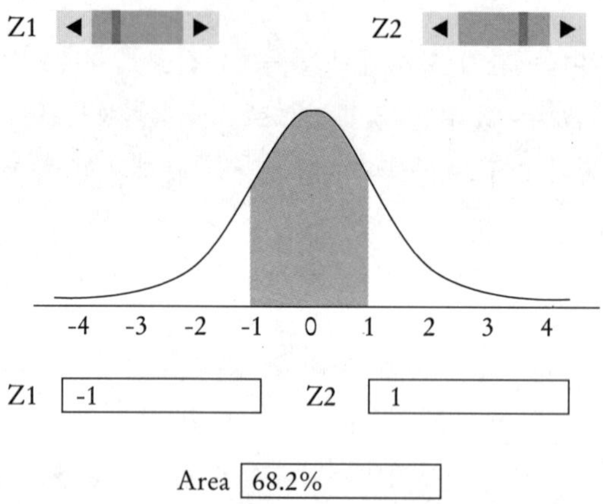

연습문제

9.1 확률모형의 실제 적용예를 탐색하여 보라.

9.2 한국 성인 중 약 40%가 충치를 하나 이상 가지고 있다고 한다. 성인 중 3명을 무작위로 선택하여 충치가 있는지를 알아보는 실험을 생각하자.

[1] 3명 중 충치가 있는 사람의 수에 대한 확률모형을 만들라.

[2] 3명 중 2명 이상이 충치가 있을 확률은 얼마인가?

9.3 “룰렛 게임” 예제에서 시도횟수에 따라 이길 확률을 자바 애플릿을 이용하여 구

하여 보라.

[참고] 자바 애플릿은 "확률분포에 대한 자바 애플릿" 예제의
http://ic.net/~hnbohr/java/CdfDemoMain.html
에서나 또는 인터넷 탐색도구들에서 "Java Applet probability distribution"에 대한 탐색결과들에서 얻을 수 있다.

9.4 2004년도의 조사에 따르면 50세 이상 남자의 경우 민첩성을 조사하는 50m 달리기에 걸리는 시간이 평균은 9.4초, 표준편차는 0.7초인 정규분포를 따른다고 한다.

[1] 이 확률분포의 형태를 위의 자바 애플릿을 이용하여 그려 보아라.

[2] 50세 이상 남자들 중 50m를 10초 이하에 들어오는 비율을 구하라.

9.5 25세에서 29세 사이의 여성들에 대한 결혼관련 조사결과가 다음의 표와 같다고 하자.

상 태	결혼한 적 없음	결혼상태	사 별	이 혼
확 률	0.386	0.555	0.004	0.055

[1] 위의 확률모형에 대한 막대그래프를 그려라.

[2] 현재 결혼상태에 있지 않은 여성의 비율은 얼마인가?

제10장 기댓값과 대수의 법칙

앞장에서는 확률모형에 대한 기본적인 개념을 살펴보고 예제들을 통하여 간단한 확률 시행에 대한 확률모형을 유도하였으며 널리 알려진 확률모형들에 대하여 알아보았다. 본 장에서는 이러한 확률모형에 대한 하나의 특성을 나타내는 값인 기댓값에 대하여 다루기로 한다.

10.1 기댓값(Expected value)

앞의 예제 중 딸을 원하는 신혼부부는 자식을 가질 때마다 진심으로 아이가 딸이기를 기대할 것이다. 부부마다 차이는 있겠지만 딸을 원하는 부부들이 가지고 있는 이번에 낳을 자식이 딸일 "개인적 확률"은 0.5보다 상당히 크리라 짐작된다.

우리가 어떤 확률시행에 대한 결과들에 대하여 확률이 클수록 그 결과가 나올 것이라는 기대가 큰 것은 당연하다.

예제 10-1: 간단한 도박(Ⅰ)

친구와 주사위 하나를 가지고 하는 다음과 같은 간단한 도박 두 가지를 생각해 보자.

[도박 I]

도박 I의 룰이 다음과 같다고 하자.

도박 I의 룰

[1] 동전을 한 번 던진다.

[2] 앞면이 나오면 내가 친구로부터 100원을 받는다.

[3] 뒷면이 나오면 내가 친구에게 200원을 준다.

당신은 이 도박을 할 의향이 있는가 물어보면 아마 대부분 하지 않겠다고 답할 것이다. 왜 하지 않는가? 직관적으로(또는 빠른 암산을 통하여) 이 도박은 나에게 불리하다는 것을 알고 있기 때문일 것이다. 그렇다면 불리하다는 것은 무엇인가? 확률인가? 앞면과 뒷면이 나오는 확률은 동일하므로 확률의 측면에서 내가 이길 확률만을 고려한다면 전혀 불리하지 않다. 불리하다는 것은 확률이 아니고 주고받는 돈에 차이가 있다는 것이다. 같은 확률을 갖는 결과에 대하여 주어야 할 돈이 받아야 할 돈보다 많으니 당연히 불리한 것이다.

좀더 깊이 생각하여 보면 내가 친구로부터 100원을 받을 확률이 0.5이고 200원을 잃을 확률도 0.5이므로 한 판의 게임을 할 때 100원씩 손해라고 생각할 수 있다. 이 값이 바로 다음에 고려할 기댓값이라는 것이다.

앞의 [도박 I]의 예제에서처럼 어떤 결과에 대하여 확률에 따라 가중하여 기대되는 값을 계산한 것을 기댓값이라고 한다. 위의 도박 I의 예제에서 결과는 +100이거나 −200이며 이들에 대한 확률은 모두 0.5로 같으므로 이 도박에 대한 기댓값(좀더 정확히 말하면 내가 손에 쥘 돈의 기댓값)은

$$100 \times 0.5 + (-200) \times 0.5 = -100$$

이 된다. 이와 같이 기댓값이란 모든 가능한 결과의 값에 각각의 확률을 곱하여 더한 값을 말한다.

예제 10-2: 간단한 도박(Ⅱ)

다음과 같은 룰을 갖는 조금 더 복잡한 도박을 생각하자.

[도박 Ⅱ]

새로운 도박 Ⅱ의 룰은 다음과 같다고 하자.

당신은 이 도박을 친구와 할 의향이 있는가?

이제 기댓값의 개념을 알고 있으므로 이를 계산하여 내게 불리한지 유리한지를 판단할 수 있다. 이 도박에서 내가 손에 쥐게 될 돈의 기댓값은

도박 Ⅱ의 룰

[1] 주사위를 한 번 던진다.
[2] 나온 수가 1, 2, 3, 4이면 내가 친구로부터 100원을 받고
[3] 나온 수가 5, 6이면 내가 친구에게 200원을 준다.

$$100(4/6)+(-200)(2/6)=0$$

이 되어 손해도 이익도 없는 공평한 게임임을 알 수 있다.

앞의 두 예제에서 두 가지의 도박에 대한 기댓값을 계산하였다. 두 기댓값을 살펴보면 단순히 확률시행의 결과값에 그 결과값에 해당하는 확률을 곱한 값임을 알 수 있다. 그렇다. 기댓값이란 확률모형이 가질 수 있는 값이 이산형인 경우 이 값들이 가질 수 있는 모든 값에 그 값들에 대한 확률을 곱한, 즉 확률의 크기에 따라 다른 가중치를 부여한 평균인 것이다. 모든 결과값에 대한 확률들의 합은 1임을 생각하면 기댓값이라는 것은 각각의 값들을 확률의 상대적인 크기에 해당하는 만큼씩 더하여 만들어진 값임을 알 수 있다.

어떤 확률시행에서 가능한 결과값들이 이산형이며 x_1, x_2, $\cdots$, x_n이고 이 각각의 값들에 해당하는 확률들이 $P(x_1)$, $P(x_2)$, $\cdots$, $P(x_n)$이라면 이 확률

시행에 대한 기댓값(정확하게는 확률시행의 결과값에 대한 기댓값)은

$$x_1P(x_1)+x_2P(x_2)+\cdots+x_nP(x_n)$$

이 된다. 물론 여기서 모든 확률을 더한 $P(x_1)+P(x_2)+\cdots+P(x_n)=1$이 될 것이다.

그렇다면 연속형 결과값을 갖는 확률모형의 기댓값은 어떻게 될까? 앞의 표준정규분포에 대한 밀도함수를 보면 결과값은 모든 실수가 되며 어떤 주어진 실수값에 대한 확률 또한 0이 됨을 보았다. 이러한 연속형 확률분포에 대한 기댓값의 계산에는 적분이라는 것이 필요하다. 적분의 개념과 연속형 확률분포에 대한 기댓값의 계산에 관한 내용은 수리통계학 강의 등에서 다루게 될 것이다.

10.2 대수의 법칙(Law of Large Numbers)

그렇다면 이 기댓값의 정체는 무엇인가?

결론부터 이야기 하면 기댓값은 앞의 "빈도적 확률"에서와 비슷하게 어떤 시행을 무한히 반복하였을 때 나오는 결과값들의 표본평균(이 개념은 앞의 4.7절에서 이미 다루었다)이 수렴하는 값이다. 딸낳기 예제를 통하여 이를 살펴보자.

예제 10-3: 딸낳기(Ⅲ)

앞에서 여러 번 인용되었던 딸을 원하는 부부의 예를 다시 보기로 하자. 이 신혼부부의 계획을 다시 보면 다음과 같다.

[계획] 자녀는 딸을 얻을 때까지 계속 낳기로 하나 최대 3명까지만 낳는다

신생아가 남아일 확률이 0.52라고 가정하였을 때 시뮬레이션 모형을 통하여 만들어진 가상의 신혼부부 2,000쌍에 대하여 자녀수를 구하고 이들에 대한 표본

평균값의 변화를 살펴본 결과 이 값이 약 1.8 정도의 값으로 수렴함을 보았다([그림 8-6] 참고할 것).

표 10-1 딸낳기 확률모형

자녀의 수	확률(0.5)	확률(0.52)
1	0.50	0.4800
2	0.25	0.2496
3	0.25	0.2704
합계	1.00	1.0000

이제 기댓값의 정의에 따라 이 값을 이론적으로 구하여 보자. 이를 위하여 앞의 예제에서 남아가 0.5일 때 자녀의 수에 대하여 구해진 확률모형에서 남아의 확률을 0.52로 하고 다시 계산하면 [표 10-1]과 같다.

남아의 출생확률이 0.52인 경우 자녀의 수가 두 명일 확률은 $0.2496 = 0.52 \times 0.48$이 되며 3명일 확률은 $0.2704 = (0.52 \times 0.52 \times 0.52) + (0.52 \times 0.52 \times 0.48)$과 같이 구할 수 있다. 마지막으로 남아를 낳을 확률이 0.52인 경우 자녀수에 대한 기댓값은 정확하게

$$1 \times 0.48 + 2 \times 0.2496 + 3 \times 0.2704 = 1.7904$$

가 되는 것을 알 수 있다. 남아가 태어날 확률이 0.5인 경우에 자녀수에 대한 기댓값은 1.75가 되어 약간 작아진다. 왜? 여자가 태어날 확률이 그만큼 커졌으니까.

위의 예제들에서 본 것과 같이 독립적으로 추출되는 표본들의 표본평균이 기댓값으로 수렴하는 것을 대수의 법칙(The Law of Large Numbers)이라고 한다.

딸낳기 예제에서 딸을 가지는 데 성공하는 확률은 어떠한가? 앞에서 우리는 이 확률도 시뮬레이션 모형을 통하여 대략 0.85라는 값에 수렴하는 것을 보았다. 그렇다면 확률의 경우에도 대수의 법칙이 적용되지 않을까? 맞다.

그렇다면 확률의 경우 차이는 무엇인가?

확률의 경우에는 우리가 원하는 결과가 성공이면 1이고 실패하면 0의 값을 갖는 특별한 경우이다. 딸낳기 예제에서 우리의 관심이 자녀의 수라면 1, 2, 3, … 등의 값을 갖지만 만일 우리의 관심이 자녀의 수가 아니고 딸이 있는지 없는지 하는 것이라면 0과 1의 값을 갖는 확률모형을 생각할 수 있다. 이렇게 놓고 보면 우리가 관심을 가졌던 많은 확률들이라는 것은 그 결과의 값이 성공이면 1, 실패하면 0을 갖는 특별한 경우이며 이 경우 여러 번의 시행에서 성공한 비율이라는 것은 단순히 표본평균인 것이다. 따라서 딸을 가질 확률이라는 것은 딸이 있으면 1 아니면 0이라는 값에 대한 기댓값이며 시뮬레이션을 통하여 구해진 0과 1들의 표본평균은 대수의 법칙에 따라 표본수가 증가하면 이 기댓값(딸을 가질 확률)에 수렴하는 것이다.

이제 서로 달라 보이던 많은 것들이 하나로 연결되는 느낌이 들지 않는가?

한 발 더 나아가면 앞의 4.10절에서 배운 중심극한 정리 또한 연속적인 값을 갖는 자료뿐만 아니라 0과 1의 값을 갖는 자료에도 적용된다. 이를 딸낳기 예제를 통하여 확인하여 보자.

예제 10-4: 딸낳기(Ⅳ)

딸낳기 예제에서 우리의 관심이 딸을 가지는 부부의 비율(또는 어떤 부부의 자녀에 딸이 있을 확률)이라고 하자. 이 경우 앞의 결과들로부터 딸이 있으면 1, 없으면 0의 값을 갖는 확률변수에 대한 확률 모형(또는 확률분포)은 다음과 같음을 알 수 있다. 이 때 딸을 낳을 확률은 계산을 간단하게 하기 위하여 0.5라고 하자.

동일한 가족계획을 가진 부부들의 수가 각각 1쌍, 2쌍, 5쌍, 20쌍, 50쌍, 100쌍일 때 딸을 가진 부부의 수에 대한 이론적인 분포는 아래와 같이 변화한다. 50쌍 및 100쌍의 경우 앞에서 본 정규분포와 거의 유사함을 알 수 있다. 이렇듯 비록 어떤 결과의 값이 연속형인 실수값을 갖지 않고 0과 1과 같이 특수한

표 10-2 딸낳기 성공 여부의 확률모형

결 과	확 률
1(딸이 있다)	0.875
0(딸이 없다)	0.125

값을 갖는 경우에도 그리고 두 값에 대한 확률이 0.5로 같지 않은 경우라 하더라도 표본의 합이나 평균은 표본수가 커짐에 따라 아주 빠른 속도로 정규분포에 수렴함을 알 수 있다. 다시 말해 중심극한 정리가 성립한다. 그리고 더 나아가 100쌍의 경우에 대한 히스토그램의 중심(평균)은 100쌍에 딸이 있을 확률 0.875를 곱한 87.5 정도가 되는 것을 볼 수 있다.

그림에는 평균이 아닌 합의 분포가 나와 있으나 확률인 평균은 합을 단순히 전체 쌍의 수로 나눈 것이므로 아무 차이가 없다. 그리고 위의 각각의 확률모형

그림 10-1 n쌍의 부부들이 딸을 낳는 횟수(비율 또는 평균을 구하려면 수평축의 값을 표본수 n으로 나누어 준다)의 이론적인 분포

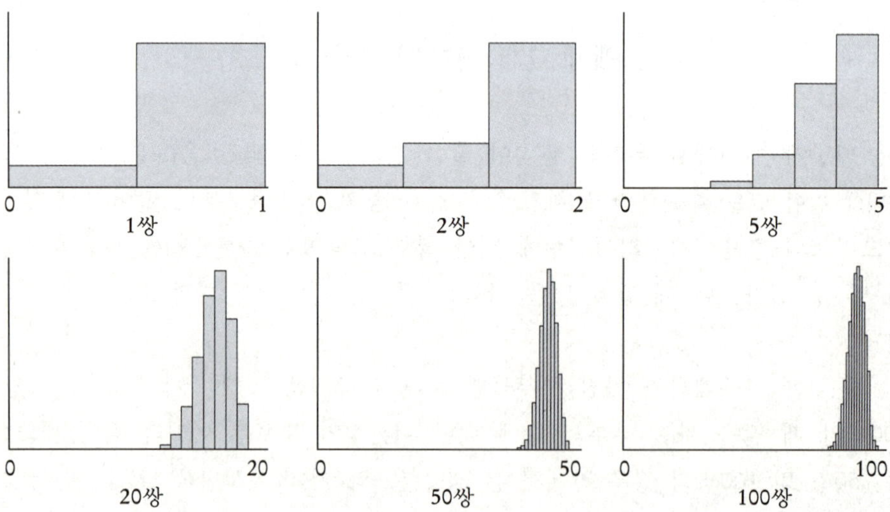

들은 표본으로 구해진 쌍에 대한 히스토그램이 아니고 주어진 수의 쌍에 대하여 딸이 있는 쌍의 수의 히스토그램이 수렴하는 이론적으로 분포이므로 예를 들어 20쌍씩 100개의 집단에 대하여 딸이 있는 쌍의 수에 대한 히스토그램을 그려보면 제일 왼쪽 아래의 이론적 분포와 비슷한 형태를 나타낼 것이다.

위의 분포들은 앞의 자바 애플릿으로 만들어진 분포에 대한 내용 중 이항분포와 같다. 좀더 강하게 이야기하면 이 세상에 어떠한 확률모형을 갖는 분포이건 이들을 더하면 더할수록 정규분포에 수렴하게 된다. 모든 길은 로마로 통하지 않고 정규분포로 통하는 것이다.

연습문제

10.1 기댓값을 적용한 실제예를 탐색해 보라.

10.2 제 6 장의 룰렛 게임 예제에서 100원을 빨강/검정에 베팅하는 경우의 기댓값을 구하라.

10.3 제 8 장의 연습문제 6에서 판매부수에 대한 기댓값을 구하라. 과거 1년 동안 일별로 판매된 부수와 일수는 다음의 표와 같다.

판매부수	10부	20부	30부	40부	50부
일/365	25/365	70/365	180/365	67/365	?

10.4 제 9 장 연습문제 2에서 구해진 충치를 가진 성인의 수(3명의 표본 중에서)에 대한 확률모형의 기댓값을 구하라. 또한 구해진 기댓값이 자바 애플릿을 이용하여 구한 값과 같은지 확인하여 보아라. 이 확률모형은 시행횟수가 3이고 각각의 시행에서 성공할 확률이 0.4인 이항분포와 같다.

10.5 어느 보험회사에서 21세의 성인에게 사망시 1억을 지불하는 보험을 연간 보험료 20만원에 판매하려고 한다.

[1] 이 때 보험회사의 연간 기대이익을 구하라. 단 21세의 성인이 1년 안에 사망할 확률은 0.0015라고 한다.

[2] 당신이라면 이 보험을 사겠는가? 그 이유는 무엇인가?

제 5 부

추측과 검정
Estimation and Test

우리는 간혹 언론을 통해 심증에 따라 수사를 하고 판결을 내렸던 사건들이 나중에 새로운 물증이 확보되어 판결이 뒤집어지기도 하고 엉뚱한 사람이 억울하게 누명을 쓰거나 죄값을 치렀던 예들을 볼 수 있다.

"심증에 의한 수사가 아닌 물증(물적 증거)에 의한 과학적인 수사"

통계적인 추론은 개인적인 심증이나 주관적인 판단이 아닌 증거를 통하여 결론을 내리는 과학적인 방법이라고 할 수 있다. 조금 더 구체적으로 설명하면 표본(sample)을 통하여 얻어진 증거로부터 모집단(population)에 대한 결론을 내리는 것이 바로 통계적인 추론이다.

통계적인 추론은 크게 두 가지로 분류할 수 있다.

[1] 어떤 값에 대하여 추측하는 것
[2] 수립된 가설에 대하여 검정하는 것

수학적인 추론에서 세워진 가설에 대한 결론은 가설로부터 시작하여 논리적인 사실들을 바탕으로 결론이 타당함을 증명하게 되며 이는 수집된 자료로부터 가설에 대한 결론의 타당성 정도를 보여 주는 통계적인 추론과는 다르다.

제 5 부에서는 앞의 두 가지 추론들에 대하여 통계적으로 어떻게 접근하고 결론을 얻는지에 대하여 살펴보기로 하자.

표본조사의 교훈을 숙지하여 제13장에서는 예제를 통한 적절한 표본과 부적절한 표본을 구별하고, 표본의 변동성과 오차한계 그리고 신뢰성을 다루며, 전통적인 표본추출방법과 표본오차와 비표본오차에 대해 공부한다. 제14장에서는 실험을 설계하는 방법과 관련된 내용에 대하여 살펴본다.

제11장 하나의 값과 구간을 이용한 추측

사람들은 살아가는 동안 수많은 추측을 하면서 살아간다. "일 년 후면 내 봉급이 얼마나 올라갈까?" "지금과 같이 열심히 운동을 하면 몸무게를 한 달에 몇 킬로 정도 줄일 수 있을까?"와 같은 극히 개인적인 추측들로부터 "전체 대한민국 성인 중에 키가 나보다 작은 사람은 몇 퍼센트나 될까?" "먹고 살기가 많이 좋아졌는데 국민들의 체중은 10년 전보다 얼마나 늘어났을까?" 등등···· 다양한 내용에 대하여 추측을 한다. 그렇다면 우리가 추측하고자 하는 것은 정확히 무엇일까?

우리는 앞이 1부에서 모집단과 모집단의 특성값들인 모수에 대하여 공부하였다. 예를 들어 우리가 정보를 얻고 싶은 대상(모집단)이 현재 전국대학에 재학중인 대학생들의 몸무게라고 하자. 그렇다면 필요한 것은 전국의 대학생들 각각의 몸무게를 측정한 결과값이 될 것이다. 그러나 전국의 모든 대학생들의 몸무게를 얻는 것은 현실적으로 불가능할 뿐만 아니라 이러한 자료를 얻을 수 있다고 하여도 수많은 결과값들 자체를 통하여 얻을 수 있는 정보는 많지 않을 뿐 아니라 우리가 원하는 것도 아닌 경우가 대부분일 것이다.

이러한 이유로 모집단에서 우리가 얻고자 하는 정보는 모든 대상이나 또는 표본들 각각에 대한 결과값 자체가 아니라 모집단의 특성을 설명하여 주는 몇 가지의 중요한 특성값이 된다. 따라서 전국 대학들의 몸무게가 우리의 관심 대상이라면 우리가 추측하고자 하는 특성값들은

[1] 전국 대학생들의 몸무게의 평균
[2] 전국 대학생들의 몸무게의 분산

등이 되는 것이다.

이러한 모집단의 특성값을 추측하는 것을 추정(estimation)이라고 하고 대부분의 경우에는 전체 모집단이 아닌 모집단으로부터 추출된 모집단의 일부인 표본(sample)에 대하여 측정된 값들을 이용하여 모집단의 특성값을 추측 또는 추정하게 된다. 누군가 또는 어디에선가 "전국 대학생의 몸무게가 올해 1Kg 더 늘었다." 또는 "전국 대학생의 몸무게가 올해 평균적으로 1Kg 더 늘었다"라고 표현하였다면 이는 정확히 말하면 "전국 대학생의 몸무게의 평균은 작년에 비해 올해 1Kg 더 늘어난 것으로 추정된다"를 의미한다고 할 수 있다. 물론, 이 경우 평균은 전체 대학생을 대상으로 측정된 것이 아니고 일부인 표본에 대하여 측정된 경우이다. 전체 대학생에 대하여 측정한 값들을 이용한 경우는 추정값이 아니고 실제값이 되며 이 경우에만 "전국 대학생의 몸무게의 평균은 작년에 비해 올해 1Kg 더 늘어났다"고 말할 수 있는 것이다.

모집단의 특성값을 추정하는 방법에는 하나의 값으로 이를 추측하는 점추정(point estimation)과 측정값들로부터 얻어지는 추가적인 정보를 이용하여 구간(interval)으로 추정하는 구간추정(interval estimation)이 있는데 이들 각각에 대하여 살펴보기로 한다.

11.1 하나의 값으로 추정(Point estimation)

관심의 대상인 모집단의 특성값을 하나의 값으로 추정한다면 어떤 값으로 추정하는 것이 좋을까? 고혈압에 관한 예제를 통하여 이를 살펴보자.

예제 11-1: 고혈압(I)

혈압은 혈관을 통과하는 피의 압력이며 심장이 수축할 때와 이완할 때의 두 혈압으로 표시하는 것이 일반적이다. 고혈압은 이러한 피의 압력이 높아지는 현상으로 혈압이 정상보다 높으면 신체의 중요 기관 특히 심장, 신장, 눈, 뇌 등에 손상을 일으키는 등 많은 부작용을 가져오며 현대의 발달된 의술로도 완벽한 치

그림 11-1 혈압아 내려다오!

료법이 없는 난치병으로 알려져 있다.

2003년에는 고혈압의 기준이 [표 11-1]에 있는 것처럼 더욱 강화되었다고 한다. 이렇게 강화된 기준에 대하여 "성인들 중 정상인 사람은 어느 정도될까?" 하는 문제를 생각해 보자. 이 문제를 다시 표현하면 우리가 추측하고 싶은 내용은

[추측] 대한민국 성인 중 혈압이 정상인 사람의 비율

로 표현할 수 있을 것이다. 이를 달리 표현하면 "어떤 대한민국 성인의 혈압이 정상일 확률"이 된다. 우리가 추측하고 싶은 값은 대한민국 성인 중 혈압이 정상인 사람의 비율의 참값으로 모든 대한민국 성인에 대하여 혈압을 조사하여 정상

표 11-1 고혈압의 분류

분 류	수축기압	이완기압
정상	< 120	< 80
높은 정상	120~139	80~89
고혈압		
1도	140~159	90~99
2도	160~179	100~109
3도	> 180	> 110

인 사람인 경우 1의 값을 주고 정상이 아닌 사람의 경우 0을 준 값의 단순한 평균이다. 우리는 이 값을 모집단의 평균이라고 한다(딸낳기 예제에서 딸을 가진 부부의 비율 또는 부부가 딸을 가질 확률에 대한 내용과 비교해 볼 것).

따라서 우리가 추측하기를 원하는 값은 일반적으로 모집단의 평균이 되며 이의 추측값은 무작위로 추출된 대한민국 성인에 대한 표본평균을 이용하는 것이 가장 적절할 것이다. 왜? 우리는 이미 서로 독립인 표본들의 평균이 언젠가는 대수의 법칙에 의하여 모집단의 평균에 수렴할 것을 알기 때문에. 아래에 삼성서울병원 건강의학센터에서 조사한 25,621명의 표본에 대한 결과가 있다. 이 표본에 의하면 우리의 추측값은 0.497이 될 것이다.

[사 실]

삼성서울병원 건강의학센터가 2003년 미국에서 발표된 새 고혈압 진단기준에 따라 수진자 2만 5,621명의 혈압을 검사한 결과, 혈압 수치(mmHg)가 정상(120/80 미만)인 사람은 49.7%에 불과했다.

\- 출처: 삼성서울병원 건강의학센터 -

조금 더 정확하게 살펴보면 삼성병원에서 2003년에 수진자 25,621명에 대하여 혈압을 조사하고 혈압수치가 정상인 사람들은 1의 값을 그렇지 못한 사람들에게는 0의 값을 부여하였다. 정상인 사람이 49.7%이었으므로 1의 값을 부여받은 사람은 전체 25,621명 중 12,734명이 된다. 따라서 이 경우의 0과 1값의 표본평균은 단순히 12,734/25,621이 되고(왜?) 이 표본평균의 0과 1의 값을 갖는 특별한 경우에는 전체에서 1의 값을 갖는 비율이 되는 것이다. 그리고 이 값이 바로 대한민국 성인의 혈압이 정상인 비율에 대한 점추정값이다.

우리는 고혈압의 예제에서 모집단의 일부인 표본으로부터 얻어지는 측정값들의 표본평균으로 모집단의 평균을 추정하는 점추정에 대하여 살펴보았다.

사실 고혈압 예제에서 사용된 표본은 특정병원에서 수진한 사람들로 이루어져 있으므로 대한민국 전체 성인을 대표한다고 할 수 없으며, 이 경우 구해진 추정값 또한 문제가 있을 것이다. 그렇다면 하나의 값으로 추정하는 추정값들은 어떤 성질들을 가지면 바람직할까? 추정값들이 바람직하기 위한 여러 가지의 성질들이 있는데, 다음 절의 구간추정에서 이 성질들 중 하나에 대하여 생각해 보도록 하자.

11.2 구간을 이용한 추정(Confidence Interval)

앞의 고혈압 예제에서 삼성서울병원이 아닌 다른 병원에서 이보다 훨씬 적은 1,000명에 대하여 혈압을 조사하였더니 497명이 정상으로 나왔다고 가정하자. 이 경우에도 표본평균이 497/1,000이므로 삼성서울병원의 경우와 같이 0.497이 된다. 그렇다면 이 두 값이 똑같은 의미를 가질까? 현명한 여러분은 분명히 1,000명의 표본에서 구해진 0.497보다 2만 5천명이 넘는 표본에서 구해진 0.497이 더욱 정확하다고 느낄 것이다. 비록 정확하다는 의미가 무엇인지는 확실하지 않더라도 말이다.

앞의 제 4 장에서 n개의 무작위 표본을 이용하여 구해진 표본평균의 분산은 원자료의 분산의 $1/n$배가 되고 n이 증가하면 점점 더 정규분포에 접근함을 보았다. 그리고 앞의 4부에서 0과 1로 표현된 비율도 결국은 표본평균이며 중심극한 정리가 똑같이 적용됨을 보았다. 이렇게 표본평균과 더불어 표본평균에 대한 분산의 정보를 함께 나타내면 어떤 추정치의 값뿐만 아니라 그 값의 정확성에 대한 정보도 함께 알 수 있을 것이다. 이러한 이유로 표본평균값을 모집단의 평균에 대한 추정치로 사용할 때는 대부분 이 추정치의 분산 또는 표준편차의 추정치도 함께 제공하는 것이 일반적이다.

그렇다면 이것이 끝인가? 중심극한 정리에 의하면 표본평균의 분산뿐만 아니라 분포에 대한 정보도 얻을 수 있는데, 이것을 이용하여 조금 더 의미 있는 추정을 할 수는 없을까?

여기서 우리가 가지고 있는 분포에 대한 정보는 표본평균의 분포이다. 즉, 표본평균은 이러이러한 평균과 분산을 갖는 정규분포로 수렴한다는 것이고 따라서 근사적으로 이 분포를 표본평균의 분포로 사용할 수 있다는 의미가 될 것이다. 예를 들어 1,000명씩의 단순 무작위 표본들로 구성된 표본집합을 반복하여 추출하면 이들 표본집합들 각각(1,000명씩으로 구성된)에 대한 표본평균은 평균이 모집단의 평균과 같고 분산은 모집단의 분산의 1,000분의 1인 정규분포에 근사한다는 의미이다.

이와 같은 분포에 대한 정보를 이용하여 표본평균이 포함될 특정한 확률을 갖는 구간을 구할 수 있다. 즉, 표본평균이 a와 b 사이에 들어갈 확률이 95%가 되는 구간 [a, b]를 구할 수 있다. 그리고 이 구간이 모집단의 평균을 포함하므로 이를 모집단의 평균에 대하여 정리한 구간을 이용하여 모집단의 평균에 대한 추정을 하는 방법을 구간추정이라고 한다. 이 과정을 고혈압의 예제를 이용하여 살펴보자.

고혈압 자료의 경우 혈압의 값이 정상인지 아닌지에 따라 1과 0의 값을 갖는다. 이렇게 0과 1을 갖는 확률모형의 분포는 우리가 앞에서 본 동전을 한 번 던지는 경우과 같다. 다만 동전을 던지는 경우에는 앞면과 뒷면이 나올 확률이 같은 1/2이지만 혈압의 경우에는 정상이 1이고 이 경우의 확률은 1/2이 아닌 0과 1 사이의 실수값을 갖는 $p(0 \le p \le 1)$가 된다. 이 경우 일반적으로 1값의 확률 p는 우리가 알고자 하는 모집단의 모수가 된다.

1의 값이 확률 p를 갖는다면 당연히 0값은 앞에서 배운 확률 법칙에 따라 $1-p$를 가질 것이다. 따라서 이러한 확률모형의 기댓값(또는 평균)은 앞에서 공부한 대로 각각의 값에 확률을 곱하여 더한 $0 \times (1-p) + 1 \times p = p$가 될 것이다. 혈압이 정상인 경우를 1로, 아닌 경우를 0으로 하였더니 1이 나올 확률값이 바로 평균이 되었다. 그렇다. 이 경우 평균은 바로 1이 나올 확률 그 자체인 것이다. 그렇다면 분산은 어떤가? 분산은 확률변수의 값들이 평균에서 얼마나 떨어져 있는지 보는 것으로 가능한 결과값들에서 평균을 뺀 후 이들의 제곱값에 대한 기댓값이 된다. 즉, $(0-\text{평균})^2$과 $(1-\text{평균})^2$의 기댓값이므로 이 값들에 각각의 확률을 곱하여 더하면 되는 것이다. 결국 분산은 평균이 p이므로 $(0-p)^2 \times (1-p) + (1-p)^2 \times p = p(1-p)$가 된다.

이제 표본으로 넘어가서 n개의 단순 무작위 표본(simple random sample)을 추출하여 이들의 표본평균을 $\hat{p}$라고 하자. 점추정에서는 이 표본평균값을 모집단의 평균, 즉 모집단의 비율 p에 대한 추정치로 사용하면 될 것이다. 더 나아가 표본평균 $\hat{p}$는 중심극한 정리에 따라 평균이 p이고 분산은 $\frac{p(1-p)}{n}$인 정규분포로 근사할 수 있으므로 이 표본평균 $\hat{p}$가 예를 들면 구간

$$\left(p - 1.96\sqrt{\frac{p(1-p)}{n}},\ p + 1.96\sqrt{\frac{p(1-p)}{n}}\right)$$

에 들어갈 확률은 0.95가 될 것이다. 이러한 추가적인 정보를 이용하여 모집단의 비율 p의 추측을 하나의 "추정치"나 또는 "추정치와 추정치의 분산(또는 표준편차)"에서 더 나아가 신뢰성의 수준에 따른 구간으로 추정하는 것이 구간추정이다.

구간추정을 위한 구간을 구하는 과정은 다음과 같다.

우선 구간추정을 위해서 $\hat{p}$를 기준으로 작성된 구간

$$p - 1.96\sqrt{\frac{p(1-p)}{n}} \le \hat{p} \le p + 1.96\sqrt{\frac{p(1-p)}{n}}$$

을 생각하자. 이 구간은 표본평균의 분포가 정규분포에 수렴하는 성질을 이용하여 표본평균 $\hat{p}$가 위의 구간 사이에 있을 확률이 대략 0.95라는 의미를 갖는다. 그런데 우리가 원하는 것은 표본평균에 관한 것이 아니고 모집단의 평균(여기서는 비율 또는 1의 확률)을 어떤 구간으로 추정하는 것이 목적이다.

이를 위하여 위의 구간을 일단 p에 대하여 다시 정리하면

$$\hat{p} - 1.96\sqrt{\frac{p(1-p)}{n}} \le p \le \hat{p} + 1.96\sqrt{\frac{p(1-p)}{n}}$$

이 되는데 여기서 분산부분의 모비율 p를 $\hat{p}$로 대치한

$$\hat{p} - 1.96\sqrt{\frac{\hat{p}(1-\hat{p})}{n}} \le p \le \hat{p} + 1.96\sqrt{\frac{\hat{p}(1-\hat{p})}{n}}$$

를 모집단의 비율 p에 대한 신뢰수준 0.95(또는 90%)의 신뢰구간(confidence interval)으로 하기로 약속한 것이다. 간단히 말하면 표본평균 $\hat{p}$가 확률 0.95로 포함되는 구간을 모수 p에 대하여 다시 표현한 구간을 구간추정값으로 사용하는 것이다. 이렇게 구하여진 신뢰구간의 정확한 의미는 고혈압 예제를 살펴본 후에 알아보기로 하자.

예제 11-2: 고혈압(Ⅱ)

[Case Ⅰ: 2만 5,621명의 경우]

이 경우 95% 신뢰구간은 위의 신뢰구간에 $\hat{p}=0.497$을 대입한

$$\left[0.497-1.96\sqrt{\frac{0.497(1-0.497)}{25{,}621}},\ 0.497+1.96\sqrt{\frac{0.497(1-0.497)}{25{,}621}}\right]$$

이 되며 계산하면 [0.4909, 0.5031]이 95% 신뢰수준에서의 모집단의 비율 p에 대한 신뢰구간이 된다.

[Case Ⅱ: 1,000명의 경우]

이 경우 95% 신뢰구간은

$$\left[0.497-1.96\sqrt{\frac{0.497(1-0.497)}{1{,}000}},\ 0.497+1.96\sqrt{\frac{0.497(1-0.497)}{1{,}000}}\right]$$

이 되며 계산하면 [0.4660, 0.5280]이 95% 신뢰수준에서의 모집단의 비율 p에 대한 신뢰구간이 된다.

두 신뢰구간의 차이는 오직 표본수에 따른 표본평균의 분산 차이에 의한 것이며 표본수가 큰 경우 같은 신뢰수준에서 더욱 짧은 구간으로 다시 말하면 더욱 정확하게 추정하고 있는 것을 볼 수 있다. 2만 5천여명의 자료에서 구해진 표본평균 0.497과 달랑 1,000명으로부터 구해진 0.497은 비록 값은 같아도 그 차원(?)이 다른 것이다.

신뢰구간과 연관된 신뢰수준의 의미는 앞의 예제에서 구해진 구간에 실제의 모집단 비율이 포함될 확률을 의미하지 않는다. 왜냐하면 구해진 구간의 신뢰수준은 사실 모집단의 비율 p가 아닌 표본평균 $\hat{p}$가 특정한 구간에 들어갈 확률을 의미하기 때문이다. 실제로 구해진 하나의 구간에 전체 모집단의 비율(모든 성인에 대한 자료를 얻기 전에는 알 수 없는)이 포함될지 그렇지 않

을지는 신뢰구간을 구하는 순간 이미 결정이 나 있는 것이다. 따라서 표본평균과 연관된 확률 0.95는 신뢰구간이 모집단의 비율을 포함할 확률이 아닌 신뢰수준이라고 불리며 이것은 표본수가 n개씩인 표본집단을 무수히 구하여(예를 들면 100만개) 이들 각각의 n개씩의 표본을 이용하여 신뢰구간을(예를 들면 100만개를) 구하면 이들 중 모집단의 평균이 포함되는 구간의 비율이 95%(예를 들면 100만개 중 95만개)가 된다는 의미이다.

실제 생활에서 우리의 관심이 위의 예제들에서와 같이 비율이거나 또는 확률일 경우도 있지만 값 자체에 관심이 있는 경우도 많을 것이다. 예를 들면 고혈압의 예제에서 정상인지 아닌지의 여부와 더불어 이완기 또는 수축기의 혈압 측정치 자체에 관심을 갖는 경우를 생각할 수 있다. 사실 혈압의 정상 여부는 실제 수축기와 이완기의 혈압 측정치에 따라 단순화된 값이며 혈압 측정치 자체에 더 많은 정보가 포함되어 있는 것은 당연하다.

혈압이 정상인지 아닌지에 대한 자료에서 우리의 관심은 모집단에서의 정상인 성인에 대한 비율(모집단의 평균) 이외에 별다른 것을 찾기가 쉽지 않지만 혈압 측정치에 대한 자료에서는 우리의 관심이 모집단의 평균이라고만 할 수는 없다. 측정치는 일반적으로 어떤 구간의 실수값을 모두 가질 수 있으므로 모집단의 평균으로 표시된 하나의 값은 그 의미도 확실하지 않으므로 다른 여러 가지의 모집단의 특성에 관심이 있을 수도 있다.

하지만 다행인 것은 표본평균의 분산은 비율자료이건 측정값 자체이건 항상 모집단 분산의 n분의 1이고 확률모형(또는 분포)은 평균이 모집단의 평균과 같고 분산은 모집단의 분산(하나의 관측치에 대한)의 n분의 1인 정규분포에 수렴한다는 것이다. 이를 바탕으로 만일 우리의 관심이 모집단에 대한 평균이라면 앞의 비율자료와 비슷한 과정을 통하여 원하는 신뢰수준을 갖는 신뢰구간을 구할 수 있다.

11.3 구간추정에 대하여

[1] 구간추정에 의하여 추정된 구간에 대한 신뢰수준의 의미는 앞에서

본 바와 같이 많은 신뢰구간을 구하였을 때 이들이 모집단의 평균을 포함하는 비율이며 각각의 신뢰구간에는 미지의 모집단 평균이 포함되거나 또는 포함되지 않거나 두 경우 중의 하나이다.

[2] 신뢰수준을 높이면 신뢰구간의 넓어진다. 고혈압 자료의 경우 95%신뢰수준 대신 99%신뢰수준을 갖는 신뢰구간을 원한다면 구간추정에서 사용된 1.96이라는 값을 2.58이라는 값으로 대체하여야 한다. 극단적이 예로 100%신뢰수준을 갖는 구간을 원한다면 어떻게 될까? 구간은 모든 실수구간이 되고 만다. 세상에 공짜는 없다?

[3] 추정된 구간을 보니 구간이 너무 넓어 원하는 수준의 정보를 얻는데 실패하였다면 어떻게 할까? 방법은 있다. 현재의 표본수보다 더 많은 표본을 이용하여 구간을 구하면 원하는 정도까지 짧아진 구간을 구할 수 있다.

연습문제

11.1 모집단의 비율이나 평균을 하나의 값 또는 구간을 이용하여 추측한 실제예들을 탐색해 보라.

11.2 철수는 통계학전공 학생 175명의 학생식당에 대한 만족도를 조사하기 위하여 50명을 인터뷰하여 그 중 14명이 만족한다는 결과를 얻었다.

[1] 이 경우 모집단은 구체적으로 무엇인가?

[2] 철수가 원하는 것은 정확히 무엇인가?

[3] 철수가 알고자 하는 값에 대한 95%신뢰구간을 구하라.

11.3 표본수가 750, 1500, 3000인 세 집단의 성인들에 대한 조사에서 우연히 모든 집단에서 현정부의 A라는 경제정책에 찬성하는 표본비율이 60%가 나왔다.

[1] $n=750$인 집단에 대한 95% 신뢰구간을 구하라.

[2] $n=1{,}500$인 집단에 대한 95% 신뢰구간을 구하라.

[3] $n=3{,}000$인 집단에 대한 95% 신뢰구간을 구하라.

[4] 표본수가 늘어나면 어떤 결과가 나타나는가?

11.4 18세기 프랑스의 박물학자인 Count Buffon은 동전을 실제로 4,040번 던져 그 중 2,048번 앞면이 나왔다.

[1] Buffon 동전 실험에서 앞면의 비율에 대한 95%신뢰구간을 구하라.

[2] Buffon이 실험한 동전의 앞면이 나올 확률은 0.5라고 생각하는가? 그 이유는?

11.5 성인의 15%가 조깅을 즐기는 것으로 알려져 있다고 가정하자. 이 때 단순 무작위로 추출된 500명의 성인 표본에 대하여 조깅 여부를 물었을 때 조깅을 즐기는 비율의 분포(확률모형)는 어떻게 될지 설명하라.

제12장 가설에 대한 검정

우리가 살면서 선택의 순간에서 만나는 길은 여러 갈래가 있는 경우도 있지만 두 가지인 경우도 많다. 일요일 아침에 등산을 갈 것인가 아니면 집에서 쉬면서 독서나 할까를 놓고 고민하거나 오늘 친구들과의 모임이 있는데 참석을 할 것인지 말 것인지를 두고 저울질하여 보았던 기억들이 있을 것이다.

기본적으로 모집단에 대하여 하나의 주장(claim)을 세우고 추출된 자료가 이 주장에 반기를 들만큼 충분한 증거를 가지고 있는지 판단하여 수립된 주장을 받아들이거나 기각하는 것을 통계적 가설검정(statistical test)이라고 한다.

길은 두 갈래, 선택은 하나.

그림 12-1 THE ROAD NOT TAKEN (FROST: 1874~1963)

12.1 가설 만들기

가설검정도 앞의 추정문제와 마찬가지로 모집단의 특성값에 대한 것으로 이들에 대하여 주장하고 싶은 내용을 가설로 표현하게 된다. 그렇다면 가설은 어떻게 만들어지는지 예제를 통하여 살펴보기로 하자.

예제 12-1: 위스키 감별사(Ⅰ)

영국 법률의 한 구문에 "모든 스카치위스키는 스코틀랜드에서 증류, 숙성되어야 한다"고 되어 있다. 더 나아가 같은 양조장에서 만든 같은 종류의 스카치위스키라고 하더라도 숙성기간에 따라 값 차이가 나는 것은 잘 알려져 있다. 그렇다면 정말 숙성연도가 오래 된 것일수록 일반인들의 선호도가 높을까? 누군가 "그렇다"라고 주장한다고 하자.

이를 위하여 50명의 사람에게 12년산과 18년산 A 브랜드 스카치위스키를 한 잔씩(물론 잔에는 아무 표시도 되어 있지 않다) 마셔보게 하고 그 중에 더 좋다고 생각되는 것을 선택하도록 하였는데 이 중 36명이 18년산을 선택하였다고 하자.

12년산과 비교하여 18년산에 대한 선호도를 p라고 하면 이 모집단의 비율에 대한 추정값은

$$\hat{p} = \frac{36}{50} = 0.72 = 72\%$$

가 된다. 그러나 만일 새로 추출한 50명 중 28명만이 18년산을 선택하였다면 이 경우에는

$$\hat{p} = \frac{28}{50} = 0.56 = 56\%$$

가 될 것이다.

확실히 72%는 56%보다 위의 주장에 대한 강한 증거라고 할 수 있다. 그렇다면 어느 정도 강한 증거가 나와야지만 위의 주장을 받아들이거나 선택할 것인지, 아니면 결론을 그쪽으로 내릴 것인가? 이 문제에 대한 해답이 바로 통계적인 가설검정이다.

만일 위의 주장이 사실이 아니라면 굳이 더 많은 돈을 주고 오래 숙성된 위스키를 구입할 필요가 없을 것이다.

통계적인 가설검정은 이와 같이 일반적으로 이전에 존재하지 않거나 새로운 내용의 주장에 대하여

[1] 이 새로운 주장이 참이 아니라는 가설을 세우고 이 가설이 일단은 맞다고 가정한 후
[2] 수집된 자료를 통하여 위의 가설에 반하는 증거가 얼마나 강한지 판단하여
[3] [1]의 가설을 버리고 새로운 주장을 받아들일지 아닐지를 결정

하는 것이다.

앞에서 어떤 사람이 주장한 내용은 사람들이 더 오래 숙성된 위스키를 그렇지 않은 것보다 더 선호한다는 것이었다. 통계적인 가설검정에서는 새롭게 주장하는 내용에 반대되는 내용을 기준으로 새로운 주장에 대한 강한 증거가 있을 경우 새로운 주장을 받아들이게 된다. 따라서 이 문제의 경우 새로운 주장이 틀리다는 것을 우리가 검정할 기준 가설로 세운다. 이를 영가설(null hypothesis) 또는 귀무가설이라 하며 보통 H_0으로 표시한다.

이렇게 세워진 영가설의 여사건(반대의 내용)을 일반적으로 대립가설(alternative hypothesis)이라 하면 보통 H_1으로 표시한다.

예제 12-2: 위스키 감별사(Ⅱ)

앞의 내용에 따르면 위스키 감별사 예제에 대한 영가설과 대립가설은 다음과 같다.

영가설: 사람들은 더 오래 숙성된 위스키를 선호하지 않는다.

이를 더 오래된 위스키를 선호하는 모집단의 비율 p를 이용하여 표현하면

$$H_0:\ p < 0.5$$

가 된다.

대립가설: 사람들은 더 오래 숙성된 위스키를 선호한다.

이를 영가설의 경우처럼 모비율 p로 표현하면

$$H_1:\ p > 0.5$$

이 된다. 가설검정은 앞의 영가설을 기준으로 또는 이 영가설이 참이라는 가정하에 추출된 표본으로부터 계산되는 어떤 값에 대하여 고려하게 되는데 위와 같은 영가설의 경우 이 가설이 참인 모비율은 0보다 크고 0.5보다 작은 모든 값이 가능하기 때문에 이 중 가장 대립가설에 가까운 값을 가정하는 것이 일반적이다. 따라서 비록 대립가설에 대한 정확한 여사건은 아니지만 위와 같은 내용의 가설검정에서 영가설은

$$H_0:\ p = 0.5$$

라고 하는 것이 일반적이다. 그리고 더 높은 값을 쳐주는 18년산 위스키에 대한 선호도가 12년산보다 낮다는 것은 현실적으로도 문제가 있으므로 최소한 그 선호도가 같다고 놓는 것이 더 논리에 부합된다고 할 수 있다.

이제 추출된 표본에서 구해진 모비율에 대한 추정치를 살펴보자. 앞의 예제에서 한 경우에는 이 값이 0.72가 나왔고 다른 경우에는 0.56이 나왔다. 가설검정에서는 영가설이 참이라는 가정하에 이러한 값들이 나올 가능성 또는 이러한 값들이 어디쯤 있는지를 판단하게 된다.

이것이 바로 우리가 가지고 있는 가장 중요한 정보이다. 사실 앞에서 모집단의 비율을 구간을 이용하여 추정하는 구간추정 문제에서도 이 사실을 이용하였음을 알 수 있다. 구간추정의 경우에는 모비율에 대한 가정이 없지만

> 영가설이 참이라면 모비율 p는 0.5가 되며 이러한 모집단에서 추출된 표본의 표본평균인 $\hat{p}$는 평균의 0.5이고 분산이 $\frac{0.5(1-0.5)}{50}$인 정규분포를 근사적으로 따른다([그림 12-2]).

가설검정의 경우에는 영가설이 참이라는 가정을 하는 점이 다르다.

12.2 반증의 정도(p-값)

마지막으로 남은 것은 표본평균의 값이 "사람들은 오래된 위스키를 선호한다"는 주장 또는 대립가설에 대한 증거의 정도를 측정하는 것이다. 이는 영가설이 참일 때의 일반적인 표본평균의 분포에서 실제로 표본에서 구해진 표본평균의 위치를 통하여 판단하게 된다. 예를 들어 0.72처럼 0.5보다 아주 큰 값이 나온 경우 대립가설에 대한 증거의 정도가 강한 것이고 0.56처럼 0.5에서 그리 떨어지지 않은 경우에는 대립가설을 뒷받침하는 증거가 크기 않은 것이다. 이를 하나의 값으로 측정하기 위하여 생각한 것은 다음과 같다.

> 영가설(모집단의 비율이 0.5)이 참일 때 50개의 표본으로부터 구해진 표본평균이 실제로 나타난 표본평균(0.72 또는 0.56)보다 클 확률을 대립가설에 대한 증거로 채택한다.

[그림 12-2]에서 볼 수 있는 것처럼 실제 표본에서 구해진 표본비율이 0.56인 경우 이 확률은 0.2이며, 0.72인 경우 이 확률은 0.001이 된다. 따라서 이 값이 작으면 작을수록 대립가설에 대한 강한 증거가 되는 것이다. 이를 p-값(p-value)이라고 한다.

앞의 예제에서 p-값은 일반적인 표본평균의 분포를 찾고 실제 표본평균의 위치에 따라 그 값보다 큰 구간의 확률을 의미한다. 그러나 통계패키지 등을 이용하지 않으면 앞의 그림에서 표본평균이 어떤 구간에 포함될 확률을

그림 12-2 모집단의 비율이 0.5일 때 표본평균의 분포와 p-값

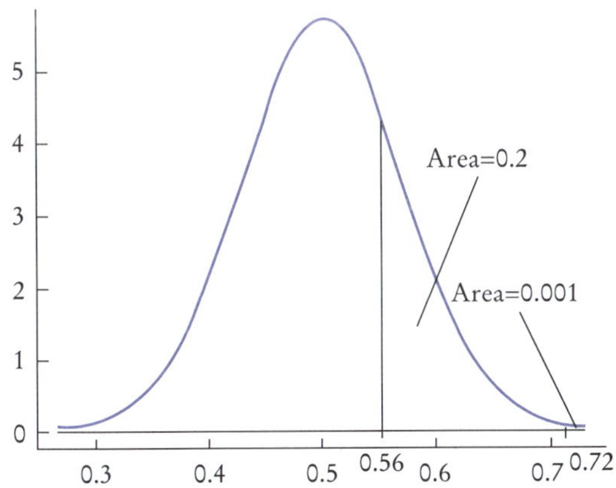

구하는 것은 그리 간단하지 않다. 그 이유는 어떤 구간에 대한 확률을 구하기 위해서는 그 함수를 적분하여야 하는데 정규분포의 경우 수리적으로 적분값을 구할 수가 없어 수치해석이라는 기법을 사용하여야 하기 때문이다. 따라서 주어진 문제에 따라 평균과 분산이 다양한 값을 갖는 정규분포의 적분값을 구하는 것이 쉽지 않기 때문에 앞의 4장에서 설명한 표준화한 정규분포를 이용하여 값을 구하게 된다.

위스키 예제를 통하여 가설검정의 p-값을 구하는 과정을 살펴보면 다음과 같다.

[1] 구해진 표본평균 $\hat{p}$는 영가설이 참이라는 가정하에서 평균이 0.5이고 분산이 $\frac{0.5(1-0.5)}{50}$인 정규분포에 근사하므로

[2] 표본평균 $\hat{p}$에서 영가설에서 가정한 평균 0.5를 뺀 후 표준편차로 나눈 표준점수

$$\frac{\hat{p}-p}{\sqrt{\frac{p(1-p)}{n}}} = \frac{0.72-0.5}{\sqrt{\frac{0.5(1-0.5)}{50}}} = \frac{0.72-0.5}{0.0707} = 3.1$$

[표준점수=(관측값−평균)/표준편차]

를 구한다.

[3] 이렇게 구해진 표준점수는 항상 평균이 0이고 분산이 1인 정규분포를 따르게 된다.

[4] 부록의 [표 B]로부터 표준정규분포에서 변수의 값이 3.1보다 작을 확률은 0.999임을 알 수 있고 구하는 확률은 3.1보다 클 확률이므로 1−0.999=0.001이 된다.

정리하면

평균이 0.5이고 표준편차가 0.0707인 정규분포에서 변수의 값이 0.72보다 클 확률
=평균이 0이고 표준편차가 1인 정규분포에서 변수의 값이 3.1보다 클 확률

이 됨을 알 수 있다. 제 4 장에서 보았듯이 정규분포 중 평균이 0이고 분산이 1(표준편차가 1이면 분산도 1이 된다)인 정규분포를 표준정규분포라고 한다.

12.3 통계적 가설검정

모집단의 비율에 대한 통계적인 가설검정 과정을 정리하면 다음과 같다.

[1] 검정하고 싶은 새로운 주장에 대한 여사건을 영가설로 설정한다.

[2] 영가설이 참이라는 가정하에 표본을 통하여 구해진 표본평균 또는 표본비율이 어디쯤에 위치하는지 판단하여 대립가설에 대한 증거인 p-값을 구한다.

[3] 구해진 p-값이 개인적으로 정해 놓은 수준보다 작으면 영가설을 버리고(기각하고) 새로운 주장을 채택한다.

[4] 구해진 p-값이 개인적으로 정해 놓은 수준보다 크면 영가설을 버리지 말고 새로운 주장은 없던 것으로 한다.

p-값은 확률이므로 0과 1 사이의 값을 가지며 0에 가까울수록 대립가설에 대한 증거가 강하고 반대의 경우에는 대립가설에 대한 증거가 약한 것으로 판단한다.

통계적인 가설검정 과정에서 개인적으로 대립가설을 받아들이기 위하여 정하여 놓은 p-값의 하한을 검정의 유의수준(significance level)이라고 하며 보통 α로 표시한다.
그리고 p-값이 유의수준보다 작은 경우 "자료는 유의수준 α에서 통계적으로 유의하다"라고 말한다.

우리는 모집단의 비율에 관련한 가설검정 과정을 살펴보았다. 그러나 앞에서 보았듯이 모집단의 비율은 일반적인 모집단 평균의 한 특수한 형태(자료의 값이 0과 1만을 갖는)이므로 일반적인 자료에 대하여 모집단의 평균과 관련한 가설검정 과정도 거의 유사하다. 다만 일반적인 모집단의 평균에 관한 가설검정의 경우 비율의 경우처럼 표본평균의 분산이 평균의 함수(평균이 p일 때 분산은 $\frac{p(1-p)}{n}$이므로)가 아니라는 점과 표본평균의 분포를 비율의 경우보다 더욱 정확하게 구할 수 있다는 점 등 몇 가지 점에서 차이가 있을 뿐 앞에서 정리한 [통계적 가설검정 과정]에는 큰 차이가 없다. 따라서 모든 판단의 기준도 비율과 마찬가지로 계산된 p-값에 따라 똑같은 결론을 내리면 된다. 좀더 자세한 내용은 아래의 12.4절에서 살펴보기로 하자.

마지막으로 가설검정과 관련하여 몇 가지 고려할 사항들을 살펴보면 다음과 같다.

[가설검정에 대하여]

[1] 통계적인 유의성: 가설검정을 통하여 우리가 알 수 있는 것은 실제로 우리의 가설이 참인지 거짓인지가 아니다. 가설검정은 우리에게 "영가설이 참이 아닐 증거가 얼마나 강한가?" 하는 것을 알려준다. 물론 이 증거는 p-값을 통하여 주어지며 이 값은 영가설이 참이라면 우리의 자료가 얼마나 영가설에 걸맞지 않은지를 이야기하고 있다. 결국 우리가 확실하게 알아낸 것은 아무것도 없다!

[2] 전제조건: 모집단의 비율에 대한 통계적인 가설검정(구간추정의 경우도 마찬가지이다)의 경우

① 모집단의 크기가 표본에 비하여 상대적으로 매우 커야 하며

② 표본의 크기도 적당한 수준이 되어야 표본평균의 분포가 정규분포와 크게 다르지 않다.

[2]의 내용에 대한 자세한 설명은 전문적인 이론이 필요하므로 생략한다.

12.4 숫자로 이루어진 자료

지금까지 우리가 주로 다룬 자료는 결과값이 성공이나 실패, 정상이나 비정상, 또는 12년산 또는 18년산 등 두 가지 범주에 속하는 경우에 대하여 살펴보았다. 그러나 실제 생활에서 우리의 관심은 결과가 어떠한 범주에 속하는 경우 이외에 어떤 수값을 갖는 경우도 많을 것이다.

[CASE 1]

내일 비가 올까 오지 않을까? → 오면 1, 오지 않으면 0

내일 강우(또는 강설)량은 얼마일까? → 오지 않으면 0, 오면 몇 mm

[CASE 2]

혈압이 정상인가? → 정상이면 1, 비정상이면 0

수축기 혈압이 얼마인가? → 0부터 적당한 수준의 값, 예를 들면 1,000mmHg 사이의 실수값

그렇다면 이렇게 수로 표시된 자료에 대한 추론에 대하여 앞의 고혈압 예제를 이용하여 간략하게 살펴보기로 하자.

예제 12-3: 고혈압(Ⅲ)

앞의 고혈압 예제에서 관심은 어떤 사람의 혈압이 정상인지 아닌지에 대한

확률 또는 전체 성인 중 혈압이 정상인 사람의 비율로 각 결과값은 혈압이 정상인 경우에는 1, 그리고 아닌 경우에는 0으로 나타내고 모집단의 비율에 대한 구간추정에 대하여 살펴보았다.

[과제 1]

보건복지부는 2003년 대한민국 성인의 수축기 혈압의 평균은 128이라고 발표하였다. 이 주장이 사실일까?

이 주장에 대한 가설검정을 위하여 무작위로 추출된 72명의 성인에 대하여 수축기 혈압을 측정한 결과 표본평균 $\bar{x}$는 126.1이었으며 표본표준편차 s는 15.2가 나왔다고 하자.

[영가설과 대립가설]

영가설은 모집단의 평균(대한민국 성인 전체의 수축기 혈압의 평균)을 μ라 할 때

$$H_0: \quad \mu = 128$$

로 그리고 이에 대한 여사건은 혈압의 평균이 128과 다른 경우로 128보다 작은지 큰지 알 수 없으므로 대립가설은

$$H_1: \quad \mu \neq 128$$

로 두는 것이 적당할 것이다.

[영가설하에서의 표본분포]

앞에서도 언급하였지만 가장 중요한 표본평균의 분포는 비율의 예제에서와 같이 중심극한 정리를 이용하면 72명의 무작위로 선택된 성인들로 이루어진 표본으로부터 구해진 표본평균은 영가설이 참이라고 가정할 때 평균이 128이고 분산은 σ^2/n인 정규분포에 근사할 것이다. 여기서 σ^2은 모집단의 분산을 의미한다.

그러나 불행히도 모집단에 대한 분산의 참값은 알 수 없으므로 이를 표본분산을 이용하여 추정한 값을 사용한다.

모집단의 분산 σ^2의 추정치는 표본분산 s^2으로 한다.

이들을 종합하면 표본평균 $\bar{x}$ 는 영가설하에서 평균이 128이고 분산이 $\frac{s^2}{n} = \frac{15.2^2}{72}$ 인 정규분포에 근사한다고 할 수 있다. 그리고 자료로부터 구해진 표본평균에서 영가설하의 평균을 빼고 표본표준편차로 나누어 구해진 표준점수는 [그림 12-3]과 같이 평균이 0이고 분산이 1인 정규분포를 근사적으로 따르게 된다.

$z_0 = \frac{\bar{x} - 128}{s/\sqrt{n}}$ ~평균이 0이고 분산=표준편차=1인 표준정규분포를 근사적으로 따른다.

[자 료]

실제 72명의 표본평균으로부터 구해진 표준점수값은

$$\text{표준점수} = \frac{126.1 - 128}{15.2/\sqrt{72}} = \frac{126.1 - 128}{1.79} = -1.06$$

이 된다.

[*p*-값]

p-값은 대립가설에 대한 증거의 크기를 나타내는 값이며 0과 1 사이의 값을 갖

그림 12-3 표준정규분포와 *p*-값

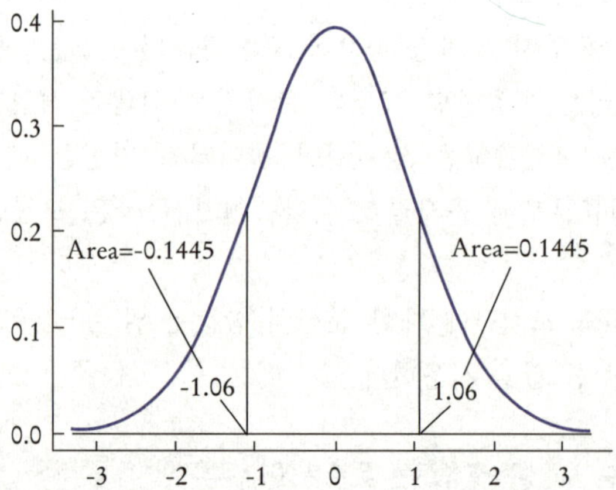

도록 고안되었다. 이 문제의 경우 대립가설은 혈압이 128이 아닌 경우이고 이에는 128보다 크거나 작은 두 가지의 경우가 있을 것이다. 따라서 비록 우리의 표준점수는 −1.06으로 0보다 작은 값(이를 표준화하기 전의 값으로 표현하면 126.1로 128보다 작은 값이 될 것이다)으로 나타나 p-값은 표준정규분포에서 −1.06보다 작을 확률 0.1445가 되어야 하나 이렇게 되면 p-값이 최대 0.5까지밖에 되지 않는다. 이러한 이유로 비록 우리의 표준점수는 −1.06이지만 대립가설의 형태가 ≠(같지 않다)인 경우에는 표준점수보다 작을 확률에 2배를 하여 0.289가 p-값이 된다.

표준점수가 1.06이 나왔을 경우를 생각해 보면 위에 대한 내용을 이해하는데 도움이 된다. 표준점수가 1.06인 경우에는 p-값은 표준정규분포에서 1.06보다 작은 확률을 사용할 수 없다. 왜냐하면 표준점수가 0보다 큰 경우에는 영가설, 즉 표준점수로 0값보다 큰 경우 대립가설을 지지하는 부분은 이제 1.06보다 작다가 아니고 1.06보다 큰 구간이 되기 때문이다. 정리하면 표준점수가 0보다 작으면 표준점수보다 작은 값을 갖는 구간이 반대로 0보다 크다면 표준점수보다 더 큰 값을 갖는 구간이 대립가설을 지지하는 구간이 된다. 혈압으로 표현하면 표본평균이 128보다 작은 값이 나오면 그 밑의 구간이 반대로 128보다 큰 값이 나오면 그 값보다 큰 구간이 바로 p-값을 구하는 구간이 되어 한쪽 구간의 확률만을 p-값으로 하면 0.5를 넘을 수가 없다. 이러한 이유로 대립가설의 형태가 "무엇이 아니다"인 경우에는 p-값을 0과 1 사이의 값으로 만들기 위하여 구해진 한쪽 구간의 확률을 무조건 2배하여 사용한다.

[결 론]

p-값이 크므로 보건복지부에서 발표한 2003년도 대한민국 성인의 평균혈압이 128이라는 주장을 뒤집을 만한 충분한 증거가 없다.

연습문제

12.1 가설검정이 적용된 현실 예제들을 탐색해 보라.

12.2 섬유질을 더 많이 섭취하는 것이 혈중 콜레스테롤 농도를 낮추는데 도움이 되는지 알아보기 위한 임상실험을 생각하자. 이 때 영가설과 대립가설을 어떻게 설정하겠는가?

12.3 전국 대학의 신입생을 대상으로 하는 최근의 설문조사에서 73%의 학생들이 돈을 많이 버는 것을 인생의 중요한 목표로 생각한다고 대답하였다. 반면, S대학의 신입생들 중 임의로 추출된 200명에 대한 설문조사에서는 132명이 그렇다고 대답하였다. S대학 학생들의 비율과 전체 대학생들의 비율에 차이가 있는지가 우리의 관심이라고 하자.

[1] 이 문제에서 관심의 대상인 미지의 모수는 무엇인가?

[2] 영가설과 대립가설을 작성하라.

[3] 표본비율은 얼마인가?

[4] 위의 가설 검정에 대한 p-값이 0.026이라고 하면 어떠한 결론을 내릴지 선택하고 그 이유를 상세히 써라.

12.4 위의 3번 문제에서 유의수준을 5%로 하는 경우 결론은 무엇인가? 유의수준이 1%인 경우의 결론은?

12.5 S대학 앞의 도로는 제한속도가 30km/h이다. 학생들의 느낌을 알아본 결과 많은 학생들이 실제 앞길을 운행하는 차량의 속도는 제한속도보다 더 빠른 것 같다는 의견이었다. 학생들이 느끼는 속도가 정확한지 알아보기 위하여 가설검정을 하려고 한다.

[1] 관심을 가지고 있는 미지의 모수는 무엇인가?

[2] 영가설과 대립가설을 설정하라.

[3] 실제로 30대의 차량을 무작위로 선택하여 운행속도를 측정한 결과 표본평균이 31Km/h이었고 표본 표준편차는 5Km/h였다면 위의 가설 [2]에 대한 p-값은 얼마인가?

12.6 어떤 학생이 p-값은 영가설이 참일 확률이라고 하였다면 이는 맞는 말인가? 틀리다면 p-값의 의미가 무엇인지 말로 설명하라.

12.7 지난달 전국의 실업률은 4.1%라는 발표가 있었다. 당신이 생각하기에 서울시민의 실업률은 이와 다를 것으로 생각하나 높은지 낮은지는 짐작이 가지 않는다고 하자. 서울시민에 대한 실업률을 알아보기 위하여 전국적으로 실시하는 실업률 설문조사와 똑같은 설문조사를 서울시민을 대상으로 실시하고자 할 때 당신이 검정하고 싶은 가설은 무엇인가?

제13장 표본조사

표본조사를 실시하는 가장 큰 이유 중의 하나는 통계분석의 대상인 관심 모집단은 거의 대부분 셀 수 없을 정도로 그 규모가 커서 전수조사가 불가능하기 때문이다. 설사 전수조사가 가능하다 하더라도 거기에는 엄청난 비용과 시간이 소요되기 마련이다. 따라서 모집단과 매우 흡사한 일부 표본을 선택하여 선택된 표본으로부터 획득한 정보를 이용하여 모집단에 대한 정보를 추론하게 되는 것이다.

적절한 표본의 선택은 통계분석의 성공과 실패를 좌우하는 가장 중요한 과정이다. 예를 들면 최고의 실력을 갖춘 요리사에게 부패한 재료를 주고 최고의 요리를 만들라고 한다면 아무리 현란한 요리 실력을 발휘한다 하더라도 그 결과는 불 보듯 뻔할 것이기 때문이다. 이처럼 요리에 비유하자면 표본은 통계분석에 있어서 훌륭한 재료의 역할을 해야 한다.

"적절한 표본의 선택은 얼마나 중요한가?" "적절한 표본의 선택에 실패했을 때 얼마나 참담한 결과가 기다리고 있는가?" "적절한 표본의 선택 방법은 어떤 것들이 있는가?" 본 장에서는 이 문제들에 대해 차분히 풀어나가 보도록 하자.

13.1 적절한 표본과 부적절한 표본

1935년 말, 「리터러리 다이제스트(Literary Digest)」지는 요즘의 「타임」지나 「뉴스워크」지만큼 유명하고 명성이 있는 잡지였는데, 당시 대통령이던 프

랭클린 루스벨트와 도전자 중에서 누가 대통령선거에서 승리할 것인가에 대해 추측기사를 쓴 적이 있다. 이 기사의 결론은 도전자인 앨프리드 랜던 상원의원이 1936년 대통령선거에서 승리하리라는 것이었다. 1,000만명의 유권자에게 누구를 찍을 것인가를 묻는 설문지가 배달되었고 그 중 230만개의 설문지만 회수되었는데, 이렇게 얻어진 자료에 근거해서 「리터러리 다이제스트」지는 랜던이 3:2로 승리할 것이라고 자신 있게 예상했다. 이 예상은 엄청나게 빗나가고 말았다. 루스벨트가 일방적인 승리를 거둔 것이다. 루스벨트는 국민투표에서 62%의 득표율을 보였고 48개주 중 46개주에서 승리했다. 랜던과 공화당의 손실도 컸지만 「리터러리 다이제스트」지가 받은 타격은 치명적인 것이었다. 이 잡지는 미국 전체뿐만 아니라 전세계의 웃음거리가 되었다. 수많은 잡지와 신문들이 카툰을 통해 이 불행한 잡지를 비웃었다. 라디오 해설자들이나 코미디 프로그램에서는 끊임없이 「리터러리 다이제스트」지의 '정확한' 예측에 대한 이야깃거리를 만들어 냈다. 짧은 시간에 「리터러리 다이제스트」지는 이전의 명성을 잃었을 뿐만 아니라 수많은 구독자들까지 잃게 되었으며 더 이상 발전하지 못하고 폐간되었다.

「리터러리 다이제스트」지의 예상이 이렇게 황당하게 빗나간 이유에 대해 수많은 설명들이 제시되었다. 그러나 그 설명들 중 대다수는 틀린 것이었다. 진짜 중요한 문제는 단지 23%의 사람들만 설문지에 응답했다는 사실이다. 문제가 그것 한 가지만은 아니었다고 할지라도 말이다. 응답하지 않은 나머지 77%의 사람들은 다른 의견을 가지고 있었을 것이다. 응답자들은 틀림없이 응답하지 않은 사람들보다 대통령선거 결과에 대해서 강한 확신을 가지고 있었을 것이다. 더욱이 「리터러리 다이제스트」지의 설문지에 응답할 정도로 충분한 확신을 가지고 있었던 유권자들은 대개 랜던을 좋아하는 사람들이었을 것이다. 바로 이 사람들이 「리터러리 다이제스트」지가 예측의 근거로 사용한, 지극히 편의된(biased) 표본이었던 것이다.

이 슬픈 이야기에 담겨 있는 교훈은 분명하다. 모집단의 특성에 대해 타당한 결론을 내리기 위해서는 추출되는 표본이 모집단을 분명하게 대표할 수 있어야 한다는 것이다. 이러한 목적을 달성할 수 있는 간단한 방법은 모집단의 모든 구성원이 표본으로 추출될 수 있는 기회를 동등하게 가지도록 하는 것이다.

통계학자들은 층화 표본추출법(stratified random sampling)이라는 더욱 세련된 표본추출법을 발전시켰다. 이것은 모집단 전체 내에서 식별이 가능한 부모집단들의 다양성을 고려하는 방법이다. 그러한 부모집단의 예로서는 서로 다른 민족에 속한 집단을 들 수 있다. 새로운 방법을 발전시킨 목적은 작은 규모의 표본을 가지고도 정확하게 모집단을 대표할 수 있도록 하기 위해서이다.

이러한 원칙에 거의 정면으로 어긋나는 길이 바로 응답되지 않은 설문지를 무시해 버리는 태도이다. 이것은 「리터러리 다이제스트」지의 예에서 아주 극적으로 드러났다. 모집단을 제대로 대표하지 못하는 표본을 얻게 되는 경우를 살펴보기로 하자.

13.1.1 전화를 이용한 조사

경기도 김포시에서 한 회사가 수송업을 허가받았다. 지역신문인 「김포신문」에서 이 수송회사가 수송업의 독점을 유지해야 하는지에 대한 견해를 알아보기 위해 독자들에게 전화로 의견을 물었다. 전화조사는 일반적으로 자동화되어 있다. 즉, 1번을 누르면 '찬성', 2번을 누르면 '반대' 의견을 나타낸다.

「김포신문」은 수송업에 관심을 가지고 있는 독자 3,763명에게 전화를 걸어 조사한 결과, 이들 중 638명으로부터 응답을 얻었다. 이 경우 우리는 3,763명의 표본은 매우 큰 것으로 알고 있다. 독자들에게 전화를 걸어 의견을 구하는 것은 적절한 조사방법이 아니다. 이제 우리는 어떻게 전문가가 표본을 추출하였는지, 김포신문사의 조사방법이 왜 적절한 방법이 아닌지를 알아보기로 하자.

13.1.2 부적절한 표본은 어떻게 얻어지나?

「김포신문」의 경우에서 볼 수 있듯이 적절한 표본보다 적절하지 못한 표본이 더 쉽게 얻어질 수 있다. 신문사는 자체의 표본을 적극적으로 선택하기보다 전화를 걸어 조사한 임의응답에 의존했기 때문에 결과에는 편의가 존재한다. 즉, 표본은 수송업 독점에 찬성하는 사람들이 더 많이 조사되었기 때문이다. 그 이유는 임의응답표본에는 이 문제에 대해 많은 영향을 받는 사람들이 포함되었다. 그것은 수송업 회사의 직원들이 전체 모집단의 의견을 정당하게 대표하지 않았기 때문이다.

이와 같이 부적절한 표본을 얻는 또 다른 예가 있다. 매주 몇 박스의 오렌지를 판매한다고 가정하자. 오렌지의 질을 파악하기 위해 각 바구니로부터 오렌지 표본을 선택할 것이다. 각 바구니의 위에서 몇 개의 오렌지를 검사하는 것은 쉬우나 그런 오렌지는 전체 바구니의 오렌지를 대표하지 않을 것이다. 바구니 아래에 있는 오렌지들은 출하할 때나 수송할 때 종종 상처를 입기 때문이다. 따라서 일반적으로 좋지 않은 오렌지를 밑에 놓고 좋은 오렌지를 검사할 바구니 위로 놓고 포장할 것이 틀림없다. 만약 바구니 위에 있는 오렌지를 표본으로 선택한다면 그 표본은 편의가 존재할 것이다. 즉, 표본으로 선택된 오렌지는 대표성이 결여된 부적절한 표본이 된다.

편의가 존재하는 표본추출방법

통계연구를 위한 표본설계에서 고의로 확실한 결과가 나오도록 유도된다면 편의가 존재한다.

임의응답표본은 일반적인 호감에 반응하는 것으로 스스로 선택한다. 자계식 또는 전화조사는 임의응답표본의 한 예이다.

편리한 표본과 임의응답표본은 종종 편의가 발생한다.

예제 13-1: 상점에서의 조사

바구니 위쪽의 오렌지를 조사하는 것은 편리한 표본의 한 예이다. 상점에서 조사하는 것도 또 다른 예이다. 제조업자와 광고주들은 고객들의 특성과 효과적인 광고에 대한 정보를 수집하기 위해 상점에서 자주 조사를 한다. 즉, 쇼핑객을 표본으로 선택하면 신속하고 비용이 저렴하다. 그러나 쇼핑객은 전체 한국인의 모집단을 대표하지 않는다. 예를 들어 쇼핑객이 부자이거나 10대 혹은 노령자일 수도 있다. 또한 쇼핑객은 고객들의 집단으로부터 깔끔하고 보기에 무난한 사람이 선택될 가능성이 높다. 그러므로 상점에서의 표본은 편의가 존재한다. 즉, 상점에서 쇼핑객은 부유한 사람, 10대, 노령자 등의 모집단의 한 부분만 대표하고 다른 부분은 대표하지 못할 것이다. 이런 편리한 표본에 의한 여론은 전체 모집단의 의견과 매우 다를 수 있다.

예제 13-2: 자계식 여론조사

「여성시대」 A 기자는 자신의 사설 칼럼의 독자들에서 다음과 같은 질문을 하였다. "만약 당신이 과거로 돌아간다면 자녀를 가질 것인가?" A 기자는 10,000 명에 가까운 응답을 받았는데 그 중 약 70%가 "아니오"라고 응답을 하였다. 이 경우 부모들의 70%가 자녀를 가진 것에 대해 후회한다는 것으로 믿어지는가? 그렇다고 모두는 아닐 것이다. 이것은 임의응답표본이다.

어떤 문제에 대해 큰 관심을 가지는 사람들, 특히 강한 부정적인 관심을 가지는 사람들은 응답하는 데 문제점을 가지고 있을 것이다. A 기자의 결과는 큰 편의가 존재한다. 즉, 다시 자녀를 가지지 않는다는 부모들의 상대빈도는 전체 부모들의 모집단보다 A 기자의 표본에서 더 높을 것이다. 이와 같이 자계식 여론조사 혹은 전화조사는 큰 편의가 존재하게 된다. 사실상 한국인의 약 15%만이 전화조사에 응해 본 경험이 있다는 통계가 있는데 이것은 동일한 사람이 라디오 토크쇼에 전화하는 것과 비슷한 경향으로 전체 모집단을 대표하는 표본이 될 수 없다.

13.1.3 단순임의표본

임의응답표본에서는 사람들이 응답을 할 것인지, 하지 않을 것인지 선택하고, 편리한 표본에서는 조사자가 선택을 한다. 이런 두 경우에서 개인적 선택은 편의가 발생하게 만든다. 통계적 해결방법은 표본으로 선택될 기회를 개인적으로 결정할 수 없게 하는 것이다. 선택된 표본에서는 조사자의 편애나 응답자의 자기 선택이 허용되어서는 안 된다. 표본을 선택할 때는 표본으로 선택될 기회를 모두 동일하게 부여함으로써 편의를 제거할 수 있다. 부유층과 빈곤층, 청년층과 노년층, 남자와 여자, 모두 표본으로 선택될 동일한 기회를 가져야 한다.

표본을 선택하기 위해 사용하는 가장 간단한 방법은 주머니(모집단)에 이름을 적어 넣고 한 움큼(표본)을 뽑는 것이다. 이것이 단순임의추출방법이다.

크기 n 의 단순임의표본은 n개 하나 하나가 표본으로 추출될 기회를 동일하게 갖는 모집단으로부터 선택된 표본이며, n개의 값으로 이루어져 있다.

단순임의표본은 각각의 값이 선택될 기회가 동일할 뿐만 아니라(표본 선택에서 편의가 없음) 모든 가능한 표본이 선택될 동일한 기회를 가진다. 주머니에서 이름을 뽑는 것이 바로 이것이다. 똑같은 종이 위에 100개의 이름을 적고 주머니 속에서 이것을 섞자. 이것이 모집단이다. 그리고 10개의 종이를 하나씩 뽑자. 이때 어떤 10개의 종이는 다른 10개의 종이와 뽑힐 기회를 동일하게 가지기 때문에 이것은 단순임의추출이다.

주머니에서 이름을 뽑는 것은 각각의 값과 가능한 n개의 표본이 선택될 기회가 동일하다는 것을 의미한다. 그것이 단순임의추출의 원리이다. 물론 주머니에서 번호표를 뽑는 것은 국가의 1,000만 가구의 표본에 대해서는 어울리지 않는 방법일 것이다. 우리는 표본을 뽑기 위해 컴퓨터의 난수 발생을 이용한다. 컴퓨터를 직접 사용할 수 없다면 손으로 크기가 작은 표본을 뽑기 위해 난수표를 이용할 수 있다.

난수표는 0부터 9 사이의 수를 나열한 표이며, 다음과 같은 특징을 갖는다.

1. 0부터 9까지의 10개의 숫자가 각각 뽑힐 확률이 동일하다.
2. 표의 각 값들은 다른 값들과 독립이다. 즉, 표의 한 부분의 값은 다른 어떤 부분의 값에 대하여 어떤 정보도 주지 않는다.

이 책 뒤에 있는 [표 A]가 난수표이다. [표 A]는 주머니에 0부터 9까지의 숫자를 섞어 넣은 후, 그 중 하나를 뽑고, 뽑은 숫자를 적고 다시 섞은 후 두 번째 숫자를 뽑는 것을 반복하는 보조자(혹은 컴퓨터)의 결과로 생각할 수 있다.

부록 [표 A]는 숫자 19223950345756287l3으로 시작한다. 읽기 쉬운 표를 만들기 위해 숫자는 5개의 행과 많은 열로 되어 있다. 행과 열은 아무런 의미가 없다. [예제 13-3]은 단순임의추출에서 난수표를 이용하는 방법이다.

예제 13-3: 단순임의추출 방법

소규모의 A 회계법인은 30명의 고객을 담당한다. A 회계법인은 고객 만족도가 높아지는 방법들을 찾기 위해 5명의 고객의 표본을 조사하고자 한다. 편의를 피하기 위해 A 회계법인은 표본크기 5로 단순임의추출을 시행한다.

1단계: 번호부여 가능한 몇 개의 숫자를 이용하여 각 고객에 번호를 부여한다. 30개의 고객에 번호를 부여하기 위해서는 두 자리 숫자가 필요하다. 따라서 우리는 다음과 같은 번호를 사용한다.

01, 02, 03, ⋯ , 28, 29, 30

또한 00부터 29까지의 숫자나 또 다른 30개의 두 자리 숫자 번호를 사용해도 된다. 여기 번호가 부여된 고객의 목록이 있다.

표 13-1 회계감사를 받는 회사

1	성일가스	11	양재화원	21	전주기계
2	영진인쇄	12	강동컴퓨터	22	동남사진
3	진우스포츠	13	고연인형	23	동명서점
4	성우건설	14	명륜공인중개사	24	성균관호프
5	태영운수	15	하진전기	25	주영부티크
6	서울고무	16	JR레코드	26	미래케이블
7	미진하드웨어	17	청파마트	27	극동세차
8	삼일특수인쇄	18	조성건설	28	벽산배선
9	중앙목재	19	삼성원	29	태동타이어
10	대덕카메라	20	동화구두	30	영비디오

2단계: 난수표 부록 [표 A] 아무 곳에서 시작하여 두 자리 난수 그룹을 읽는다. 예를 들어 다음과 같은 130번째 줄에서 시작한다고 하면

69051 64817 87174 09517 84534 06489 87201 97245

이 줄에서 첫번째 10개의 두 자리 난수 그룹은

69, 05, 16, 48, 17, 87, 17, 40, 95, 17

이 된다. 부록 〈표 A〉의 각 두 자리 난수 그룹은 100개의 가능한 그룹인 00, 01, 02, …, 99 의 어떤 것이 되든지 동등할 것이다. 따라서 두 자리 난수의 그룹은 임의로 두 자리 숫자들이 뽑힌다. 그것이 바로 우리가 원하는 것이다.

A 회계법인은 01에서 30까지의 번호만 사용하기 때문에 모든 다른 두 자리 번호는 무시한다. 표에서 고른 처음 5개의 01에서 30까지의 번호가 표본으로 선택된다. 130번째 줄에서 처음 10개의 난수 중에서 30보다 큰 다섯 개는 무시하고, 남은 다섯 개의 난수는 05, 16, 17, 17, 17이다. 05, 16, 17번의 고객이 표본이 되는 것이다. 17번 고객은 이미 표본으로 선택되었으므로 두 번째와 세 번째 17은 무시하고. 다섯 번째의 고객이 더 선택될 때까지 130번째 줄에서 계속 선택한다(필요하다면 131번째 줄로 가서 계속해도 된다).

표본은 05, 16, 17, 20, 19번 고객이 된다. 즉 태영운수, JR레코드, 청파마트, 동화구두, 삼성원이다.

난수표를 이용하는 것은 주머니에서 이름표를 뽑는 것보다 더 빠른 방법이다. [예제 13-3]에서 보여준 것처럼 단순임의추출로 표본을 선택하는 것은 두 단계로 이루어진다.

단순임의추출의 2단계

1단계: 번호부여 모집단의 모든 각 값에 번호를 부여한다. 모든 번호들은 같은 자리의 숫자를 가진다.

2단계: 난수표 랜덤하게 숫자를 선택하기 위해 난수를 이용한다.

당신은 사람 이름에 대해 가나다 순서와 같은 어떤 편리한 방법으로 번호를 부여할 수 있다. 부여된 모든 번호는 같은 자리의 숫자를 가지는 만큼 모든 개별값은 선택될 동일한 기회를 가진다. 10개 이하의 모집단은 한 자리 숫자, 11개부터 100개까지는 두 자리 숫자를 이용하는 등의 가장 짧은 가능한 번호를 사용한다. 난수표를 이용하는 데는 어떠한 순서도 없으므로 행 방향이든, 열 방향이든 다른 방법이든 다양한 순서로 [표 A]의 난수를 뽑을 수 있다. 일반적으로 행 방향으로 많이 사용하고 있다.

표본조사는 단순임의추출을 실행하기 위해 컴퓨터 소프트웨어를 사용하여 [예 13-3]에서의 단계들을 자동으로 실행한다. 컴퓨터에서는 난수가 소수점으로 생성되며 이에 대한 상세한 내용은 8장을 참고하기 바란다.

13.1.4 표본을 믿을 수 있나?

「김포신문」의 B 기자는 상점 인터뷰로 표본을 추출하였다. 이것은 편의가 발생하는 방법으로 선택되었기 때문에 이런 표본들로부터 나온 결과는 믿을 수 없다. 따라서 편의를 줄이기 위해서는 단순임의추출에 의한 결과에 더 많은 신뢰를 가지게 된다. 어떤 표본에서 첫번째로 확인해야 할 것은 임의로 선택되었는지의 여부이다. 여론조사와 다른 표본조사는 단순임의추출을 사용할 줄 아는 사람에 의해 실행된다.

예제 13-4: 여론조사

흡연에 대한 여론조사는 "지난 주에 자신 스스로 어떤 담배를 피웠는가?"라는 질문으로 시작된다. 발표자료는 "한국인의 23%가 흡연을 한다"라고 되어 있다. 당신은 이 사실을 믿을 수 있는가? 첫번째로 여론조사기관이 이런 표본을 어떻게 선정하는지를 알아보자. 발표자료 이면에는 다음과 같은 글을 읽을 수 있다. "이 결과는 1999년 9월 23~26일에 1,039명의 20세 이상 한국인 성인을 대상으로 임의로 선택하여 전화조사를 시행하였다."

이것은 우리의 신뢰를 얻는 좋은 출발이다. 20세 이상인 성인 모집단으로부터 추출된 표본의 크기가 1,039명이고 가장 중요한 것은 임의로 추출되었다는 것이다.

13.2 표본은 우리에게 무엇을 말해 주는가?

요즘 복권이 많이 유행한다. 얼마나 유행하는지에 관해 한 여론조사기관은 다음과 같은 조사결과를 발표하였다. "복권은 어마어마한 당첨금을 제공한다. 그리고 복권은 우리 주변 상점에서 단지 1,000원에 구입할 수 있다. 당첨될 희박한 확률에도 불구하고 많은 한국인들에게 복권을 사는 것은 일상생활이 되었다. 이번 표본조사 결과는 57%의 한국인이 지난 12개월 동안 복권을 샀다는 것을 보여준다." 이 조사에서 우리는 이 조사기관이 이 결론에 도달하기 위해 단순임의추출로 1,523명을 조사했다는 것을 알 수 있다. 이 조사기관이 단순임의추출을 시행했다는 것은 다행이다. 복권을 사기 위해 줄을 서 있는 사람들에게 질문을 한다면 도박에 대한 편의된 정보를 얻을 것이다. 현재 대한민국의 약 3천만명 성인 중 어떻게 1,523명의 단순임의표본이 3천만명을 대변할 수 있는 것일까?

표본은 우리에게 모집단에 관한 정확한 진실을 말하지 않는다. 그러므로 모든 표본조사의 결과에는 오차한계(오차범위)를 제시한다. "표본크기에 기초한 결과에 대해, 우리는 표본추출과 다른 단순임의추출 효과에 기여하는 오차가 성인에 대해 ±3%p가 될 수 있다고 95%확신한다." 이것은 "조사의 오차한계는 ±3%p이다"로 요약된다. 두 경우 모두 각 진술이 무엇을 의미하는지는 명확하지 않다. 이제 논의를 통해 문제를 해결하자.

13.2.1 표본에서 모집단으로

여론조사기관은 3천만명의 성인 모집단을 대상으로 조사하여 "한국인의 57%가 지난 12개월 동안 복권을 구입하였다"는 것을 알았다. 그러나 이 조사기관은 이 모집단에 관한 참값은 알지 못하였다. 그 조사는 1,523명을 대상으로 하였으며 응답자 중 57%만이 지난해에 복권을 구입한 것으로 나타났다. 1,523명의 사람이 단순임의추출되었기 때문에 그들이 전체 표본을 잘 대표한다고 할 수 있다. 그래서 이 기관은 그 추출된 표본의 57% 사람들이 복권을 구입하였다라는 사실을 복권을 구입한 모든 성인의 57%라는 추정으로 대체하였다. 그것은 통계의 기본적인 행위이다. 즉, 전체 모집단에 대한 참값을 추정하기 위해 표본의 정보를 이용한다.

모수와 통계량

모수는 모집단의 특성값이다. 즉, 모평균, 모분산, 모비율 등이며 실제로 이 값을 모른다. 반면 통계량은 표본의 특성값이다. 즉, 표본평균, 표본분산, 표본비율 등이며 확률변수이므로 각각 표본분포를 따르며, 우리는 알지 못하는 모수를 추정하기 위해 이 통계량을 사용한다. 그러므로 모수는 통계량이 표본을 대표하는 것처럼 모집단을 대표한다. 미지의 모수를 추정하는 것을 원하는가? 그렇다면 그 모집단에서 표본을 선택하고 추정량으로서 표본통계량을 사용해야 한다. 이것이 갤럽이 사용하였던 방법이다.

예제 13-5: 복권을 사세요?

모든 성인의 일정비율이 지난 12개월 동안 복권을 구입했다는 것은 3천만 명의 모집단을 설명하는 모수이다. 이 비율을 p로 하자. 아쉽게도 우리는 p의 수치적인 값을 알지 못한다. 갤럽은 성인 1,523명의 표본을 얻었다. 이 경우 표본의 비율은 복권을 구입한 사람들의 통계량이다. 이것을 $\hat{p}$로 나타내자. 1,523 명 중에서 복권을 구입한 사람이 868명이다. 따라서 표본비율은 다음과 같다.

$$\hat{p} = \frac{868}{1{,}523} = 0.57(57\%)$$

표본으로 선택된 성인 1,523명이 같은 기회를 갖기 때문에 이것은 미지의 모수 추정량으로써 통계량 $\hat{p}=0.57$을 사용하는 것은 정당성을 갖는 것으로 볼 수 있다. 이것은 표본의 57%가 복권을 구입했다는 것이다. 실질적으로 몇 %의 성인이 복권을 구입했는가는 알지 못하지만 약 57%라고 추정한다.

13.2.2 표본추출의 변동성

복권의 표본조사를 시행한 기관이 새로운 확률표본추출을 통하여 첫 번째 조사된 표본과는 다른 사람들인 1,523명의 성인을 조사한다면 정확히 868(57%)개의 긍정적인 답변을 얻을 수는 없을 것이다. 즉, 통계량 $\hat{p}$의 값은 표본마다 다양하게 될 것이다. 첫번째 확률 표본추출에서 성인의 57%가 최근에 복권을 샀다고 하였으나 두 번째 확률 표본추출에서는 단지 37%만이 나올 수 있을까? 확률추출은 하나의 표본을 선택하는 것에 대해서는 편의가 없으나 확률로 선택되는 결과의 변동 때문에 확률추출은 잘못될 수가 있다. 즉, 동일 모집단에서 표본을 반복해서 추출했을 때 변동이 너무 크다면 어떤 표본이든지 하나의 표본의 결과는 신뢰할 수 없을 것이다. 그러나 확률표본의 장점은 첫째, 확률적으로 표본을 선택하는 것은 표본의 편의를 없앤다는 것이다. 둘째, 동일한 모집단에서 동일한 크기의 확률표본이 크면 클수록 변동이 작다는 것을 말한다.

예제 13-6: 표본크기가 큰 경우

통계의 중요한 개념으로 하나의 표본이 얼마나 신뢰성이 있는지는 동일한 모집단으로부터 얼마나 많은 양의 표본을 얻었는가와 같다. 예를 들어 성인의 60%가 지난 1년간 복권을 구입했다고 가정하자. 즉, 모집단에 대한 참값은 $p=0.6$이다. 한 연구기관이 미지의 값인 모비율 p를 추정하기 위해 크기 100의 단순임의표본으로 표본비율 $\hat{p}$을 추정했다면 어떻게 되었을까?

첫번째 표본에서 100명 중 56명이 복권을 샀다면 표본비율은 $\hat{p}=\frac{56}{100}=0.56$이며, 두 번째 표본에서는 단지 46명만 복권을 샀다면 표본비율은 $\hat{p}=0.46$이다. 그러면 1,000개의 표본을 선택하여 표본비율 $\hat{p}$의 히스토그램은 [그림 13-1]과 같다. 가로 축은 표본비율 $\hat{p}$의 값들이고, 높이는 1,000개의 표본들이 각 그룹에 속한 수를 나타낸다.

그림 13-1 표본크기 100인 단순임의추출 1,000회 시행 결과 표본비율 $\hat{p}$의 분포

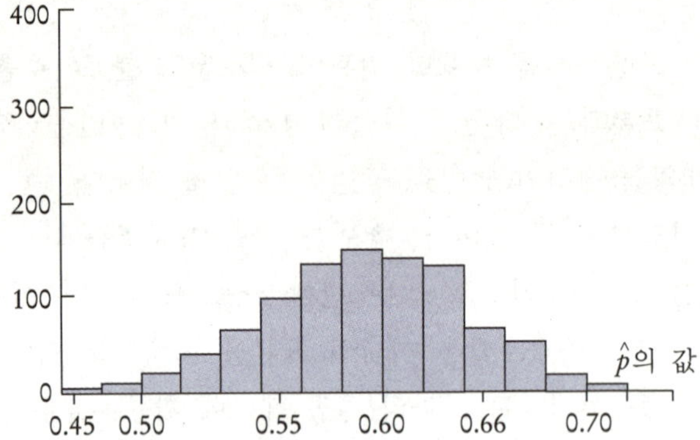

그림 13-2 표본크기 1,532인 단순임의추출 1,000회 시행 결과 표본비율 $\hat{p}$의 분포

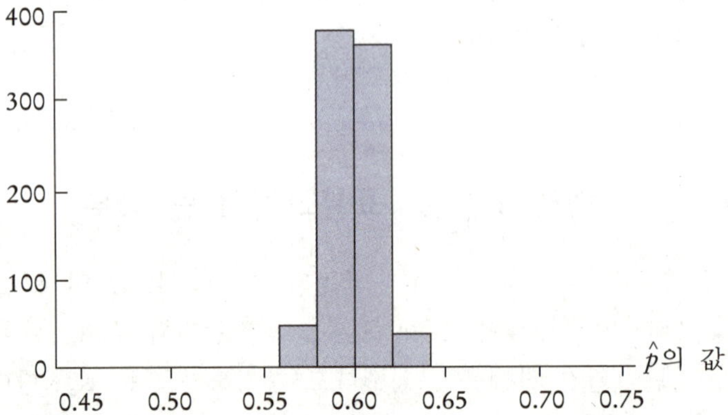

[그림 13-1]을 보면 단순임의표본추출 결과들은 규칙적인 패턴을 가지고 있다. 여기서 동일한 모집난으로부터 크기 100인 표본을 난순임의추출로 1,000번 추출한 결과이며, 모비율 $p=0.60$이다. 표본비율은 표본마다 상이하지만 그 값들은 모집단의 참값을 중앙으로 분포한다. 반면 [그림 13-2]는 [그림 13-1]에서처

럼 동일한 모집단으로부터 크기 1,523인 1,000개의 단순임의표본을 추출한 결과 표본비율 1,000개의 값들은 표본크기가 작은 경우보다 산포가 작은 분포를 한다.

한편, 앞서 설명한 복권의 표본조사는 100명이 아니라 1,523명을 조사하였다. [그림 13-2]는 모집단으로부터 표본크기가 각각 1,523인 1,000개의 단순임의표본에 대한 히스토그램이다. 여기서 실제 표본비율은 $p=0.6$이다. 이 두 그림을 비교해 보면 표본의 크기가 100에서 1,523으로 증가되었을 때 표본비율 0.6을 중심으로 ±0.5 사이에 산포되어 있음을 보여주고 있다.

위의 두 경우에 나타나는 현상은 첫째, 표본비율 $\hat{p}$의 값들은 매 표본마다 변하지만 그 값들은 0.6에 집중되어 있다. 즉, 어떤 표본에서는 표본비율 $\hat{p}$이 0.6보다 작고 또한 어떤 표본에서는 그보다 크지만, 항상 낮게 되거나 항상 높게 되는 경향은 없다. 따라서 표본비율 $\hat{p}$은 모집단 비율 p에 대한 편의가 없는 추정량이며, 표본의 크기가 크던 작던 항상 참이다. 둘째, 표본크기가 100인 표본비율 $\hat{p}$은 표본크기가 1,523인 표본비율보다 산포 정도가 심하게 분포하고 있다. 실제로 표본크기가 1,523인 1,000개의 표본들의 95%는 0.576과 0.624 사이에 표본비율 $\hat{p}$를 갖는다. 이는 모집단 참값 0.6 양쪽 0.024 내에 있다. 반면, 표본크기가 100인 표본들은 95%가 0.5와 0.69 사이에 산포한다. 따라서 표본크기가 크면 변동이 작아진다.

결론적으로 우리는 표본크기가 1,523인 표본비율 $\hat{p}$이 모집단의 참값에 가깝다는 것을 신뢰할 수 있으며, [그림 13-2]가 이 사실을 설명해 주고 있다. 반면 참값이 60%일 때, 표본크기가 100이면 50% 또는 70%의 추정값을 기대할 수 있다.

우리가 모집단 비율 p와 같은 모수를 추정하기 위해 표본비율 $\hat{p}$과 같은 통계량을 사용할 때 [그림 13-1]과 [그림 13-2]는 변동의 개념을 설명해 주고 있다.

한편, 추정에서 나타나는 두 가지 형태의 오차는 편의와 변동이다. 편의는 표본통계량의 기대값과 모집단 모수와의 차이를 말하며, 표본크기가 커짐에 따라 0에 수렴한다. 반면, 변동은 표본통계량의 값들이 산포되어 있는 상태를 말한다. 따라서 좋은 표본추출 방법은 작은 편의와 작은 변동을 가지는

그림 13-3 과녁에 발사된 화살의 편의와 변동

(a) 편의 크고 변동 작음 (b) 편의 작고 변동 큼 (c) 편의 크고 변동 큼 (d) 편의 작고 변동 작음

것이다.

우리들은 과녁의 중앙을 모집단 모수의 참값, 그리고 중앙으로 발사된 화살을 표본통계량의 값으로 생각할 수 있다. 궁수가 많은 화살들을 과녁에 쏠 때 편의와 변동은 무엇을 의미하는가? 편의는 목표를 빗나가서, 화살들이 중앙에 도달하지 않는 것을 의미한다. 변동이 큰 것은 반복되어 쏘아진 화살들이 과녁에 넓게 흩어져 있다는 것을 의미한다. 이 경우 반복된 표본들은 비슷한 결과들을 주지 않고 그 값이 넓고 다르게 분포한다. [그림 13-3]은 두 가지 유형의 오차에 대해 설명하고 있다.

작은 변동이 큰 편의를 동반할 수 있다는 것에 주목하자. 그리고 작은 편의는 큰 변동을 동반할 수 있다. 좋은 궁수와 같이, 좋은 표본계획은 작은 편의와 작은 변동을 가져야 한다. 다음으로 어떻게 이것을 할 것인가에 대해 알아보자.

편의를 감소시키기 위해서는 확률 표본추출을 이용한다. 모집단 전체의 목록을 가지고 표본을 추출할 때 단순임의추출은 편의가 없는 추정량을 산출하며, 이로부터 계산된 통계량의 값들은 모집단 모수의 값을 과대추정하거나 과소추정하지 않는다. 한편, 단순임의표본의 변동을 감소시키기 위해서는 보다 큰 표본을 이용하면 된다.

실제로 표본조사는 하나의 표본을 취한다. 모집단에 관한 사실이 무엇인지 모르기 때문에 하나의 표본으로 추정량이 얼마나 진실에 가까운지 잘 모른다. 그러나 큰 확률표본들은 거의 항상 참값에 가까운 추정량을 제공한다.

많은 표본들의 패턴을 보면 하나의 표본의 결과를 신뢰할 수 있다는 것을 알 수 있다.

13.2.3 오차한계

표본조사가 제시하는 오차한계는 [그림 13-1]과 [그림 13-2]에서 보여주고 있으며, 표본변동을 얼마나 신뢰하는가를 말해 주고 있다. 이제 우리가 뉴스에서 종종 들을 수 있는 언어를 가지고 논의를 시작해 보자.

"오차한계 ±3%p"의 의미는 한 개의 표본을 얻기 위해 이용하였던 동일한 방법으로 표본을 많이 추출한다면, 표본의 95%는 모집단 참값의 ±3% 내에 있다는 것을 말해 준다.

13.2.4 통계적 논쟁: 사전조사가 금지되어야 하는가?

사전 선거투표 결과는 S시 투표자들의 58%가 K후보를 선택한 것으로 나타났다. 대중매체는 이러한 조사들을 좋아하지만 통계학자들은 사전 선거조사를 신뢰하지는 않는다. 왜냐하면 조사들이 모든 올바른 통계적 방법을 사용할 때조차 예측이 종종 어긋나기 때문이다. 사전 조사에 응답했던 많은 사람들은 선거 전에 마음에 변화가 생긴다. 다른 사람들은 그들이 결정을 내리지 못했다고 말한다. 또 다른 사람들은 그들이 좋아하는 후보자를 지지한다고 말하고 그것이 선거가 진행될 때도 변하지 않을 것이라고 말한다.

선거 예측은 표본조사의 만족스럽지 못한 방법 중 하나이다. 왜냐하면 우리는 사람들에게 앞으로 어떻게 투표를 할 것인지를 물어야 하기 때문이다. 표본으로 선정된 유권자들이 투표를 마치고 투표장소를 떠나면서 인터뷰하는 출구조사는 이런 문제들을 갖지 않는다. 선거지역의 표본을 기초로 하는 적절한 출구조사는 각종 선거에 사용된다. 이 사실은 선거 예측의 정치적 효과에 대한 논쟁을 격화시킨다. 왜냐하면 공적인 사전 선거조사에 대한 논쟁들은 조사 결과가 투표자들에게 영향을 미치기 때문이다. 만약 출구조사가 대승을 예측한다면 투표자들은 집에 머물러 있을지도 모른다.

선거 결과가 사전조사의 결과라면 왜 귀찮게 투표하는가? 출구조사는 선거가 끝나기 전에 선거 결과를 보도하기 때문에 특히 조심스럽다. 미국의 TV 방송사들은 투표가 그 주에서 마무리될 때까지 어떤 주에서도 출구조사 결과를 공개하지 않기로 합의했다. 만약 대통령선거가 진행중이라면 방송사들은 정오까지 승자를 알 수 있을지 모른다. 그러나 그들은 투표가 모두 끝날 때 투표결과를 예측한다. 미국의 대통령선거 결과는 서부지역에서 선거가 끝나기 전에 알 수 있을지도 모른다. 어떤 나라들은 선거 예측들을 제한하는 법을 가지고 있다. 프랑스에서는 투표 결과들을 대통령선거 전 주에 발표할 수 없다. 캐나다는 선거 전 72시간 내에 투표 결과 발표를 금지한다.

사전 선거조사에 대한 논쟁은 간단하다. 민주주의는 정보의 공표를 금지하지 않기 때문에 투표자들은 어떻게 정보를 이용하는지 그들 스스로 결정할 수 있다. 결국 많이 뒤쳐진 후보자의 지지자들은 투표 없이도 결과를 알 수 있다. 투표의 공표를 제한하는 것은 권력의 남용을 초래한다. 프랑스에서 어떤 후보자들은 선거 전 주에 은밀한 조사를 계속하여 그 다음에 신문 기사에 영향을 주고자 하는 희망으로 기자들에게 이 결과를 누설하기도 하였다.

이제 체계적으로 정리하여 보자. 임의로 뽑힌 표본은 일반적으로 모집단을 정확하게 추정하지 못하기 때문에 추정이 사실과 얼마나 가까운지를 말해 줄 수 있는 오차한계가 필요하게 된다. 그러나 단지 오차한계에 의해 참값이 추정량과 다르다고 확신할 수는 없다. 표본의 95%는 참값과 가까우나 5%는 빗나간다. 우리는 모집단에 대해 알지 못하기 때문에 표본이 참값을 추정하는 95% 중의 하나인지 그렇지 못한 5%의 것인지 알지 못한다. 이 경우 참값이 오차한계 내에 놓여 있는 것을 95% 신뢰한다고 말한다.

예제 13-7: 뉴스의 이해

TV 뉴스 아나운서는 다음과 같이 말한다. "본 방송국은 한 여론조사기관에 의뢰하여 지난 12개월 동안 복권을 구입한 한국 성인에 대해 조사하였다. 본 표본조사의 오차한계는 ±3%p이었다. 57%를 기점으로 ±3%는 54%와 60%이다." 대부분의 사람들은 갤럽이 모집단의 참값이 이 범위 내에 놓여 있음을 제시한다고 생각한다.

다음은 본 표본조사를 시행한 여론조사기관에서 말한 것이다. "우리는 표본크기에 기초한 결과에 대해, 성인의 경우 표본추출과 다른 임의영향들에 기여하는 오차가 ±3%p가 될 수 있다는 것을 95%로 신뢰한다." 즉, 이 조사기관은 우리에게 오차한계가 단지 모든 표본의 95%에서 유의하다고 말하고 있다. '95% 신뢰성'은 이 말의 다른 표현이다. 따라서 뉴스에서는 '95% 신뢰성'을 생략한 것이다.

오차한계를 정확하게 찾는 것이 통계학자의 역할이다. 그러나 표본조사에서 오차한계의 크기를 개략적으로 구할 수 있는 간단한 공식을 사용할 수 있다. 즉, 크기가 n인 단순임의표본으로부터 미지의 모집단 비율 p의 추정을 위해 표본비율 $\hat{p}$을 사용하면 95% 신뢰를 위한 오차한계는 약 $1/\sqrt{n}$이다.

예제 13-8: 오차한계는 무엇인가?

[예제 13-5]에서 이 조사기관의 여론조사는 1,523명을 인터뷰하였다. 이 경우 95% 신뢰를 위한 오차한계는 다음과 같다.

$$\frac{1}{\sqrt{1,523}} = \frac{1}{39.03} = 0.026(\text{즉, } 2.6\%\text{이다})$$

실제로 조사기관은 ±3%p의 오차한계를 발표하였다. 이러한 결과는 실제 표본조사 결과와는 약간 차이가 발생하는데, 여론조사는 일반적으로 보도발표를 단순하게 하기 위해 오차한계를 반올림하기 때문이다.

개략적인 오차한계를 구하는 공식에서 표본크기의 제곱근을 사용하므로 표본크기가 커지면 오차한계가 작아지며, 오차한계를 반으로 줄이기 위해서는 4배의 표본크기가 필요하게 된다.

예제 13-9: 오차한계 줄이기

[예제 13-6]에서 우리는 같은 모집단으로부터 크기 $n=100$인 단순임의표본과 크기 $n=1{,}523$인 표본을 택하여 결과를 비교하였다. 이 경우에 표본크기가 1,523인 오차한계는 ±2.6%p이며, 표본크기가 100인 오차한계는 ±10%p이다. 따라서 1,523이 100의 약 16배이고 16의 제곱근이 4이므로, 오차한계는 1,523명의 표본보다 100명의 표본에서 약 4배 더 크게 나타난다.

13.2.5 신뢰성 문제

복권을 사는 것에 관한 표본조사의 결론은 "지난 12개월 동안 57%의 성인들이 복권을 샀다는 것을 ±3%p 내에서 95% 확신한다." 즉, "54%와 60% 사이의 모든 성인들이 최소 12개월 안에 복권을 샀다고 95% 확신한다." 이것들이 신뢰성 문제이다.

신뢰성은 얼마나 가까이 표본 통계량이 모수에 놓여 있는가를 말하며, 신뢰수준은 모든 가능한 표본의 몇 %가 오차한계를 만족하는가를 보여준다. 다시 말해 신뢰성은 모든 가능한 표본에서 무엇이 발생하는가에 관한 사실과 얼마나 한 표본의 결과를 신뢰할 수 있는가를 말해 주며, '95% 신뢰성'은 "참값에 95% 근접하는 결과를 주는 표본추출방법을 사용했다"는 것을 의미한다.

이제 신뢰성을 이해하는 데 도움을 주기 위해 몇 가지 사례를 제시한다.

(1) 신뢰성의 결론은 항상 표본이 아닌 모집단에 적용된다. 조사기관은 표본인 1,523명을 직접 조사했기 때문에 그들의 의견은 정확하게 알 수 있다. 신뢰성은 모집단이 말하는 것이 무엇인지를 표본을 통해 알아보는데 적용되는 것이다.

(2) 이 모집단에 관한 우리의 결론은 완벽하게 확실하지는 않다. 본 표본조사의 결과는 오차한계 ±3%p 보다 더 벗어난 결과일 수도 있다.

(3) 표본조사는 95%보다 더 높은 다른 신뢰수준을 사용하도록 선택될 수 있다. 이 경우 우리는 더 큰 오차한계로 더 높은 신뢰성에 대한 비용을 지불한다. 같은 표본에 대해 99%의 신뢰성은 95%의 신뢰성보다 더 큰 오차한계를 요구한다. 만약 당신이 90%의 신뢰성에 만족한다면, 당신은 더 작은 오차한계를 얻는다.

(4) 95% 신뢰성에 대한 오차한계를 보도하는 것이 보통이다. 만약 뉴스 리포트가 오차한계를 주지만 그것이 신뢰수준 밖에 있다면, 95%신뢰성을 가정하는 것이 매우 안전할 것이다.

(5) 같은 신뢰성으로 더 작은 오차한계를 원한다면 더 많은 표본을 택하라. 그리고 더 큰 표본이 더 작은 변화를 갖는다는 것을 기억해라. 당신은 충분히 큰 표본에 비용을 지불함으로써 당신이 원하는 만큼의 작은 오차한계를 가질 수 있고 여전히 높은 신뢰성을 가질 수 있다.

예제 13-10: 당신은 도박에 찬성하는가?

한 연구기관에서 다음 질문으로 도박에 관한 조사를 실시하였다. "첫째, 일반적으로 당신은 합법적인 도박이나 베팅에 찬성하는가 혹은 반대하는가?" 우리가 그 동안 도박습관을 조사해온 성인 1,523명 외에, 501명의 청소년(13~17세)에 대해 단순임의표본을 택한 결과는 다음과 같다.

어른: 1,523명 중 959명 찬성 $\hat{p} = 959/1,523 = 0.63$

청소년: 501명 중 261명 찬성 $\hat{p} = 261/501 = 0.52$

이 결과를 보도한 후에 이 연구기관은 "이 표본크기에 기초한 결과에 대해 우리는 표본추출과 다른 임의영향들에 기여하는 오차가 성인에 대해서 ±3%p이고, 청소년에 대해서는 ±5%p라고 95% 신뢰한다"고 말한다. 즉, 청소년의 표본이 더 작기 때문에 청소년의 결정에 관한 오차한계는 더 넓다. 우리는 합법적인 도박에 대한 청소년의 찬성을 47%(52%에서 5를 뺀 차)와 57%(52에서 5를 더한 값) 사이에서 95%로 신뢰한다.

13.2.6 대규모 모집단에서의 표본추출

1,523명의 성인에 대한 조사의 표본은 한국의 성인 130,000명당 1명꼴로 추출되었다. 1,523명이 모집단 100명당 1명인지 130,000명 중 1명인지는 문제가 되지 않을까? 모집단 크기는 문제가 되지 않는다. 임의추출된 표본의 통계량의 변화는 모집단의 크기가 표본에 최소 100배인 경우, 모집단의 크기에 의존하지 않는다.

왜 모집단 크기가 단순임의표본의 통계량의 성질에 거의 영향을 주지 않는 것일까? 경작된 쌀을 숟가락을 통해 표본추출한다고 생각하자. 이때 이 숟가락은 자신이 한 개의 쌀가마에서 추출하는지 아니면 전체의 트럭에서 추출하는지 모른다. 단지 그 낱알들이 잘 섞여 있는 한(그래서 그 숟가락은 단순임의추출을 시행한다) 그 결과의 변동은 오직 그 낱알의 크기에만 의존한다.

이것은 일반적으로 표본조사를 이용하는 여론조사에 희소식이다. 표본의 크기가 크기 때문에 1,000 혹은 1,500크기의 단순임의표본은 작은 변동을 갖는다. 하지만 매우 큰 자발 반응 표본이나 편의 표본은 편의 때문에 가치가 없다는 것을 기억하자. 즉, 대표본을 취하는 것이 편의를 고정시키지는 않는다.

하지만 표본 통계량의 변동이 모집단이 아닌 표본크기에 의존한다는 사실은 대학교나 작은 도시에서 표본조사를 계획하고 있는 사람에게는 나쁜 소식이다. 예를 들어 한국의 보수적인 사람의 비율을 측정할 때와 같은 오차한계로 성균관대학교에서 자신이 정치적으로 보수적이라고 말하는 학생의 비율을 측정하기 위해서 우리는 같은 크기의 단순임의표본이 필요하다(하지만, 성균관대학교의 학생 수가 약 17,000명이고 대한민국의 성인 수가 약 3천만명이기 때문에 우리는 성균관대학교의 작은 단순임의표본을 사용할 수 없다).

13.3 표본추출

13.3.1 통계조사란?

(1) 일상생활에서 통계조사의 예를 들어보면 다음과 같다

① 통계청에서 매 5년마다 실시하는 인구주택 총조사(대표적인 전수조사)

② 여론조사(선거 전에 실시하는 후보자 간의 지지율조사, 국가정책에 대한 지지도조사, TV시청률조사 등)

③ 시장조사(기업체에서 소비자의 상품에 대한 기호, 태도, 만족도 등을 조사)

④ 품질조사(생산현장에서 행해지는 불량률조사)

⑤ 물가조사

⑥ 농산물의 생산량조사

이 밖에도 다양한 분야에서 통계적 조사방법은 활발하게 응용되고 있다.

(2) 올바른 통계자료가 생산되기 위한 조건

① 올바른 통계조사(표본조사)이론에 따른 데이터 수집

② 얻어진 데이터에 대한 적절한 통계기법을 적용하여 믿을 수 있는 통계자료 생산

(3) 통계조사 방법의 종류는 전수조사와 표본조사가 있다.

① 전수조사

조사대상으로 하는 집단의 모든 개개의 단위를 조사하는 방법으로 대표적인 예로는 인구주택 총조사, 농업 총조사, 사업체 총조사 등이 있다.

전수조사는 어떤 정책 결정의 중요한 기초자료로 사용하기 위한 조사로써 인구주택 총조사의 경우 주요 선거에 대한 선거구 분할에 사용하고, 또한 다른 표본조사의 기초자료로 활용하기 위한 전수조사 자료는 다른 표본조사의 추출틀로 사용된다.

전수조사의 어려운 점은 엄청난 조사비용 및 시간 소요, 숙련된 많은 수의 조사원이 필요하다는 것이다.

② 표본조사

전체 모집단 중 일부의 부분집단을 과학적인 추출방법에 따라 추출하여 그 추출된 일부분을 대상으로 조사하여 얻어진 정보를 토대로 전체 모집단에 대한 특성을 추정하는 것으로 대부분의 통계조사는 표본조사로 이루어지고 있다.

13.3.2 표본추출은 왜 하는가?

연구대상 전체로부터 선택된 일부가 표본(sample)이며 표본을 선택하는 과정을 표본추출(sampling)이라고 한다. 일부 표본만을 대상으로 자료를 수집하는 경우에도 수집한 자료의 처리결과는 모집단을 대상으로 일반화할 수 있어야 하므로 표본추출에서의 핵심은 표본의 특성이 전체 대상의 특성을 대표할 수 있는지의 여부, 즉 표본의 대표성이다.

표본추출의 목적은 모집단을 구성하고 있는 개별구성원 전체를 직접 대면하지 않고, 일부 적당한 크기의 집단을 통해서 전체 모집단의 의견을 가능한 정확히 파악하고자 하는 데 있다. 따라서 표본추출을 하는 이유는 제한된 자원, 희귀자료, 파괴검사 그리고 전문가에 의한 표본조사가 비전문가에 의한 전수조사보다 정확하기 때문이다.

표본조사의 장점으로는 첫째, 신속성과 경제성으로 다량의 정보를 확보할 수 있다. 둘째, 모집단의 크기가 무한하거나 정확하게 파악할 수 없어 전수조가가 불가능한 경우와 파괴적인 조사를 해야 할 경우이다. 예를 들면 통조림 위생조사, 자동차 안전조사, 전구 수명조사 등이다. 셋째, 정확도의 증가로 비표본오차의 감소이다.

표본조사는 자료의 양이 적고 조사자가 숙련되었으므로 조사과정을 잘 통제하여 비표본오차를 줄일 수 있으나 전수조사의 경우 조사자와 자료의 양이 많아 조사와 집계과정에서의 비표본오차가 크다. 따라서 표본이 모집단의 대표성을 갖도록 추출된다면 소수의 대상에 대하여 측정을 하여 표본오차를 줄여 전체적인 측정오차를 감소시킬 수 있다.

표본오차는 표본의 특성값에서 모집단의 특성값을 추정하는 과정에서 발생하는 오차로서 표본조사에서 발생하고, 비표본오차는 조사과정과 집계과정에서 발생하는 오차이다. 응답자가 민감하게 반응하는 주제에 대하여 조사를 하고 피조사자에게 그 주제에 대해 다시 조사할 경우 선행조사가 그 결과에 영향을 주게 되어 조사대상에 오염의 문제가 발생하므로 표본조사를 함으로써 오염되지 않은 피조사자를 확보할 수 있다.

한편, 표본조사의 단점으로는 첫째, 대표성 있는 표본선정의 어려움, 둘째, 모집단 자체가 작은 경우에는 표본조사가 무의미하며, 셋째, 복잡한 표본설계를 요하는 경우에는 시간이 많이 들고 오차가 많이 발생한다.

13.3.3 표본조사의 기본용어의 정리

(1) 기본단위(elementary unit: 단위)

표본조사에서 필요한 정보를 얻기 위해 관찰이나 면접을 할 때 조사의 대상이 되는 요소이며, 기본단위는 명확하게 정의되어야 하고 구체적으로 확인할 수 있어야 한다. 예를 들면 여론조사에서는 각 개인이 단위이고, 가계조사에서는 각 가구가 단위가 되며, 농가경제조사에서는 농가가 단위가 된다. 기본단위는 추출단위도 될 수 있으나 구별해서 사용해야 한다.

(2) 모집단(population)

모집단은 조사목적에 의하여 규정되는 모든 기본단위(조사단위)의 집합을 말하며, 시점, 장소, 속성을 명확하게 정의해야 한다. 예를 들면, 사업체 노동력조사를 하고자 할 때 시점은 2004년 10월 1일, 장소는 전국, 속성은 5인 이상의 모든 사업체이다. 그리고 모집단에 대한 명확한 정의가 필요하다. 예를 들면 농가경제조사에서 농가는 "300평 이상의 경지를 가지고 농사를 짓는 가구"로 정의하여 조사원에 따른 농가의 자의적 판단(정의)을 막는다.

그리고 모집단은 모집단을 구성하는 기본단위의 수가 유한개인 유한모집단(finite population)과 무한개인 무한모집단(infinite population)으로 구분되며, 표본조사에서는 대부분 유한모집단을 다룬다.

한편, 모집단은 조사목적에 의해 개념적으로 규정한 목표모집단(target population)과 표본을 추출하기 위해 규정한 조사모집단(sampled population)이 있다. 예를 들어 보면, 농가소득조사에서 목표모집단은 우리나라 가구 중 농업소득이 총소득의 대부분을 차지하는 가구 전체가 되며, 조사모집단은 경지면적 300평 이상을 경작하는 가구 전체이다.

(3) 추출단위(sampling unit)

추출단위는 표본추출 단계에서 구체적으로 뽑히는 단위이며, 가계조사인 경우 기본단위와 추출단위는 가구가 된다. 그리고 여론조사에서 표본으로 가구를 뽑고 그 안에서 특정 개인을 조사할 경우 기본단위는 각 개인이 되며, 추출단위는 가구가 된다. 또한 농가경제조사에서는 기본단위가 가구이고, 추출단위는 농업조사구이다. 따라서 추출단위는 하나의 기본단위로 구성되거나 여러 개의 기본단위들이 모여서 구성된다.

(4) 추출틀(sampling frame)

추출틀은 모집단 내의 모든 추출단위들의 리스트이며, 모집단의 모든 추출단위를 누락 없이 그리고 중복 없이 포함해야 한다. 또한 추출틀은 조사가능 모집단의 구체적 표현이며, 추출틀이 불완전하면 왜곡된 통계가 작성될 수 있다. 추출틀의 구비요건으로 첫째, 모집단의 모든 추출단위를 포함해야 한다. 둘째, 모집단의 모든 추출단위는 누락이나 중복되어서는 안 된다. 셋째, 지정된 추출단위는 현지조사에서 명확하고 쉽게 식별이 가능해야 한다. 따라서 추출단위의 결정에서는 정해진 추출단위에 대한 추출틀의 작성이 가능한가에 대한 검토가 선행되어야 한다. 한편, 추출틀의 종류로는 추출단위의 목록(list), 지도(map) 그리고 카드(card) 등이 있다.

예를 들면, 우리나라 가구당 평균소득을 조사하고자 하는 경우에 모집단은 우리나라 전체 가구이고, 조사의 기본단위는 가구가 된다. 만약 추출단위를 가구로 결정하였다면 우리나라 전체 가구에 대한 방대한 양의 리스트가 필요하지만 추출단위를 동으로 한다면 전국의 전체 동에 대한 목록을 만들면 되기 때문에 훨씬 수월한 작업이 된다.

13.3.4 표본설계

표본설계는 모집단을 잘 대표할 수 있는 표본을 추출하고 추출된 표본에서 조사된 정보를 이용하여 모집단의 특성값을 추정하는 전 과정을 말한다.

즉, 주어진 표본의 크기, 조사내용 그리고 제한된 조사비용하에서 조사의 효율성과 정도(precision)를 고려하여 모집단으로부터 표본을 어떻게 추출할 것인가? 그리고 추출한 표본에 대하여 모수추정은 어떤 방법을 사용할 것인가?를 결정한다.

정도는 통계량과 모수의 차이를 말하며, 신뢰도에 표준오차를 곱하여 구해진다.

표본설계시 고려해야 할 내용을 살펴보면 첫째, 가능한 적은 비용과 노력으로 모집단을 잘 반영할 수 있는 표본추출법은 무엇인가? 둘째, 표본오차를 목표하는 수준 이내로 유지하면서 비용을 최소화하기 위한 표본의 크기는 얼마루 하는가? 셋째, 표본에서 조사된 자료를 이용하여 모수를 추정하기 위한 적절한 추정방법은 무엇인가? 등이다. 따라서 표본설계는 조사 결과에 대한 목표정도의 결정, 기본단위와 추출단위의 결정, 표본추출방법의 결정, 표본크기 결정 그리고 모수추정방법 등으로 구성된다.

13.4 표본추출방법

표본추출방법은 확률추출법과 비확률추출법으로 나눈다. 확률추출법에는 단순임의추출, 층화추출, 계통추출, 집락추출 그리고 이중추출 등이 있으며, 비확률추출법에는 전형추출, 할당추출 그리고 판단추출 등이 있다.

여기서는 비확률추출법(유의추출법)을 먼저 설명하기로 하자. 유의추출법은 각 추출단위들이 표본으로 추출될 확률을 객관적으로 나타낼 수 없는 표본추출법으로 대부분이 조사자의 주관적 판단에 의해 표본을 얻는 방법을 말한다.

13.4.1 전형법(Typical Sampling Method)

전형법은 조사자가 그의 지식과 경험에 의하여 모집단을 대표한다고 생각되는 추출단위를 주관적으로 선정하는 방법이다. 예를 들면, 서울시의 생계비조사를 하기 위해 조사원이 가구원수나 소득이 서울시의 평균적이라고 판단되는 가구를 표본으로 선정하는 방법을 말한다. 가령, 서울의 가구당 평균 가족수가 4인이고, 평균소득이 200만원에서 220만원이라면 여기에 해당하는 가구를 표본으로 선정하게 된다.

13.4.2 할당법(Quota Sampling Method)

할당추출법은 표본이 모집단의 구조와 같도록 미리 표본을 할당하고 조사대상자의 선정은 조사자의 주관적인 판단에 의하는 방법으로, 1930년대와 1940년대에 선거예측, 여론조사와 시장조사에 널리 이용되었다. 예를 들면 선거예상조사에서 유권자의 성별, 연령, 학력, 직업, 임금 등의 특성구조가 전국(선거구)의 것과 동일하게 표본구조를 결정해 두고 그 구조에 맞도록 조사원에게 표본을 할당하는 것이다. 이 할당법은 표본추출시 조사자의 주관이 개입되어 표본자료로부터 구한 추정값에 대한 통계적 정확도에 대한 논의를 할 수 없기 때문에 과학적인 조사방법이라고 할 수 없다. 1936년 미국 대통령선거 예측이 좋은 예가 된다.

13.4.3 판단추출(Judgement Sampling Method)

판단추출은 해당 분야에 대하여 전문가의 주관적인 판단에 의해 대표적인 표본을 추출하는 방법이다. 예를 들어 가계비조사시에 5인 가족가구나 농가경제조사에서 규모별로 표준적인 농가만을 선택한 경우이다. 특히, 표본의 크기가 작은 경우에는 바람직할 수도 있다.

13.4.4 확률추출법

표본의 추출이 조사자의 주관에 의존하는 것이 아니라 추출난위에 대하여 사전에 정해진 추출확률에 따라 표본을 추출하는 방법이다. 확률표본의 특징을 살펴보면 첫째, 표본이 모집단의 특성이나 구조를 잘 반영한다. 둘째, 표본추출방법이 객관적으로 이루어져 주어진 추출방법에 따라 누구나 표본추출이 가능하며, 셋째, 추정의 정확도를 계산할 수 있다.

일반적으로 표본조사는 확률추출법에 의한 조사를 의미한다. 확률표본추출법을 이용하면 조사자는 처음부터 목표하는 허용오차한계를 만족할 수 있도록 표본설계를 하고 조사가 끝난 뒤에는 조사결과로부터 실제 성취한 통계적 정확도를 구하여 확인할 수 있다.

모수를 추정할 때 추정량의 정도에 영향을 미치는 요소는 첫째, 표본의 크기이다. 표본의 크기가 클수록 정확도는 높아지게 된다. 즉, 표본의 크기가 커질수록 모수의 참값에 더욱 근접하는 추정량을 얻을 수 있다. 둘째, 표본의 자료값들의 변동의 정도로 이 변동의 크기는 표본을 추출하는 방법에 의해 조절 가능하다. 즉 합리적인 표본추출로 추정량의 정확도를 높일 수 있다.

13.4.4.1 단순임의추출법(Simple Random Sampling)

단순임의추출법은 가장 기본적인 표본추출방법이다. 실제로 대규모 표본조사에서는 어느 한 가지 추출법만을 사용하지 않고 여러 가지 방법들을 복합시킨 방법을 사용하는 한편, 단순임의추출법은 소규모조사나 예비조사(pilot survey)에서 주로 사용한다.

(1) 단순임의추출법의 정의

크기가 N인 모집단에서 크기가 n인 표본을 추출한다면 $\binom{N}{n}$가지의 추출가능한 표본들이 존재한다. 이들 $\binom{N}{n}$가지의 표본들의 추출확률을 모두 같게 해주는 표본추출방법을 단순임의추출법이라고 한다.

단순임의추출법은 주로 모집단의 평균이나 총계, 모비율을 추정할 때 사용된다. 단순임의추출법을 사용하기 위해서는 먼저 모집단 추출틀이 준비되어 있어야 한다. 예를 들면 다음과 같다.

⑴ 정부가 어떤 정책에 대해 국민들의 견해를 알아보고자 할 때

⑵ 일정한 시간대에 TV의 각 채널별 시청률을 조사하기 위해 서울시 전가구 중 500가구를 추출하여 전화조사를 실시할 때

(3) 공장에서 출품된 제품의 불량률을 조사할 때

단순임의추출법의 특징은 첫째, 가장 단순한 방법의 확률추출법으로 다른 표본추출법의 이론적인 기초가 된다. 둘째, 소규모조사나 예비조사에서 주로 사용된다. 셋째, 모집단의 어느 부분도 과대하게 또는 과소하게 반영하지 않는다.

(2) 표본추출방법

1) 직관적인 방법

① 추출틀 내에 있는 각 단위를 꼬리표와 대응시킨 다음 꼬리표를 상자 안에 넣고 완전히 잘 섞고 난 후 눈을 감고 꼬리표를 하나 뽑는다. 만약 상자 속에 있는 꼬리표가 완전히 섞였다면 각 꼬리표가 뽑힐 가능성은 동일하게 된다.

② 뽑힌 꼬리표에 해당하는 단위가 단순임의표본의 첫번째 단위이다.

③ 이러한 방법을 계속 적용하여 크기 n인 단순 임의표본을 뽑기 위해서는 추출틀 내의 n개의 단위에 대응되는 n개의 꼬리표를 계속 뽑는다.

이 방법은 단순임의추출의 원리를 잘 설명해 주지만 추출틀이 방대한 경우에 있어서 꼬리표를 이용하여 표본을 추출하는 방법은 현실적으로 어려운 작업이다. 실제로 단순임의표본을 얻을 때는 난수표를 사용하여 추출단위를 하나씩 추출하게 된다. 난수표란 0, 1, 2, …, 9의 수를 임의로 나열하여 어느 숫자나 선정되는 확률이 동일하도록 만든 표를 말한다. 따라서 난수표상의 어떤 한 위치에 있는 수가 0, 1, 2, 3, 4, 5, 6, 7, 8, 9 중의 어느 하나의 수가 될 가능성은 같게 된다. 또한 어느 한 위치에 있는 수는 다른 위치에 있는 수에 아무런 영향을 미치지 않는다는 의미에서 서른 다른 위치에 있는 수들은 서로 독립적이다.

단순임의표본을 뽑을 때 난수표를 이용하면 꼬리표를 섞는 일을 할 필요가 없어 편리하다. 최근에는 컴퓨터의 난수발생기를 이용하여 컴퓨터에서 단순임의표본을 추출한다.

2) 표본추출방법(난수표를 이용하는 방법)

① 학생수가 $N=1{,}000$명인 어느 학교에서 $n=20$의 단순임의표본을 추출

하는 경우를 예로 들자. 먼저 1,000명의 학생에게 000, 001, 002, …, 999까지 고유번호를 지정한다.

② 난수표에서 출발점을 결정한다. 난수표에서 출발점의 결정은 임의로 정해도 무관하다.

③ 만약에 똑같은 난수가 두 번 발생하게 되면, 나중에 생긴 수는 무시하고 다시 난수를 찾아 서로 다른 난수를 표본수만큼 찾는다.

④ 난수들의 번호에 해당하는 단위를 표본으로 선택하여 조사한다.

(3) 표본크기의 결정

표본크기의 결정의 기본원칙은 목표정도(허용오차)를 충족시킬 수 있는 범위 내에서 가능한 한 작게 해야 한다. 목표정도의 형태는 첫째, 조사 결과 추정량의 오차한계를 넘지 않도록 계획하는 절대오차의 한계와 조사 결과 추정량의 변동계수가 오차한계를 넘지 않도록 계획하는 상대오차의 한계가 있다. 표본의 크기가 크면 클수록 추정량의 분산이 줄어들게 되어 추정량의 표본오차가 줄어드는 장점이 있는 반면 조사를 소요되는 비용과 시간이 많이 든다. 따라서 가능한 예산과 시간의 범위 내에서 효율적인 조사가 될 수 있도록 표본의 크기를 결정해야 한다. 일반적으로 표본의 크기가 필요 이상으로 크면 예산이 낭비될 뿐만 아니라 조사의 정확성은 비표본오차 때문에 감소될 수 있기 때문에 좋지 않고, 반대로 표본수가 너무 작으면 표본오차가 커져 조사의 결과를 신뢰할 수 없게 된다.

13.4.4.2 층화추출법(Stratified Sampling)

(1) 층화추출이란?

층화추출은 모집단을 여러 개의 서로 중복되지 않는 부분집단(stratum: 층)으로 나누고 각 부분집단에서 단순임의표본을 추출하는 방법이다. 모집단을 여러 개의 층으로 나누는 작업을 층화라고 하며 이는 효과적인 표본설계에서 매우 중요한 작업이다. 효율적인 층화를 위해서는 층내의 추출단위가 얻고자 하는 정보에 대해 동질적이 되도록 형성되어야 한다. 그러나 현실에서는 얻고자 하는 정보에 대해 알지 못하기 때문에 과거 자료에서 얻은 정보를 이용하거나 얻고자 하는 정보와 강한 상관관계를 갖는 보조적인 정보를 이용하여 층화한다. 여기서 층화에 이용되는 정보를 담고 있는 변수를 층화변수라 한다.

표본설계와 관련하여 층화추출에서 고려할 과제는 다음 6가지가 있다. 표본의 크기결정, 각 층내의 표본추출방법, 층화변수의 선정, 층별 표본배정, 층수와 층의 크기 결정, 층의 경계를 정하는 것이다.

> 층화추출은 모집단 내의 서로 상이하고 이질적인 단위들이 중복되지 않도록 동질적이고 유사한 단위들로 묶은 여러 개의 층으로 분할한 후, 각 층으로부터 단순임의표본추출에 의해 표본을 추출하는 방법을 말한다.

층화추출방법이 널리 사용되는 이유는 첫째, 단순임의추출법에 비해 추정의 정도를 높일 수 있으며, 둘째, 전체 모집단에 대한 결과뿐만 아니라 각 층별의 추정이 가능하고, 셋째, 조사관리가 보다 편리하고 조사비용도 절감할 수 있기 때문이다. 따라서 층화추출법은 각 층을 독립된 부차모집단으로 간주하여 각 층에서 단순임의추출법을 적용하여 표본을 추출하기 때문에 각각의 층에서 모수의 추정은 단순임의추출법의 이론이 그대로 적용된다. 층을 나누는 데 기준이 되는 층화변수(stratification variable)란 모집단을 몇 개의 층으로 나누려고 할 때 각 추출단위가 어느 층에 속하는지를 구분하기 위해 기준으로 사용되는 변수를 말한다. 예를 들면, 여론조사에서는 일반적으로 지역, 성별, 연령, 학력 등이 중요한 층화변수로 쓰이고 있으며, 서울시내 주택가격에 대한 조사라면 지역(강남, 강북), 주택유형(단독주택, 아파트, 연립주택 등), 주택면적 등이 중요한 층화변수가 된다. 층화변수는 조사하기 전에 모집단에 속한 전체 추출단위에 대해서 그 값을 알고 있어야 하며, 조사되는 관심변수와 밀접한 관련이 있을 때 효과적이다. 일반적으로 층화추출법에서는 층화변수를 무엇으로 정하는지에 따라서 추정의 효율이 달라진다. 적절한 층화변수를 잡아 모집단을 효과적으로 층화한다면 단순임의표본에 의한 결과보다 훨씬 정확도가 높은 추정값을 얻을 수 있다. 일반적으로 각 층내에 있는 단위들의 변동이 적을수록 층내가 동질적일수록 층화의 효과는 커지게 된다.

(2) 표본을 각 층에 배정하는 원칙과 배정방법

표본을 배정하는 일반적인 원칙은 첫째, 층내의 추출단위수가 많을수록 표본을 많이 배정하고, 둘째, 층내의 단위들이 이질적이어서 층내 변동이 클수록 표본을 많이 배정하며, 셋째, 조사비용이 많이 드는 층에 대해서는 가능하면 표본을 적게 배정한다.

한편, 표본을 각 층에 배정하는 방법은 다음과 같다.

① **비례배정법**: 각 층내의 추출단위수에 비례하여 표본의 크기를 배정하는 방법으로 각 층내의 변동과 각 층에서 조사비용은 고려하지 않고 층의 크기만을 고려하여, 층별 변동에 차이가 없고 층별로 조사비용이 비슷한 경우에 적당하다.

② **네이만배정법**: 각 층별 조사비용은 별 차이가 없고, 층별 변동의 정도가 많이 나는 경우에 적당하다. 그리고 각 층의 크기와 층별 변동의 정도를 동시에 고려한 표본 배정방법이다.

③ **최적배정법**: 각 층에서 각 단위당 조사비용에 차이가 있는 경우에 쓰이는 배정방법으로 주어진 비용하에서 추정량의 분산을 최소화하거나 주어진 분산에서 비용을 최소화시키는 방법이다. 최적배정법은 층의 크기, 층내 변동의 크기, 층별 조사비용 등의 3가지 요소를 모두 고려한 표본 배정방법이다. 또한 층의 크기가 클수록, 층내 변동이 클수록 표본이 많이 배정되고, 조사비용이 많이 드는 층에 대해서는 상대적으로 표본이 적게 배정하는 방법이다.

예제 13-11: 적절한 표본의 배정

전국 서점에서의 월간 도서판매량을 조사하고자 할 때, 대규모 서점의 개수는 50개, 중간규모의 서점은 50,000개, 소규모 서점은 30,000개라고 가정하자. 이때 몇몇 대규모 서점의 도서판매량이 전체 판매량 중에 많은 비중을 차지할 것이다. 이 경우 단순임의추출법을 사용하여 표본을 추출한다면, 대규모 서점과 소규모 서점의 추출확률은 동일할 것이기 때문에 추정의 편의가 발생할 가능성이 매우 크다. 그러므로 매장의 규모에 따라 대·중·소 세 가지로 구분하고 각 규모별 범주에서 표본을 추출해야 추정이 참값에 근접하게 된다.

층화를 이용한 표본조사방법은 실제 가장 널리 사용되어지는 기법 중 하나이다. 층화추출법을 널리 이용하게 되는 이유는 첫째, 모집단을 효과적으로 층화할 경우, 층화추출에 의해 구해지는 추정량은 단순임의추출법에 의해 구한 추정량보다 추정량의 오차가 적게 되어, 추정의 정확도를 높일 수 있다. 즉, 층 내부가 동질적일수록 이러한 층화의 효율은 더욱 커지게 된다. 둘째, 전체 모집단에 대한 추정뿐 아니라 각 층별로도 추정이 가능하다. 예를 들어, 전국을 대상으로 하는 조사일 경우 전국에 대한 추정량뿐 아니라 각 도별로 추정량을 얻을 수 있다. 셋째, 조사관리가 보다 편리하며 조사비용도 절감할 수 있다.

13.4.4.3 계통추출법(Systematic Sampling)

(1) 계통추출이란?

대규모 조사에서 주로 사용되는 방법의 하나이며, 단순임의추출법보다 추출작업이 쉽고 경우에 따라서는 추정의 정도가 높다.

> 모집단으로부터 처음 k개 단위들 중에서 랜덤하게 하나의 단위를 추출하고 그 이후 매 k번째마다 하나의 단위를 표본으로 추출하는 표본추출방법을 $1/k$계통추출법이라고 한다.

(2) 계통표본 추출방법

① 추출틀에서 처음 k개 단위 중에서 랜덤하게 하나 $1 \le k \le r+k$를 선택한다. 이때 r을 출발점(starting point)이라고 한다.

② 매 k번째 r, $r+k$, $r+2k$, …, $r+(n-1)k$들을 표본으로 추출한다.

여기서 추출간격(sampling interval)은 추출률의 역수인 $k=\dfrac{N}{n}$이다.

예를 들어 의료분야의 조사에서 전문의 15,000명 중에서 필요한 표본크기가 100명의 전문의라 가정하면 추출간격 k는 150이 되며, 난수 5가 출발점 r이라 하면 계통표본은 5, 155, 305, …, 1,490이 된다.

(3) 계통추출법의 장점

① 표본추출이 간편하고 표본추출과정의 선택오차(selection error)를 줄일 수 있다.

인구 및 주택 센서스에서 계통추출법을 사용하고 있는데 센서스에서는 일반적으로 전 가구를 대상으로는 간단한 내용의 조사를 실시하고, 전체 가구의 5%에 대해서는 다양한 내용의 조사를 실시한다. 이러한 경우 대개 조사원들이 전문적인 조사원이 아니기 때문에 복잡한 표본추출방법을 사용하게 되면 표본선정에 어려움이 많다. 이때 계통추출법을 사용하면 표본선정이 간단한데, 20 가구마다 1가구에 대하여 표본조사를 실시하면 되기 때문이다. 이와 같이 비전문적인 조사원들이 할 수 있는 표본추출법이 계통추출법이다.

② 단순임의추출법의 내용으로 사용할 수 있다.

추출틀이 랜덤한 순서로 배열되어 있는 경우에 계통추출법은 단순임의추출법의 대용으로 간편한 방법으로 표본을 추출할 수 있어서 대규모 표본조사에서 널리 사용된다.

③ 계통추출법은 사용하면 일반적으로 모집단의 전체에 대하여 잘 반영한다.

(4) 계통추출법의 단점

① 실제적으로 표본자료에서 표본오차를 계산할 수 없다. 따라서 단순임의표본으로 가정하여 표본오차를 추정하지만 이것은 모집단의 유형에 따라 실제보다 과대 또는 과소 평가된다.

② 계통표본은 추출틀의 형태에 따라 정도에 차가 생긴다. 특히 모집단 추출틀이 어떤 주기성을 갖고 있을 때는 이 방법의 적용을 피하는 것이 좋다.

계통추출은 추출방법이 간단하기 때문에 품질관리에서도 많이 이용된다.

예제 13-12: 주기성을 갖는 계통표본

공장의 제품이나 원료검사를 위한 시료추출에 적용하여 보자. 어떤 기계에서 제품이 계속해서 흘러나올 때, 일정한 시간간격으로 표본을 뽑는다. 그리고 수입곡물을 검사할 때, 창고 내에서 시료를 뽑으면 표면에 있는 것만 뽑히고, 내부나 밑바닥에는 뽑을 수 없다. 이러한 경우에는 운반할 때 표본을 뽑는 것이 좋은데, 즉 콘베어 벨트로 운반될 때, 일정한 시간간격으로 표본을 뽑으면 된다.

한편 시간적인 계통추출에도 주기성에 유의해야 한다. 그 예로서 제품검사를 매일 오후 늦게 실시하면 작업자들이 피로한 시간이므로 불량률이 높아지게 된다. 이것은 주기성을 갖는 예라고 볼 수 있다.

13.4.4.4 집락추출법(Cluster Sampling)

(1) 집락추출이란?

집락추출은 모집단 단위들의 목록인 추출틀을 얻는 비용이 매우 많거나 단위가 떨어진 거리가 멀수록 관측값을 얻는 비용이 증가한다면 단순 임의추출이나 층화추출보다 더 작은 비용이 든다.

예를 들어 대도시에서 가구당 평균수입을 추정한다고 할 경우에 어떻게 표본을 선택할 것인가? 만약 이를 위해 단순임의추출을 이용한다면 도시의 모든 가구에 대해 작성된 추출틀이 필요할 것이고 이 추출틀을 작성하는 비용은 아주 비싸거나 구하기가 불가능할 것이다. 또한 층화추출을 이용한다고 하더라도 모집단에 있는 각 층 역시 여전히 추출틀을 필요로 하기 때문에 이 문제를 피할 수 없다.

집락추출은 모집단을 집락으로 나누고 집락을 임의추출하여 추출된 집락을 표본으로 하는 방법이다.

이와 같이 원소들로 구성된 단순임의표본을 추출하는 것보다 도시를 구역(또는 단위의 집락)과 같은 지역으로 분할하고 모집단으로부터 구역들로 이루어진 단순임의표본을 선택한다. 이 작업은 도시의 모든 구역을 작성한 추출틀을 사용함으로써 쉽게 행할 수 있다. 그리고 나서 각 추출된 구역 내의 모든 가구의 수입을 추정할 수 있다.

집락추출을 사용하는 두 번째 이유를 설명하기 위하여 어떤 도시에서 가구의 목록을 활용할 수 있다고 하면 도시 전체에 흩어져 있는 가구들로 구성된 단순임의표본을 선택할 수 있다. 이러한 경우에 흩어진 가구에 대해 면접에 소비되는 비용은 면접자의 이동시간과 다른 관련비용으로 인하여 많아질 것이다. 한편, 층화추출은 이러한 비용을 낮출 수는 있지만 집락추출을 이용하면 교통비를 감소시킬 수 있는 더 효율적인 방법이 된다. 그 이유는 집락 내의 단위는 다른 단위와 지리적으로 근거리에 있기 때문에 교통비가 줄어들 것이다. 분명히 도시 내의 한 구역 내에서 드는 교통비는 전체 도시 내의 가구들로 구성된 단순임의추출과 비교하면 교통비는 줄어든다.

아래의 조건하에서 집락추출은 최소의 비용으로 정보의 특정한 양을 얻을 수 있는 효과적인 표본설계이다.

(1) 집락들을 작성한 추출틀은 쉽게 얻어질 수 있으나 모집단 원소들을 작성한 좋은 추출틀이 사용될 수 없거나 추출틀을 얻는 비용이 아주 비싼 경우
(2) 단위들이 떨어진 거리가 멀어서 관측값을 얻는 비용이 증가하는 경우

통계청의 인구 · 주택 총조사 보고서는 매우 자세하게 지역에 대한 통계를 설명하고 있기 때문에 도시 내의 지역들이 가구나 사람들의 집락으로 자주 사용된다. 조사자료의 지역은 도시 자체에서 설정한 지역이 되거나 동일한 정치적 의견이나 지역적 경계를 갖는 불규칙적인 모양의 지역이 될 수 있다. 지역에 관한 통계에는 모든 시 지역과 10,000명 또는 그 이상의 인구가 밀집된 다른 지역에 대해 작성되어 있다. 이와 같이 지역통계는 전체 국민의 77%를 망라하고 있고 각 지역에 대한 자료는 지역 내의 총인구, 연령별 인구, 주택수가 포함되어 있고 재산액수뿐만 아니라 세를 준 집소유자 또는 완벽한 배관설비까지 포함하고 있다.

그러므로 통계청의 지역통계는 시장조사를 하고자 하는 회사가 어떤 제품에 대한 잠재적 시장판매량을 추정하고자 할 경우나 새로운 지역에 새로운 상점을 개업했을 때 잠재적 매출액 또는 비상응급센터와 같은 새로운 용역에 대한 잠재적 고객의 수 등을 추정하고자 하는 경우에 집락추출이 널리 이용된다.

또 다른 예를 들어보면, 도나 지방자치단체는 새로운 수송방법과 시설,

주택개발정책을 계획하기 위하여 표본지역(주택단위 또는 사람의 집락)을 추출할 것이며, 교회와 같은 종교단체도 교세확장을 위한 최적의 부지를 결정하기 위하여 지역통계를 사용할 것이다. 집락추출을 사용하는 예로서 주택단위는 그 자체가 사람들의 집락이 되며 대학생들을 표본추출할 때도 추출단위가 될 수 있다. 그리고 병원은 어떤 질병에 걸려 있는 환자의 평균 재발 수나 평균 입원기간 등을 조사하는 데 편리한 집락형태가 된다.

흔히, 사람이 아닌 다른 원소들도 집락에서 추출된다. 예를 들어 자동차 타이어의 내구성과 안전성의 조사에서 네 개의 타이어는 좋은 집락형태이며, 컴퓨터에 이용하기 위해 제작된 회로판은 품질검사를 위한 반도체들의 집락이다. 산림에서 한 구역도 목재의 양과 병든 나무의 비율을 추정하기 위한 나무의 집락이 된다.

(2) 집락표본 추출방법

집락추출에서 첫째로 해야 할 작업은 적절한 집락을 설정하는 것이다. 집락 내의 단위들은 물리적으로 서로 비슷하고 유사한 성격을 갖는 경향이 있다. 즉, 집락 내의 하나의 단위에 대한 관측값은 다른 단위에 대한 관측값과 상관관계가 높다는 의미를 갖는다.

따라서 모집단 모수에 대한 정보의 양은 새로운 관측값이 집락 내에서 취해졌다 하더라도 증가하지는 않는다. 그 이유는 관측값에는 비용이 들기 때문에 실험자가 너무 큰 집락을 선택하면 비용이 많이 들게 된다. 그러나 집락 내에서 단위들이 서로 다른 특성을 가질 수도 있다. 이런 경우는 유사한 성격을 가지고 있는 경우보다 큰 집락들을 갖는 표본으로 모수를 추정하기 위한 좋은 추정값을 제공한다.

예를 들어 집락들이 비생산공정에서 만들어진 부품의 상자들이라고 하면 한 공정에서 만들어진 부품의 상자는 하나의 집락이 된다. 만약 모든 공정이 근사적으로 같은 불량률을 갖는다면 각 집락(상자) 내의 부품들은 모집단 전체의 경우보다 품질면에서는 변하게 된다. 이 경우에 생산된 불량품의 비율에 대한 좋은 추정값은 하나 또는 두 개의 집락에서 구할 수 있다.

반대로 지역재편계획에 찬성하는 가구의 비율을 추정하기 위해 학군들이 가구들로 구성된 집락들로 설정되었다고 하자. 집락들은 여러 가구들을 포함하기 때문에 해결방법은 단 몇 개의 집락들이 추출되면 된다. 이 경우에 어떠한 학군 내 대부분의 가구는 학교는 좋아하지만 지역재편에는 반대하는 반면, 다른 지역의 대부분의 가구는 학교는 좋아하지 않지만 지역재편에 강력히 찬성할 수도 있다. 이와 같이 학군설정에서 소표본은 전체적으로 집단 중 하나 또는 다른 곳에서 잘못된 정보를 얻을 수 있기 때문에 아주 나쁜 추정결과를 얻을 수 있다. 그러므로 작은 크기의 많은 집락에서 표본을 추출함으로써 더 많은 정보를 얻을 수 있다.

적절한 집락크기를 결정하는 문제는 병든 나무의 비율을 추정하기 위해 숲의 구역 선택처럼 가능한 집락크기들이 수없이 많이 활용할 수 있을 때 아주 어렵게 된다. 만약 숲을 가로질러 병든 나무의 밀도가 변동한다면 임의로 또는 계통적으로 위치한 여러 개의 작은 구역(집락)들이 바람직할 것이다. 그러나 숲에서 임의로 위치를 설정하는 것은 많은 시간이 요구되며 이렇게 구역이 배치되었을 때 한 구역에서 많은 나무를 추출하는 것이 경제적으로 바람직하다.

이와 같이 여러 개의 작은 구역들은 변동을 통제할 수 있는 장점이 있으나 소수의 큰 구역들은 경제적인 장점을 가지므로 구역의 크기와 개수 사이에는 균형이 이루어져야 한다. 이러한 결정을 하기 위한 좋은 규칙은 없다. 각 문제는 주어진 상황에 따라 조사되어야 하며 다양한 구역 크기를 갖는 사전조사를 통하여 실험자는 올바른 방향으로 결정하면 된다.

층의 최적구성과 집락의 최적구성 사이에는 다음과 같은 중요한 차이가 있다. 즉, 층들은 가능한 한 층내에서 동질성이 유지되어야 하고 하나의 층은 측정된 특성에 대해서 다른 층과는 가능한 한 이질적이 되어야 한다. 반면에 집락들은 가능한 한 집락 내에서는 이질적이 되어야 하고 하나의 집락은 집락추출의 경제적 장점을 살리기 위해 다른 집락과 동질적이어야 한다.

이와 같이 적절한 집락이 설정되었다면 모집단 내의 모든 집락들을 작성한 추출틀이 구성되어야 한다.

예제 13-13: 사회학자가 작은 도시의 가구당 평균수입을 추정하기를 원한다. 거주하는 성인들의 명단을 이용할 수 없다면 어떻게 표본조사를 설계할 것인가?

단위의 리스트를 활용할 수 없기 때문에 조사설계에 대하여 집락표본추출은 논리적인 선택인 것처럼 보인다. 도시를 두 개의 공단지역과 세 개의 공원지역을 제외하고 오직 몇몇 주택만을 포함하는 사각형의 구역으로 표시한다. 사회학자는 도시 구역의 각각을 하나의 집락으로 생각하고 두 개의 공단지역을 하나의 집락으로 세 개의 공원지역을 또 하나의 집락으로 결정하였다.

집락들은 1에서 415까지 번호를 써 넣은 시의 지도상에 표시되어 있다. 조사자는 n=25개의 집락을 표본으로 추출하고 각 집락 내의 각 가구를 면접조사하기 위한 충분한 시간과 비용을 가지고 있다. 부록의 [표 A]를 이용하여 1에서 415 사이의 난수를 25개 선택하고, 선택된 난수를 집락으로 하여 일치하는 수를 지도상에 표시한다. 그리고 나서 면접조사자는 추출된 집락의 각각에 배정한다.

(3) 대규모 조사에서 집락추출법이 널리 사용되는 이유는?

① 모집단이 큰 대규모 사회조사에서는 추출틀을 마련하기가 매우 어렵거나 불가능한 경우가 많다.

② 완전한 추출틀이 마련되어도 여기서 뽑힌 표본은 지리적으로 매우 흩어지게 되어 조사비용과 노력이 많이 소요될 뿐더러 표본을 관리하기가 매우 힘들다.

단순임의추출법, 층화추출법, 계통추출법 등은 모집단 단위의 완전한 추출틀을 작성하고, 그 추출틀에서 각 단위를 직접 표본으로 뽑는 방법들이며, 집락추출법은 먼저 집락을 추출하고 나서 집락 내의 일부 또는 모든 단위들을 조사하는 방법이다.

13.5 표본오차

모집단의 일부인 표본을 사용하여 모집단의 특성값을 추정하기 때문에 발생하는 필연적인 오차를 표본오차(sampling error)라 하며, 비표본오차(nonsampling error)는 조사준비과정, 실제 조사, 자료집계 및 자료처리과정에서 발생하는 말한다.

신뢰성 높은 통계조사가 되기 위해서는 표본오차뿐만 아니라 '비표본오차'를 줄이는 것이 필수적이다. 여기서는 비표본오차의 발생 원인과 그 대책, 비표본오차의 측정방법을 다루어 보기로 하자.

13.5.1 표본조사에서 발생하는 오차는?

표본조사를 통해서 얻어진 데이터에서 계산된 추정값과 모수의 참값 간의 차이를 말하며, 발생원인은 모집단 전체 대신에 일부인 표본만을 조사하고, 조사단위의 참값을 측정하지 못하거나 또는 자료수집 및 분석과정에서 오류가 발생할 수 있기 때문이다.

첫째, 우연오차(chance error)는 우연적인 요인들에 의해서 발생하여 확률변수적 특성을 갖는다. 여기서 표본오차는 모집단 전체를 조사하지 않고 그 일부인 표본을 조사하여 모수를 추정하기 때문에 생기는 오차이며, 비표본오차는 통계조사 계획과정, 자료집계과정, 자료분석과정 등에서 발생하는 오차이다.

둘째, 편의는 비확률변수적 특성을 가지며, 관찰과정이나 자료분석과정에서 발생하는 체계적인 오차이다.

셋째, 오차의 성분은 총오차=편의(표본편의+비표본편의)+우연오차(표본오차+비표본오차)

표본오차는 표본조사를 행하면 필연적으로 발생하지만 전수조사를 하는 경우에는 발생하지 않는다. 그러나 비표본오차는 표본오차와는 달리 표본조사와 전수조사에서 모두 발생한다. 즉, 전수조사에서는 표본오차는 없고 비표본오차만 발생하고, 표본조사에서는 표본오차와 비표본오차가 다같이 발생한다. 일반적으로 대규모 통계조사에서는 비표본오차가 표본오차보다 훨씬 더 심각한 문제를 일으킨다. 대개 표본오차는 표본의 크기가 증가함에 따라 감소하지만 비표본오차는 표본의 크기가 커지면 증가하는 경향이 있다. 그러므로 모집단이 큰 경우 전수조사에서 일어나는 비표본오차는 표본조사에서 일어나는 비표본오차보다 훨씬 크다. 이러한 이유로 잘 관리된 표본조사가 전수조사보다 정확도가 높은 경우가 대부분이다.

13.5.2 편의는 무엇인가?

편의란 모수 추정에 사용된 통계량의 기대값과 모수 참값의 차이이며, 표본편의(sampling bias)와 비표본편의(nonsampling bias)로 구분된다. 또한 전수조사에서도 발생하고, 발생원인이 복잡하며 체계적인 측정이 어렵다. 따라서 표본조사계획, 표본설계, 본 조사과정, 자료집계과정, 자료분석과정 등의 표본조사 전 과정에 대한 세심한 관리가 필요하다.

13.5.2.1 표본편의

전수조사가 아닌 표본조사를 통해서 모수를 추정하기 때문에 발생하는 편의이며, 추출틀 편의, 일치성 편의, 상수성 편의로 나눌 수 있다. 첫째, 추출틀 편의(frame bias)는 표본추출을 위한 추출틀이 부정확(누락, 반복 등)하기 때문에 발생하는 편의이다. 예를 들면 추출단위들이 반복해서 포함된 추출틀에서 단순임의표본을 추출하여 표본평균으로 모평균을 추정하는 경우에는 편의가 생기지만, 추정과정에서 반복된 추출단위에 대하여 적절한 가중치를 부여함으로써 편의를 없앨 수 있다.

둘째, 일치성 표본편의(consistent sampling bias)는 모수추정을 위해서 비편의 추정량을 사용하지 않고 일치추정량을 사용할 경우 발생하는 오차이며, 표본의 크기를 늘리면 편의는 감소하며 다른 편의에 비해 심각하지는 않다. 예를 들면 모분산을 추정하기 위해서 표본분산 대신에 표본중위수 분산을 사용할 때 생기는 오차이다.

셋째, 상수성 표본편의(constant statistical bias)는 표본의 크기와는 무관하게 통계적 추정방법에서 발생하는 편의로서, 예를 들면 비대칭의 분포형태에서 모평균 추정량으로서 표본중앙값을 사용하는 경우 표본의 크기가 2가 아니면 비편의 추정량이 될 수 없다.

13.5.2.2 비표본편의

조사단위의 특성값을 정확하게 측정하지 못함으로써 발생되는 편의를 말하며, 대부분의 조사에서는 비표본편의가 편의의 대부분을 차지한다. 발생원인은 첫째, 조사가 불가능하기 때문에 발생하는 편의로써 모집단의 일부가 누락된 추출틀에서 표본을 추출한 경우 조사 대상자의 일부가 응답을 거부한 경우이다. 둘째, 조사는 가능하나 부정확한 측정으로 인해 발생하는 편의로서 면접조사시 의도적인 관측값의 조작과 측정의 잘못 등으로 인한 경우와 자료처리과정에서 코딩이나 계산과정의 실수로 인한 경우이다.

따라서 표본오차와 표본편의는 효과적으로 표본설계를 잘 하면 줄일 수 있고 비표본오차와 비표본편의는 잘 훈련된 전문적인 조사원을 통해서 실제 조사를 실행하면 줄일 수 있다.

13.5.3 비표본오차의 종류

비표본오차는 조사의 계획단계부터 자료분석이나 보고서 작성의 최종과정까지 부주의나 실수 또는 원인을 알 수 없는 이유로 생기는 오차로서 전수조사와 표본조사에서 모두 발생한다. 비표본오차의 주요 발생원인은 첫째, 조사의 계획단계에서 발생하는 비표본오차로 조사항목이 조사목적과 일치하지 않는 경우, 조사범위의 불분명, 모집단의 전 영역을 포함 못한 추출틀의 사용 그리고 잘못된 개념의 정의 등이다. 둘째, 자료수집 단계에서 발생하는 오차로써 자료수집방법의 결함, 즉 조사원의 훈련이 불충분하거나, 조사원에 대한 지도 · 감독이 소홀한 경우와 응답자의 응답오차와 무응답으로 인한 오차이다. 셋째, 수집된 자료의 집계과정과 부호화 그리고 코딩 등에서 발생하는 오차로 발생원인은 분석된 자료의 도표화에서 생기는 오류와 결과발표나 인쇄과정중에 범해지는 기타 오차이다.

13.5.3.1 무응답오차(nonresponse error)

모집단의 일부에 대한 데이터를 조사할 수 없어서 발생하는 관측불가능에 의한 오차이며, 무응답이 발생하는 원인은 첫째, 부재로 조사대상자에 따라 조사에서 만날 수 있는 가능성이 다르다. 이의 해결방법은 방문시각을 전화나 사전에 우편 통지를 통해 면접시기를 정하는 것이 좋다. 부재중일 때는 재방문을 통해 응답률을 높일 수 있다.

둘째, 응답거부로 응답자의 본성이나 성격에 따라 응답거부를 할 수 있다. 따라서 면담의 기법과 연구의 후원자가 누구인가가 중요한 역할을 한다. 그리고 질문의 성격에 따라 응답거부가 나타날 수 있다. 그러므로 사생활이나 사회적으로 민감한 사항에 대한 질문은 응답거부가 될 가능성이 높으므로 연구에 꼭 필요한 사항이 아니면 설문지에서 제외하는 것이 좋다.

셋째, 불능으로 조사기간중 육체적이나 정신적인 질병으로 응답을 할 수 없는 경우이다.

넷째, 분실로 우편조사 등에서 설문지가 분실되는 경우이다.

다섯째, 시기상실로 조사는 했으나 그 결과가 분실, 파손되었거나 설문지의 응답에 신뢰성이 없는 경우이다.

이상의 무응답오차를 감소시킬 수 있는 대책들을 살펴보면 첫째, 자료수집절차 개선, 응답자에게 익명성 보장, 응답자로 하여금 조사에 적극적으로 협조할 수 있는 동기부여와 사전통지를 통한 면접시간 조정이 있다.

둘째, 재방문(call-backs)을 하여 응답자가 부재중일 때 무응답의 비율을 감소시킬 수 있다. 예로서 우편조사에서 질문에 답하지 않은 사람들에게 반복적으로 설문지를 우송하는 방법도 일종의 재방문이다.

셋째, 한센(Hansen)과 휴비츠(Hurwitz)가 제안한 무응답의 부차표본을 추출하여 처음 조사는 우편조사로 실시하고, 우편조사에 불응한 대상자에 대해서 부차표본을 추출하여 면접조사를 실시하는 방법이다.

넷째, 무응답자에 대한 조사값을 다른 측정치나 과거의 정보를 이용하여 특성이 비슷한 응답자의 조사값으로 대체하는 것을 말한다. 무응답에 대한 대체의 주요한 방법은 현재의 무응답자료를 과거에 실시한 자료를 이용해서 특성이 비슷한 자료와 대체하는 콜덱(cold deck)방법이며, 경우에 따라서는 여러

예제 13-14: 무응답 사례

현재의 인구조사는 우리가 알고 있는 가장 좋은 응답비율 중의 하나이다. 오직 6~7% 정도의 사람들이 상주인구조사(Current Population Survey: CPS)에 응답하지 않을 뿐이다. 사람들은 상주인구조사와 같은 정부의 조사를 좋아하고, 전화로 인터뷰하기 전에 표본으로 뽑힌 사람과 접촉한다.

일반적인 사회조사는 표본으로 뽑힌 사람들과 접촉해서 조사를 하는 이점에도 불구하고 최근의 조사에서는 무응답률이 24% 정도나 발생하고 있다.

미디어와 시장조사 그리고 여론조사기관에서 실시하는 여론조사는 어떠한가? 그들이 말하지 않기 때문에 우리는 무응답률을 모른다. 이는 나쁜 행위이다. 응용통계연구소는 1,221명의 응답과 사람들이 집에 없거나, 거절하거나 조사가 끝나지 않은 1,658명을 조사하였다. 즉 2,879명의 조사 결과 1,658명이 무응답이므로 무응답률은 약 58%이다. 일반적으로 여론조사의 경우 무응답률은 75~80% 정도까지 이른다.

개의 값이 존재하는 경우에는 이들의 평균으로 대체한다. 한편, 핫덱(hot deck)방법은 현재 조사된 자료들 중에서 같은 계층에 속한 자료들을 이용하여 대체하는 방법을 말한다. 조사된 자료가 지역적으로 밀접한 관련이 있는 경우에는 무응답자료와 가장 가까운 위치에 있는 자료를 이용해서 무응답을 대체한다. 이외에 평균대체방법과 회귀식을 이용한 대체방법 등이 있다.

표본조사자들은 무응답을 줄일 수 있는 약간의 계략을 알고 있다. 교육을 잘 받은 조사자들은 피조사자들부터 응답을 얻어낼 때까지 통화를 시도하며, 오랜 시간이 지난 후에 다시 통화를 시도한다. 또한 나아가서 문자를 보내도 된다. 문자를 보내거나 추후에 전화를 거는 것은 여론조사를 늦출 수 있기 때문에, 안전하고 빠른 응답을 원하는 미디어는 그것을 사용하지 않는다. 신중한 조사라도 전문가적 견해가 없이는 극복할 수 없는 것이 무응답이다.

13.5.3.2 응답오차(response errors)

조사단위가 갖고 있는 변수의 참값과 조사단위를 측정하여 얻은 값은 차이가 있게 마련인데, 이 차이를 응답오차라고 한다. 응답오차의 크기는 조사의 성격이나 수집하고자 하는 정보의 종류에 따라 좌우되며 조사자나 응답자 모두에게 책임이 있을 수 있다. 응답오차는 조사원에 대한 불충분한 감독, 조사원의 경험미숙과 훈련부족 그리고 자료수집과정상의 문제점과 응답자로 인해 발생된다.

13.5.3.3 종합표 작성의 오차(tabulation errors)

종합표 작성상 조사 · 수집된 자료를 처리 · 분석하는 과정에서 발생하는 오차를 의미한다. 오차의 주된 발생 원인은 첫째, 기초자료의 검사 미흡으로 조사원에 의해서 수집된 조사표는 감독자 또는 자료 전문 검사원에 의해서 현장에서 조사표를 점검하여 비합리적인 응답을 검색한다. 둘째, 컴퓨터에 데이터를 입력하는 과정에서 부호화, 코딩, 자료입력 등의 오류로 발생한다. 셋째, 공표과정에서 보고서는 조사목적, 표본설계, 조사표와 실사과정에 대해 정확히 알려야 한다.

13.5.4 비표본오차의 측정

통계조사를 통해서 조사결과를 얻으면 반드시 조사에 대한 비표본오차를 측정해야 하고, 그 결과에 따라 조사결과의 질을 파악하게 된다. 일반적으로 조사결과에 대한 표본오차는 추정량의 분산이나 변동계수를 통해서 파악하고, 비표본오차에 대한 측정은 다음과 같은 방법들을 이용한다.

첫째, 일관성 점검은 조사표를 설계할 때 조사내용의 질을 검사할 수 있는 항목을 포함시켜 조사하는 방법으로 예를 들면, 농가마다 작물별 재배면적을 조사하면서 총경지면적 항목을 조사표에 포함시켜 작물별 재배면적의 합을 총경지면적과 비교하여 소사의 질을 파악한다. 또한 그래프를 이용하여 이상값을 검출하는 방법으로 예를 들면 가계비 조사를 할 경우 조사가구의 1인당 가계비를 계산하여 그래프를 그리면 일정한 경향을 나타낼 것이다. 이 경향선에서 크게 벗어나는 값이 있으면 이 가구의 조사내용을 점검해야 한다.

둘째, 표본점검은 조사과정에서 중요한 일부의 작업에 대하여 독립적으로 이중실시하는 방법으로 대규모의 표본조사에서는 모든 조사단위에 대하여 두 명의 조사원으로 하여금 조사를 할 수 없으므로 조사작업의 일부분에 한정하여 실시한다. 그리고 이중실사를 담당하는 조사원은 잘 훈련되고 경험이 많은 우수한 조사원이어야 한다.

셋째, 사후 표본조사 점검은 센서스나 대규모 표본조사에서 조사된 표본에서 일부를 추출하여 본 조사의 조사원보다 우수한 조사원에 의하여 재조사를 하는 것을 의미한다. 이렇게 함으로써 비표본오차를 평가하고 본 조사의 질을 파악할 수 있다. 그리고 두 조사시기가 길어지면 모집단이 변동이 생길 수 있고, 또 응답자의 기억이 감소하기 때문에 본 조사 직후에 실시하여야 한다. 따라서 점검표본에 포함된 단위들에 대한 두 개의 측정값을 대응시켜 관찰된 값 간의 차이를 분석하여 비표본오차의 원인과 성질을 파악할 수 있다.

넷째, 품질관리기법은 조사업무도 대규모이고 반복적인 특성을 가진 작업의 일종으로 볼 수 있기 때문에 통계적 품질관리기법을 전수조사나 표본조사 업무에 적용할 수 있다. 그리고 관리도나 합격 샘플링 기법들은 대규모 표본조사나 전수조사에서 자료의 질을 평가하거나 최종결과의 신뢰도를 높이는 방안으로 쓰이고 있다. 따라서 전수조사나 표본조사의 조사과정을 제품의 제조과정으로 볼 수 있고 조사원이 비표본오차가 많이 포함된 조사결과를 얻는 것을 불량품으로 간주하여 품질관리기법을 적용한다.

연습문제

13.1 비정규직 근로자들을 위해 정부에서 연금보험을 제공하는 법안을 고려중인 한 여성국회의원이 이 문제에 대해 1,128통의 편지를 받아 보고서를 작성하였다. 그 편지 중 871통이 입법에 반대하였다. "나는 나의 지역구 대다수의 주민들이 이 법안을 반대하는 사실에 놀랐다. 나는 전적으로 이것이 여론이라고 생각한다"라고 그 국회의원이 말했다. 당신은 대다수의 유권자들이 이 법안에 대해 반대한다고 확신하는가? 당신은 그 여성국회의원에서 이 문제를 어떻게 통계적으로 설명할 것인가?

13.2 사설 칼럼리스트 A 기자는 여성 독자에게 스킨십 없이 깊은 애정표현으로만 남자들에게 만족하는지를 물었다. 90,000이 넘는 여성을 조사했고 그 중 72%가 "그렇다"라고 응답했다. 많은 응답들이 남자들의 표현을 느낄 수 없음을 나타냈다. 이 표본에서 확실하게 편의가 존재하는 이유를 설명하라. 편의의 경향은 무엇인가?(72%라는 상대빈도는 전체 성인 여성의 모집단에 대한 실제 상대빈도보다 높은가, 낮은가?)

13.3 성균관대학교는 학교 내 학생 주차장에 대한 의견을 모으고자 한다. 모든 학생들을 조사하는 것은 현실적이지 않다.

(a) 임의응답에 의존하기 때문에 바람직하지 못하게 되는 학생들의 표본을 선택하는 방법의 한 예를 들어라.

(b) 임의응답을 사용하지 않는 표본을 선택하는 적절하지 못한 방법의 다른 예를 들어라.

13.4 미군은 계속 한국에 주둔해야 하는가? 텔레비전의 한 프로그램은 이 질문에 대해 시청자에게 전화조사를 실시하였다. 18,600명에게 전화를 하였고 그 중 67%가 "아니오"라고 응답했다. 같은 질문에 대해 500명 성인의 전국 표본은 72%가 "예"라고 응답했다. 단 500명의 랜덤하게 선택된 응답자의 의견이 전화조사된 18,600명의 의견보다 전체 한국인의 의견을 더 잘 반영하는 이유를 통계를 모르는 사람에게 설명하라.

13.5 성균관대학교는 역사 관련 교양과목이 부족하다. 따라서 총장에게 이 문제를 제기하기로 결정했다. 이에 대한 항의서를 제출하기 위해 랜덤하게 4명의 학생 대표를 선출하기로 결정했다. 학생회 대의원의 명단은 다음과 같다. 여기에서

난수표에서 145번째 줄부터 시작해서 표본크기 4의 단순임의추출을 시행하라.

강성구, 김길태, 김봉조, 김호일, 권영식, 박지훈, 변준호, 유영택, 윤상욱, 임수정
정윤정, 허태선, 함주형, 고용석, 김소윤, 박성률, 문규종, 최재혁, 권은주, 길순경
김성희, 김영락, 김한나, 류현상, 박영석, 심경욱, 안준기, 안치경, 윤장섭, 이대화

13.6 A 회사는 1,000명의 남자 직원과 500명의 여자 직원으로 구성되어 있다. 직원들 의견조사를 위해 랜덤하게 1,000명의 남자 직원 중 100명을 선택하고, 같은 방법으로 500명의 여자 직원 중 50명을 선택한다. 150명의 직원으로 구성된 표본이 선택되었다.

(a) 이런 표본추출 방법이 직원들이 표본으로 선택될 동일한 기회를 가지는 이유를 설명하라.

(b) 그럼에도 불구하고 이것은 단순임의표본이 아니다. 그 이유를 설명하라.

13.7 다음의 난수표에 대한 설명이 참인지 거짓인지를 결정하고 이유를 설명하라.

(a) 40개의 난수표의 각 행에는 정확히 4개의 0이 존재한다.

(b) 두 자리 난수의 00이 되는 기회가 1/100이다.

(c) 난수 0000은 표에서 나타날 수가 없다. 이런 패턴은 랜덤하지 않기 때문이다.

13.8 텔레비전의 한 프로그램은 다음과 같이 방송했다.

"버스 전용차선제도는 현행대로 유지되어야 하는가? 당신은 오늘 이 문제에 대한 특별 여론조사에 전화로 참여할 수 있습니다. 찬성하면 080-720-6181로, 반대하면 080-720-6182로 전화주세요."— 최초 1분 동안 50원이 부과됩니다. 이 여론조사는 확실히 편의가 존재한다. 그 이유를 설명하라.

13.9 서울 남대문경찰서는 경찰의 민원처리에 대한 상인들의 의견을 알고 싶어 한다. 사회학자는 경찰에 대한 몇 가지 질문을 준비했다. 남대문경찰서는 300개의 남대문시장의 상점의 주소를 단순임의추출로 선택했다. 그 상점의 주인에게 질문하기 위해 남대문경찰서는 우편을 통해 각 주소로 질문을 보냈다.

(a) 모집단과 표본은 각각 무엇인가?

(b) 이 표본은 단순임의추출에 의해 선택되었음에도 불구하고 결과에 편의가 존재하는 이유는 무엇인가?

13.10 누가 부족한 물건을 가질 것인가를 결정하는 가장 공평한 방법은 모두가 선택될 동일한 기회를 가진다는 점에서 그 대상을 임의로 선택하는 것이다. 임의선택은 항상 좋은 방법이 아니다. 즉 때때로 더 우선되는 자격을 가진 사람이 존재하기 때문에 모든 사람이 동일한 조건을 가지는 것을 원하지 않는다. 다

음의 각 상황에서 임의선택을 적용할 수 있는가? 각 경우에 대해 당신이 생각하는 이유를 설명하라.

(a) 배구경기장의 좌석은 총 4,000석이다. 7,000명의 학생이 표를 가지고 있다. 7,000명 중 4,000명을 랜덤하게 선택할 수 있는가?

(b) 이민 허가를 기다리는 사람이 이민 허가를 받는 사람보다 더 많다. 누가 이민 허가를 받을 것인지 결정하는 객관적인 방법이 있는가?

(c) 어떤 나라는 제비뽑기 방법으로 랜덤하게 군대에 간다. 이 방법이 누가 군대에 갈 것인지, 가지 않을 것인지를 결정하는 가장 좋은 방법이 될 수 있는가?

문제 13.11부터 13.14의 색으로 표시된 숫자는 모수이거나 통계량이다. 각각의 경우 어떤 것인지 구분하라.

13.11 노동부는 지난달 50,000가구의 모든 성인을 대상으로 조사를 하였다. 그 중 4.5%가 실업자였다.

13.12 한 화물 안의 베어링의 평균은 2.503이다. 이것은 구매자가 구매를 하기 위한 기준 이내의 값이다. 조사자가 우연히 그 화물을 다시 택해서 100개의 베어링을 조사한 결과 평균이 2.515였다. 이것은 제한된 구간 밖의 값이어서 이 화물은 거부되었다.

13.13 여수의 한 전화 조사자가 무작위 전화걸기로 그 지역의 주민들에게 전화를 하였다. 첫번째 100개의 번호 중에서, 43개가 결번이었다. 이것은 여수지역의 주거전화의 52%가 등재되어 있지 않기 때문에 별로 놀라운 일도 아니다.

13.14 선거인 등록명단에 A구의 68%가 민주노동당원이라고 적혀 있다. 당신은 이 지역에서 무작위 전화걸기를 이용하여 150명을 조사하였다. 조사결과 73%가 민주노동당원이었다.

13.15 성인 1,190명에 대한 조사에서 702명이 세금을 줄임으로써 수지 균형을 맞추는 것을 선호한다는 것을 알았다. 이 결과의 오차한계는 ±4%p이다. 이 뉴스 보도는 신뢰수준을 제공하지 않지만, 당신은 신뢰수준이 95%라고 확신한다.

(a) 수지균형을 맞추는 것을 선호하는 표본비율 $\hat{p}$의 값은 얼마인가? 여기서 모집단 비율 p 를 설명하라.

(b) 모집단 비율 p 에 관한 신뢰성 진술을 만들어보라.

13.16 한 학생이 "A학과의 평균 수능점수가 267.8부터 276.2 사이에 있다는 것을 95% 확신한다"라는 글을 읽었다. 이 진술을 설명하기 위해 이 학생이 "이 학과의 모든 학생의 95%가 267.8과 276.2점 사이의 점수를 얻었다"라고 말했다면, 이 진술을 맞는가? 의견을 말해보라.

13.17 한 뉴스기사의 최근의 여론조사 결과 표본으로 추출된 성인 1,108명의 78%가 천국이 있다고 믿고, 단지 60%가 지옥이 있다고 믿는다고 하였다.

(a) 이 표본크기에 관한 오차한계를 구하기 위해 빠른 방법(quick method)을 사용하라.

(b) 지옥이 있다고 믿는 모든 성인의 퍼센트에 관한 신뢰성 진술을 만들어 보라.

13.18 "당신은 범죄 때문에 밤에 밖에 나가는 것을 두려워합니까?" 갤럽은 성인 1,493명을 대상으로 다음의 질문을 하였다. 표본으로 신출된 성인 중 672명이 그렇다고 대답을 하였다. 범죄 때문에 밤에 밖에 나가기를 무서워하는 모든 성인들의 퍼센트에 대한 신뢰성 진술을 만들어 보라.

13.19 여성주간은 확률 추출된 1,025명의 성인 여성에 대해 인터뷰를 실시했다. 그 결과 47%의 여성이 그들 자신을 위한 충분한 시간을 갖지 못한다고 답했다.

(a) 조사는 이 결과의 95%신뢰를 위해서 ±3%p의 오차한계를 발표했다. 자신을 위해 충분한 시간을 갖지 못한다고 생각하는 성인 여성에 관한 95% 신뢰성 진술을 만들라.

(b) 통계를 모르는 사람에게 왜 우리가 "모든 성인 여성의 47%가 그들 자신을 위한 충분한 시간을 갖지 못한다"고 말할 수 없는지 설명해 보라.

(c) 그런 다음, '95% 신뢰성' 이 무엇을 의미하는지 정확하게 설명해 보라.

13.20 어떤 종류의 오차인가?

표본오차와 비표본오차의 원인은 무엇인가를 설명하시오.

(a) 이 주제는 과거 약 사용에 대해서 거짓말을 하고 있다.

(b) 타자 오류는 데이터를 기록하는 데 있다.

(c) 자료는 신문에 인쇄된 상품할인권을 우편으로 보내 모아진다.

13.21 어떤 종류의 오차인가?

다음은 표본조사에서 나타나는 오차의 원인이다. 표본오차와 비표본오차를 각각 분류하고 이유를 설명하시오

(a) 전화번호부는 표본 프레임 작성에 쓰인다.

(b) 이 주제는 5번까지 전화 연결을 할 수 없다.

(c) 인터뷰는 길거리의 사람들을 대상으로 실시한다.

13.22 인터넷 이용자 조사에 따르면 남자, 여자의 비율이 2:1로 남자 이용자수가 더 많다. 이것은 놀랄 만한 일이다. 왜냐하면 예전에는 남자 대 여자의 비율이 9:1에 가까웠는데 최근의 기사에서 우리는 다음과 같은 정보를 발견하였다. "조사는 인터넷으로 13,000개 이상의 기관에 발송했는데 1,468개의 기관으로부터 응답을 받았다. 자료에 의하면 95% 신뢰수준의 오차의 한계는 2.8%였다."

(a) 이 조사의 응답률은 얼마인가?

(b) 이 조사에서의 오차의 한계를 추정하여라. 추정한 결과가 2.8%와 비슷한가?

(c) 작은 오차의 한계가 조사결과의 정확성에 대해 좋은 측정값이라 생각하는가?

13.23 대학당국은 학생생활에 관한 여론조사를 하기 위해 학부학생들의 등록대장으로부터 100명의 학생을 단순임의추출로 뽑았다. 만약 동시에 100명의 학생들을 두 번 단순임의추출하였다면 두 표본들은 다소 다른 결과를 줄 것이다. 이러한 변동은 표본오차인가 비표본오차인가? 이러한 오차의 원인을 주어진 오차의 한계로 설명할 수 있을가?

13.24 헌법개정에 관한 여론조사에서 당신은 "헌법개정을 원합니까?" "헌법수정을 원합니까?"를 물을 수 있다. 이 두 개의 질문 중 어느 하나가 더 높은 찬성률이 나올 수 있다. 어떤 것인가? 그 이유는 무엇인가?

13.25 대학생활의 개선방안에 대한 조사를 위해 학부생과 대학원생들을 단순임의추출을 하는데, 학부생의 추출률은 1/90이고, 대학원생의 추출률은 1/15이다. 이 경우에 학부생의 표본추출이 대학원생을 추출하는 것보다 더 작은 오차의 한계를 가져온다. 이와 같은 현상이 왜 발생하는지 통계학을 모르는 사람에게 설명하시오.

13.26 학생처는 캠퍼스 생활환경을 개선하기 위해 학생들을 임의로 뽑아 조사를 실시하려고 계획을 세웠다. 표본추출틀로 사용할 3,500명의 명부가 준비되어 있다.

(a) 250명의 학생을 단순임의추출로 뽑는 방법을 설명하시오.

(b) 250명의 학생을 계통추출로 뽑는 방법을 설명하시오.

(c) 3,500명 중 2,400명은 기숙사 생활을 하며, 나머지 1,100명은 집에서 생활한다고 한다. 기숙사 생활하는 학생 중 200명과 집에서 생활하는 학생 중 50명을 층화추출하는 방법을 설명하시오.

13.27 2002년 대통령선거전에서 후보들은 많은 정부의 잉여금으로 무엇을 해야 할까에 대해 토론을 하였다. 갤럽은 랜덤하게 뽑힌 성인들에서 두 가지 질문을 하였다.

(a) 잉여금은 조세감면을 위해 사용되어야 하나? 아니면 새로운 정부 프로그램의 기금에 사용되어야 하나?

(b) 잉여금은 조세감면을 위해 사용되어야 하나? 아니면 교육, 환경, 건강, 범죄와 군비를 위해 사용되어야 하나?

이 질문에 60%가 조세감면을 선호하였으나 반대는 오직 22%로 나왔다. 어떤 질문을 하면 응답률을 높일 수 있겠는가? 그 이유는 무엇인가?

제14장 실험설계

어느 날 선물로 조그만 화분 12개를 받아 그 화분을 두 아들에게 여섯 개씩 나누어 주고 키워보라고 하였다. 일주일이 지난 후 큰 녀석이 황급히 얘기하기를 "아빠 왜 내 화분은 점점 시들고 동생 것은 싱싱해?" "그건 네가 화분을 예뻐하지 않기 때문이겠지" 하고 살펴보니 큰 녀석은 잘 돌본답시고 책상 밑에 고이 모셔 놓고 있었고, 작은 녀석은 아침이면 창가에 내어 놓고 화분에 대고 이야기를 하며 웃고 있었다. 또 얼마 동안 햇살을 받았다 싶으면 조그만 화분들을 목도리로 감싸며 "이제 추우니까 따뜻하게 해줄게" 하고 화분들과 대화를 하고 있었다.

누구나 다 알고 있는 것처럼 모든 동물과 식물들도 사랑을 먹고 자란다는 사실은 분명한 것 같다. 며칠 후 큰 녀석의 행동은 처음에는 관심없이 넘겼는데 내 스스로 놀란 것이 자기 나름대로의 실험을 하고 있는 것이 아닌가! 이 녀석은 자기 화분 여섯 개 중 세 개를 자기 동생 화분 주위에 가져다 놓고 나머지 세 개는 옥상에 올려다 놓았으나 옥상의 화분들은 결국 죽고 말았다.

이것이 실험설계이다. 어렵게 생각하지 말자. 화분이 어떤 환경에서 더 잘 자랄 것인가 궁금해 하는 아이들의 눈빛이 바로 실험설계의 시작이다. 어떤 조건에서 더 좋은 결과를 산출해 낼 것인가? 어떤 인위적 개입이 더 좋은 결과를 나타낼 것인가?

이 장에서 논의해 보자.

14.1 임의비교실험

우리는 제 1 장에서 관찰연구와 실험을 통해 자료를 얻는 방법을 살펴보았다. 관찰연구는 수동적인 자료수집 방법이지만 실험은 능동적인 자료를 생성한다. 실험에는 많은 종류가 있다. 학교실험실의 물리실험과 화학실험, 공장에서의 공정반응실험, 제품물성실험 그리고 자연을 대상으로 한 농작물재배실험, 기상실험 등 매우 다양하다.

실험자는 어떠한 반응이 일어나는가를 알아보기 위해 약간의 처리(treatment)를 부과하여 능동적으로 개입한다. 실험은 하나의 변수의 효과가 다른 변수에 영향을 주는가에 관심을 두고 있다. 실험설계에서 자주 사용하는 용어를 소개한다.

반응변수(response variable): 실험을 실시한 후에 데이터의 형태로 얻어지는 반응값 또는 특성값을 말한다.

설명변수(explanatory variable): 반응변수에 변화와 영향을 주는 변수로 독립변수라고도 한다.

처리(treatment): 실험대상에 적용되는 특정한 실험조건을 말하며, 만약 실험이 여러 개의 설명변수를 가지면 처리는 이들 특성값들의 조합이다.

잠복변수(lurking variable): 변수들 중 관계에 중요한 효과를 가지는 변수이며, 설명변수는 아니다.

교락(confounding): 반응변수의 효과가 다른 변수와 구별할 수 없는 경우에 두 변수는 교락되었다 하며, 교락변수는 설명변수이거나 잠복변수이다.

예제 14-1: 웹을 동한 학습과 강의실 수업 효과

연구 대상은 성균관대학교 학생들이다. 설명변수는 강의실 혹은 웹 등의 학습환경이며, 반응변수는 학생들의 학기말 성적이다. 즉, 강의실에서 수업을 받는 것과 웹을 통한 학습 중 어떤 교수법이 더 효과가 있는지 알아보기 위해 정규

수업과정이 모두 끝난 후 학기말 시험점수를 비교해 보는 것이다. 이 실험에서 처리는 웹을 통한 학습과 강의실 수업이다.

이제부터는 통계학에서 중요한 분야인 실험계획에 대한 논리와 원리 그리고 여러 가지 실험계획방법을 예를 들어 설명해 보기로 하자.

먼저 임의비교실험(randomized comparative experiment)은 가장 중요한 개념 중에 하나이다. 이 실험은 원인과 효과에 대한 결론을 이끌어 내기 위해 설계된다. 실험을 계획하는 첫번째 목적은 반응변수들에 대한 설명변수들의 효과를 보여줄 것이라고 보증하는 것이다. 일원실험에서 교락(confounding)으로 인해 가끔 설명변수들의 효과를 확인하지 못하게 된다. 이것을 해결하는 방법은 두 개 이상의 처리를 비교하는 것이다. 이를 이해하기 위해 직접비교로 위약검사를 통과하는 새로운 의학치료방법의 예를 들어보기로 하자.

예제 14-2: 빈혈증 치료를 위한 임상실험

겸상적혈구 빈혈증(sickle cell anemia)은 유전에 의해 발병하는 질환이다. 적혈구는 보통 원형이지만 겸상적혈구는 초승달 모양의 변형을 보인다. 적혈구 모양이 겸상을 나타내면 혈관이 막히거나 산소이동 효율이 제한을 받을 수 있다. 이 병은 엄청난 통증과 많은 합병증을 유발한다. 국립보건원은 이 병의 치료를 위해 수산화요소 약으로 임상실험을 하였다. 실험대상은 지난해에 최소한 이 병의 통증 3기를 갖고 있는 299명의 성인 환자들이다.

단순히 299명의 모든 환자들에게 수산화요소를 투여했다면 실제 약물효과와 위약효과 그리고 실험대상임을 알고 있는 것과 같은 잠복변수들에 의한 효과 등이 교락되었을 것이다. 환자의 절반에게는 수산화요소를 투여했고, 나머지 환자에게는 수산화요소와 치료약과 맛이 같은 위약을 주었다. 모든 환자들은 투여한 약의 성분을 제외하고는 똑같은 방법으로 치료를 받았다. 따라서 잠복변수는 양쪽 집단에 똑같이 영향을 끼칠 것이고, 환자들의 평균적인 반응에는 어떠한 차이도 유발하지 않을 것이다.

두 그룹은 약물을 투여받기 전에는 모든 면에서 유사할 것이다. 다만 표본을 추출하는데 실험그룹과 위약그룹의 편견을 없애고 객관성을 유지하기 위해 152명을 단순임의추출하여 수산화요소를 투여하는 환자그룹과 나머지 147명을 위약그룹으로 하였다. [그림 14-1]은 이 실험설계의 개요를 나타낸 것이다.

이 실험은 수산화요소 투여그룹이 위약그룹보다 아주 작은 수의 환자가 나타나 실험일정이 빨리 끝났다. 이러한 사실은 수산화요소가 빈혈증에 효과적인 치료방법이고 이 병을 앓고 있는 환자들에게 희소식이 되는 명백한 증거가 되었다.

그림 14-1 빈혈증 치료를 위한 수산화요소와 위약의 임의비교실험 설계

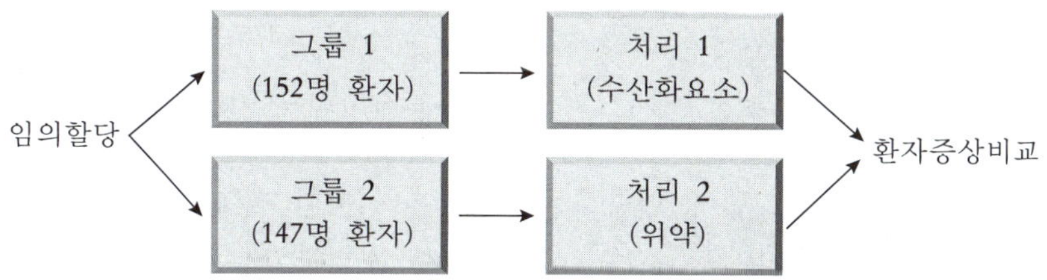

[그림 14-1]은 오직 두 처리만을 비교하는 가장 단순한 임의비교실험을 나타낸 것이다. 이 그림은 실험설계에 관한 임의할당, 각 처리에 한 개의 그룹, 각 그룹의 환자수, 각 그룹에 처리방법 그리고 반응변수 등 필요한 정보를 제공하고 있다. 여기서 각 그룹에 환자들을 할당하는 방법은 제13장의 난수표를 이용하여 표본을 추출하는 방법을 이용하면 된다.

이 예제에서 위약그룹을 통제그룹(control group)이라 한다. 왜냐하면 처리그룹과 통제그룹을 비교하면 잠복변수의 효과를 통제할 수 있기 때문이다. 통제그룹은 위약과 같은 가짜 처리를 받을 필요가 없다. 임상실험에서는 종종 새로운 치료약을 위약이 아니라 시중에서 시판하는 치료약과 비교한다. 현재 사용되는 처리에 임의할당한 환자들로 통제그룹을 구성한다.

14.2 실험설계의 논리

임의비교실험은 통계학에서 가장 중요한 개념 중의 하나이다. 이 실험설계는 원인과 효과의 결론을 도출하기 위한 것으로 다음과 같은 논리를 이해해야 한다.

첫째, 임의화(randomization)는 처리를 적용하기 전에 모든 면에서 비슷하다고 생각되어지는 실험대상의 그룹을 만든다.

둘째, 비교설계는 처리들이 모든 그룹에 동일하게 작용하지 않는 영향을 보장한다.

셋째, 반응변수의 차이는 처리효과에 기인해야 한다.

실험대상을 그룹에 할당하는 데 있어 어떠한 계통적인 편의를 제거하기 위해 무작위확률을 사용한다. 예를 들어, 적혈구 빈혈증 연구에서는 의사가 무의식적으로 검정되지 않은 약이 환자에게 효과가 있다고 기대하면서, 제일 심각한 환자를 수산화요소 그룹에 배정할 수 있다. 이 경우 수산화요소에 대해서 이 실험은 편의가 발생한다. 단순임의추출로 그룹 1에 들어갈 환자를 선택한다면 모든 사람들이 각 집단에 들어가는 데 같은 확률이 주어진다. 그러면 두 집단이 모든 면(나이, 병의 심각도, 흡연 여부 등)에서 비슷하다고 기대되어진다. 예를 들어 피실험자의 흡연여부에 상관없이 무작위확률에 의해 각 그룹에 흡연자 수가 같도록 할당된다.

임의실험에서 조심해야 할 점은 무작위표본처럼 표본이 확률의 영향을 크게 받을 수 있다는 것이다. 불행하게도 단순무작위추출로 선택된 유권자들이 주로 한나라당 지지자들로 구성되거나 실험대상자 중 임의할당된 실험집단에 대부분 흡연자로 구성되는 경우가 발생할 수 있다. 만약 많은 무작위표본을 추출한다면 그 표본은 모집단을 잘 설명할 수 있음을 우리는 알고 있다. 그것은 많은 실험대상이 처리그룹 사이에 발생하는 오차변동이 적도 실험결과의 오차도 적다는 것을 의미한다. 통계적 실험설계의 기본원리와 같이 '충분한 실험대상의 사용'은 두 개 또는 그 이상의 처리를 비교하는 것이고 이는 무작위확률이 포함된 의미이다.

실험설계의 원리

통계적 실험설계의 기본원리는 다음과 같다.

1. 통제는 반응에 잠식해 있는 변수의 효과이며, 두 개 또는 그 이상의 처리들의 비교로 단순화한다.
2. 임의화: 실험대상을 처리에 할당하기 위해 일반적인 기회를 사용한다.
3. 실험 결과에서 우연변동을 줄이기 위해 각 그룹에 충분한 실험대상을 사용한다.

14.3 통계적 유의성

오차변동의 실체는 우리들에게 임의비교실험의 이치에 더욱 근접하도록 주의를 기울이기를 바란다. 우리는 수산화요소와 통제그룹들 간에 고통 호소에 관한 목록수의 평균에서의 어떤 차이가 반드시 약의 효력이라고 단정지을 수 없다. 실험대상인 개인들 간에 항상 어떤 차이가 존재할 수 있으므로 단지 두 실험이 동일하다고 할지라고 어떤 차이가 있을 것이다. 비록 무작위성이 그룹들 간의 조직적 차이를 제거하더라도 여전히 우연적 차이가 존재할 것이다. 우리는 단지 오차변동에 의해서 발생할 것 같지 않은 매우 큰 수에 대한 반응들에서의 차이를 고집해야만 한다.

관측효과가 커서 오차가 거의 발생하지 않는 것을 통계적 유의성이라 하며, 어떤 현상의 결과들이 오차에 의해 일어났을 확률이 5% 이하일 때 "통계적으로 유의하다"라고 받아들인다.

예를 들어 규칙적으로 교회에 다닌다면 더 오래 살 수 있는가? 의사는 심장질환을 치료중인 여성을 구별해 낼 수 있는가? 운전중 핸드폰 사용은 사고 유발 가능성을 높이는가? 등은 원인과 결과에 대한 질문이므로 임의비교실험을 할 수 없다. 교회에 다닌다는 것은 자신의 선택이므로 우리는 교회에 다니는 사람과 그렇지 않은 사람을 무작위확률이 의해 할당할 수 없다. 마찬가지로 심장질환으로 치료받는 여성환자를 할당할 수 없으며 사고 위험률을 확인하기 위해 운전중 휴대폰을 사용하는 실험을 할 수 없다.

가장 좋은 자료는 원인과 결과에 대한 관찰연구부터 수집할 수 있다. 우리는 관찰이 실험에 불충분하다고 생각하지만 훌륭한 관찰연구는 가치가 있다는 것을 알고 있다. 그렇다면 훌륭한 관찰연구에 대해 알아보기로 하자.

훌륭한 연구는 심지어 실험이 아니더라도 비교할 수 있다. 즉, 교회 참석을 규칙적으로 하는 사람들과 그렇지 않는 사람들을 임의로 추출하여 비교할 수 있으며, 의사가 남성 환자와 여성 환자를 어떻게 치료하는지를 그리고 핸드폰으로 통화하는 운전자와 그렇지 않은 동일한 운전자를 비교할 수 있다. 한편 임신중에 진통제의 복용 효과를 알아보기 위해 복용하는 여성과 복용하지 않는 여성을 비교한다. 이 경우에 약을 복용하지 않는 여성으로부터 나이, 교육수준, 자녀의 수, 그 외 다른 숨겨진 변수들로 복용 그룹과 매치되는 각 개인들을 선택한다. 이러한 잠복변수가 그룹들의 비교에 영향을 미치지 않도록 하기 위해서 유사한 방법으로 두 그룹을 만든다.

비교실험이 교락(confounding)을 줄이지는 못한다. 그 이유는 교회나 성당에 다니는 사람들은 다니지 않는 사람들보다 스스로 건강에 해가 되는 담배를 적게 피우려 하고, 운동을 하여 과체중이 되지 않도록 더욱 신경을 쓰기 때문이다. 이와 같이 조화는 차이를 줄이진 못하므로 종교 참석자와 비참석자의 사망 시점의 나이를 직접 비교하면 종교의 영향이 건강한 삶의 효과를 가중시킨다고 할 수 있을 것이다. 그러므로 훌륭한 비교연구는 교락변수를 측정하고 조정한다. 만약 우리가 체중, 흡연량 그리고 운동량을 측정한다면 우리는 단지 종교의 효과만이 남아 있게 하기 위해선 수명의 길이에 대한 이들 변수의 효과를 줄이기 위한 통계적 기술이 필요하게 된다.

예제 14-3: 종교활동을 통한 수명연장

종교활동의 규칙적 참석의 효과에 대해 알아보기 위해 3,617명의 성인을 임의로 추출하여 자료를 수집하였다. 단지 설명변수(종교활동)과 반응변수(수명)뿐만 아니라 여러 변수들을 측정하였다. 신문기사에 다음과 같은 보도가 나왔다.

"교인들은 비흡연자가 되려고 하고, 육체적 활동을 하려 하고, 적당한 체중을 유지하려고 노력했음에도 불구하고 비종교인보다 약 25%가 더 사망하였다."

이 경우에 두 그룹 간의 차이를 조정하기 위해서는 종교활동의 장점을 축소시키면 된다.

예제 14-4: 심장실환 치료에 성별 편의

의사들은 심장질환 증세를 가진 여성들에게는 비슷한 증상을 가진 남성들보다 되도록이면 과격한 치료법을 삼가하려 한다. 그렇다고 의사들을 성차별주의자라고 할 수 있겠는가? 반드시 그렇지만은 않다. 여성들은 남성들보다 나이가 들면서 심장질환 문제로 발전해 가는 경향이 있다. 그래서 여성 심장병 환자들이 나이가 더 많고 종종 다른 건강 문제들을 가지기도 한다. 그러므로 의사들이 여성들을 치료하는 데 더욱 조심스러운 것이다.

이 경우는 교락변수의 효과에 대한 통계적 조정을 하기 위한 비교연구의 사례이다. 그 동안 수많은 연구가 있어 왔으나 갈등만 낳았다. 한 의사의 말에 의하면 " 남자와 여자가 단지 성별만이 다르고 그 외의 모든 것들이 같으므로 치료방법이 매우 비슷하다"고 한다. 반면 다른 연구에서는 여성과 남성 실험대상 간의 차이점을 조정한 후에 여성을 치료하는 것을 찾아볼 수 있다.

[예제 14-4]에서 제안한 것처럼 통계적 조정은 막연하다. 임의화는 모든 변수를 알고 있는 경우와 모르고 있는 경우로 나눌 수 있다. 반면, 조화와 조정은 측정할 수 없는 변수들을 가지고 실험할 수가 없다. 심지어 연구자들의 생각을 믿는다 할지라도 통계적 조정에 약간의 의심을 갖게 한다. 어떤 변수를 조정해야 하는지를 결정하는 것은 힘든 일이다.

"만약 여성 심장질환 환자들이 보기보다 더 젊고 건강하고 남성 환자가 실제로 더 늙고 덜 건강하다면, 두 그룹은 동일한 치료를 받을 것이다."

이것은 우리가 얻을 수 있는 가장 좋은 결과이며, 이러한 지혜를 가르쳐주는 통계학에 감사를 표해야 한다.

14.4 실험설계

실험설계(design of experiments)는 주어진 선형모형을 해석하거나 어떤 의미에서 좋은 선형모형을 정하는 것을 목적으로 하는 하나의 통계적 방법이며, 어느 특정 관찰대상에 대하여 어떠한 요인이 영향을 주고 있는가를 실험으로 밝히려 할 때, 가능한 한 적은 실험절차와 관측으로 가능한 한 많은 요인의 효과를 정확히 분석할 수 있는 실험설계를 수립하는 방법과 이에 의거한 분석방법을 연구하는 것이다. 실험설계는 20세기 초 영국의 통계학자 R. A. Fisher가 근무하고 있던 농사시험장에서 농업실험에 대하여 개발한 것으로 의학 · 약학 · 공학 · 경영학 · 사회학 · 농학 등 모든 분야에 응용되고 있다.

실험설계는 어떤 대상에 몇 가지 다른 처리(treatment)를 가하는 실험을 함으로써 처리마다 효과에 차이가 있는지를 알아보고자 하는 것으로 특정한 일련의 처리를 요인(factor)이라고 하며, 요인에 주어지는 개개의 처리내용은 요인수준(factor level)이라고 한다. 예를 들어 소의 사육시 어떤 사료가 효과가 있는지를 실험으로 검토하려고 할 때, 이 사료가 요인이고 주어진 사료의 양이 요인수준이 된다.

일련의 실험에 의해 하나의 요인의 효과 유무를 알아보는 실험설계를 일원배치(one-way layout) 또는 완전임의배치(completely randomized design)라 하고, 동시에 두 개 이상의 요인에 대한 효과를 알아보는 것을 다원배치 실험설계라 한다. 예를 들면, 소의 사육시 특정사료의 효과 유무를 조사하는 실험에서, 사료량 외에 이 실험을 실시하는 목장의 환경조건이 실험결과에 영향을 줄 가능성을 생각할 수 있다. 이 경우에는 특정사료 외에 목장의 소재지가 하나의 요인으로 추가된다. 이제 주어진 사료량의 차이를 3가지 방법으로 4곳의 목장에서 실험을 한다고 하자. 각 목장에서 소를 4마리씩 확률적으로 선택하고 각각의 소에 다른 양의 사료를 일정기간 주어 그 사이에 증가한 무게를 측정한다. 이것은 사료량과 목장소재지라는 두 종류 요인의 조합에 대한 효과를 실험으로 구성한 것으로 이원배치(two-way layout) 실험설계의 예이다.

골프 스코어에 영향을 주리라고 생각되는 다음과 같은 다섯 가지의 요인(인자)들이 있다고 하자.

1. 드라이버 종류(오버 사이즈와 레귤러 사이즈)
2. 골프공 종류(balata형과 three-piece형)
3. 골프 클럽 운반 형태(도보와 골프 카트)
4. 음료수 종류(물과 맥주)
5. 라운딩 시간(오전과 오후)

자신의 플레이에 영향을 미친다고 생각되는 이들 다섯 가지 요인들을 임의로 선택하여 라운딩한 후 골프 스코어를 줄일 수 있는 요인을 찾는 것이 실험설계이다.

예를 들어, 제빵공정에서 조절 가능한 가장 중요한 두 요인이 반응온도와 반응시간이라 하자. 현재 이 공정에서는 온도를 100℃, 반응시간을 1시간으로 고정시켜 놓고 있다. 그런데 현재 사용중인 이 두 요인의 값이 생산량을 과연 최대로 하는지 의심이 나서 실험을 하기로 하였다. 만일 연구자가 반응온도로 80℃, 100℃, 120℃의 세 수준(level)을 선택하고, 또 반응시간으로 1시간, 2시간의 두 수준을 선택하고, 선택된 여섯 가지의 수준 조합 모두에 대해서 실험을 한다면, 이 경우에 독립변수는 조절된 반응온도와 반응시간이 되며, 각 수준 조합마다 관측되는 생산량이 반응변수가 된다.

14.4.1 실험설계의 기본원리

앞에서 언급된 독립변수는 요인(factor), 또는 인자라 부르는 것이 더 일반적이다. 요인 수준, 또는 요인 수준들의 조합을 처리(treatment)라 한다. 또, 설계된 실험을 흔히 비교실험(comparative experiment)이라 부르기도 한다. 비교실험에서는 연구하고 싶은 반응에 관여하는 요인들의 수준을 몇 가지 설정하여 각 수준마다 같은 조건하에서 실험을 한 후 요인 수준에 따라 관측된 반응값들 사이에 통계적으로 유의한 차이가 있는지를 조사한다.

그러나 이와 같은 개념을 구현하는 것은 그리 간단한 문제가 아니다. 반응값에 영향을 줄 수 있는 요인은 무수히 많다. 이런 요인들 중 가장 중요하다고 경험적으로 판단되는 요인들을 몇 개 골라 실험을 하는 것이 보편적이다. 또한 동일 조건하에서 실험을 하는 것은 선택된 요인들을 제외한 나머지 요인들의 효과가 전부 같은 상태에서 실험하는 것을 말한다. 그러나 실험 재료나 요인 수준 등의 완벽한 동질성을 확보하기란 거의 불가능하다. 이런 이유에서 임의화된 실험설계와 통계분석기법이 필요하게 된다.

비교실험의 통계적 해석을 가능케 하는 근본 원리는 임의화, 반복화, 블록화의 세 가지로 압축할 수 있다. 아무리 복잡한 실험이라도 계획된 실험이라면 이 세 가지 원리의 반복 적용에 지나지 않는다.

① 임의화(randomization)

임의화는 실험의 객관성을 보장하는 방법으로 실험과 실험순서를 랜덤하게 결정하는 것이다. 임의화의 구현은 난수표 등을 이용하면 된다.

② 반복(replication)

반복은 동일 요인 수준에서 두 번 이상 실험을 하는 것을 말한다. 동일 조건하에서 수행한 실험이라도 반응값이 반드시 동일하지는 않다. 조정 불가능한 오차가 항상 수반되기 때문이다. 반복 실험을 하면 오차의 수량화가 가능하며 실험의 정밀도를 향상시킬 수 있다. 그렇다고 지나친 횟수의 반복은 추천하지 않는다. 실험마다 적정 수준의 반복횟수가 있는 것은 아니지만 반복할 때마다 비용이 상대적으로 증가하기 때문이다.

③ 블록화(blocking)

블록화는 실험의 정밀도를 증가시키는 기법이다. 모든 실험설계마다 반드시 블록화를 해야 하는 것은 아니다. 그러나 실험의 성격상 필요하다고 판단되면 블록화는 하는 편이 유리하다. 블록화를 하면 언제나 블록 내에서는 동질성이 유지되며, 블록 간에는 이질적이 된다. 블록 간 차이가 크면 클수록 블록화의 효율은 증대된다. 블록화는 제한된 임의화 기법으로 광범위하게 사용되는 실험원리이다.

14.4.2 실험설계의 순서

실험을 설계하고 분석하기 위한 통계적인 접근법을 잘 사용하려면 무엇보다도 연구대상이 무엇인지, 자료를 어떻게 얻을 것인지, 어떤 자료분석법을 이용하는지 등에 대해서 명확한 이해가 선행되어야 한다. 일반적으로 추천되는 절차는 다음과 같다.

(1) 테마의 선정 및 실험목적 명시

무엇이 문제인가를 명확히 하여 해결하고자 하는 테마를 선정하고, 이 대미해결을 위한 실험 목저을 구체적으로 제시한다.

(2) 현상파악 및 테마선정동기 설명

테마와 관련된 현상파악을 가능하면 구체적인 데이터로 제시하고 외국문헌, 국내외 현상도 조사한다. 그리고 테마를 선정한 동기에 대해 기술적인 측면을 고려하여 상세한 설명을 한다.

(3) 특성값의 선택

실험의 목적을 고려하여 특성값을 신중히 선택하여야 한다. 필요한 경우에는 두 개 이상의 특성값을 잡아 줄 수도 있다.

(4) 요인의 선택

특성값에 영향을 주는 요인을 잘 선택해야 한다.

(5) 요인 수준의 선택

과거의 경험이나 기술적인 사항 등을 고려하여 적절한 수준을 선택해야 한다.

(6) 반복수의 결정

실험오차, 시간, 경비, 정도 등을 고려하여 적절한 반복수를 결정해야 한다.

(7) 실험순서의 임의화

요인들의 수준조합과 반복수가 결정되면 총 실험횟수가 얻어진다. 이들 실험의 순서를 시간적 혹은 공간적으로 임의화하여 실험순서를 정한다.

(8) 실험의 실시

실험의 실시는 계획한대로 행하며, 가능하면 선택된 요인 이외에는 다른 요인의 변화에 의하여 특성값이 영향을 받지 않도록 충분히 관리하여 행한다.

(9) 특성값의 통계적 분석

분산분석, 통계적 추정과 검정, 상관분석, 회귀분석 등의 방법을 사용하여 통계적 분석을 실시한다.

(10) 분석결과의 해석

통계적 분석결과에 대하여 테마와 관련된 현상파악, 차이점, 실험목적 달성 여부 등을 내려 주어야 한다.

(11) 확인실험 및 분석결과의 조치

결론이 나오면 재현성이 유지되는가를 확인실험을 통하여 확인하고, 실험결과에 대한 계획된 실천행동을 반드시 취해 주어야 한다.

(12) 사후관리

조치를 취한 성과가 계속적으로 유지되어 가고 있는지 관리도를 사용하여 사후관리를 할 수 있는 방안을 제시한다.

14.5 일원실험설계

일원실험설계는 어떤 관심이 있는 특성값에 대하여 하나의 인자의 영향을 조사하기 위해 쓰이는 실험설계를 말한다. 일원실험설계는 다음과 같은 경우에 많이 쓰인다. 첫째, 관심이 있는 특성값에 대하여 많은 인자가 영향을 주고 있으나 어떤 특정한 하나의 인자만의 영향을 조사할 때, 둘째, 특성값에 영향을 주는 여러 요인의 실험이 어느 정도 진척되고 이들 요인의 정해진 조건에서 특성값에 큰 영향을 주리하고 예상되는 남은 하나의 요인의 영향을 조사하고자 할 때이다.

예를 들어 골프 점수를 향상시키기 위한 다섯 가지 요인 중 한 가지 요인을 선택하여 한 라운드씩 실험하는 것을 일원실험설계 또는 완전임의배치법이라 한다. 또한 제빵 공정에서 온도만을 고려하여 실험을 한 경우도 마찬가지로 일원실험설계이다

골프 실험결과를 그래프로 표시하면 [그림 14-2]와 같다.

[그림 14-2]의 그래프를 살펴보면 각 요인별로 한 번의 실험을 실시한 결과인데 각각의 그래프는 바로 전형적인 일원실험설계의 예를 보여준다. 첫 번째 그래프는 오버 사이즈의 드라이버를 선택했을 경우가 레귤러 사이즈를 선택했을 경우보다 타수가 높은 결과를 보이는데 이는 드라이버 특성에 적응

그림 14-2 한 요인 한 번의 골프실험 결과

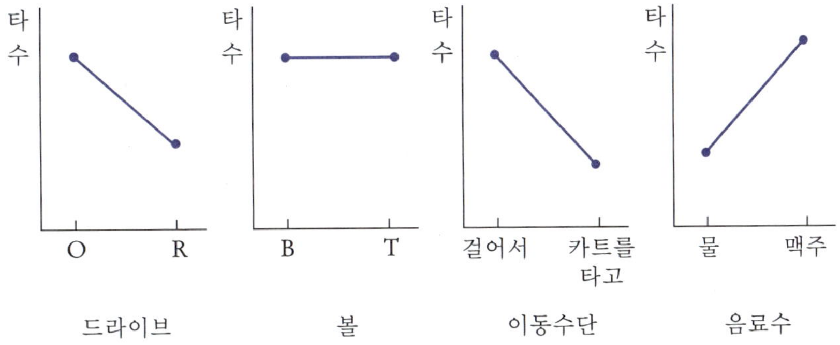

하지 못하며 오버 사이즈를 사용했을 경우 슬라이스나 훅이 많이 발생했음을 추측할 수 있다. 두 번째 그래프에서는 공의 선택은 타수에 영향을 미치지 않음을 볼 수 있고, 세 번째 그래프는 걸어서 이동하는 것보다는 카트를 타고 이동하는 것이 타수가 적어짐을 볼 수 있는데 이는 피로도를 줄여주는 데 기인함으로 생각할 수 있다. 네 번째 그래프에서는 음료수로 물을 마실 때보다 맥주를 마실 때 타수가 많아짐은 알콜 성분의 음료 때문에 집중력이 떨어짐을 추측할 수 있다.

일원실험설계의 특징을 살펴보면 다음과 같다.

(1) 수준수와 각 수준에서 취해지는 특성값의 반복수에는 별로 제한이 없다. 대개 수준수는 3~5이며, 반복수는 3~10 정도가 일반적이다.
(2) 반복수가 모든 수준에 대하여 같지 않아도 좋다.
(3) 실험의 측정은 실험의 장 전체를 완전히 임의화하여 모든 특성값을 임의 순서에 의하여 구해 주어야 한다.

예제 14-5: 일원실험설계

K 타이어회사 제품개발부에서는 신제품으로 래디얼 타이어 제조과정중에 타이어 원주의 길이가 타이어 제품의 균형에 어떤 영향을 미치는가를 검토하고, 어떤 원주의 길이가 타이어의 불균형을 가장 작게 하여 주는가를 찾기 위한 실

표 14-1 임의화 실험결과 원자료 (단위: in-oz)

반복 \ 수준	A1	A2	A3	A4
1	49	31	46	45
2	73	40	41	73
3	58	43	58	76
4	38	44	31	
5	42	34	65	
6		20		

험을 하였다. 타이어 원주(인자 A)를 4수준으로 하고 특성값은 타이어의 불균형으로, 불균형된 힘(타이어의 무게의 %)에 타이어의 외경의 1/2를 곱함으로써 유도된 염력(torque)으로 정의한다. 반복이 6회인 4수준 일원실험설계를 사용하였고, 24회의 실험을 완전 임의화하여 실시하였으나 시험 생산과정에서 예상하지 못하였던 문제점이 발생하여 A1에서 5회, A2에서 6회, A3에서 5회, A4에서 3회만 실험한 결과가 되었다.

14.6 이원실험설계

[그림 14-3]에서 왼쪽 그림은 두 개의 요인(드라이버와 음료수)을 선정하여 라운딩할 경우의 결과로 요인이 두 개이므로 이원실험설계가 된다. 플레이어가 레귤러 사이즈 드라이버를 선택한 경우는 음료수의 종류가 타수에 영향을 미치지 않는 결과를 나타내고, 오버 사이즈를 선택한 경우는 음료수로 물을 마실 때가 맥주를 마실 때보다 훨씬 좋은 성적(낮은 타수)을 보임을 알 수 있다. 이는 일원실험설계에서는 알 수 없었던 요인 간의 영향인 교호작용(interaction)이라 한다. 교호작용이란 한 요인으로 인한 반응값이 다른 요인의 다른 수준에서의 실험결과에 미치는 영향을 나타낸다. 오른쪽 그림은 음료수

그림 14-3 두 요인 골프실험 결과

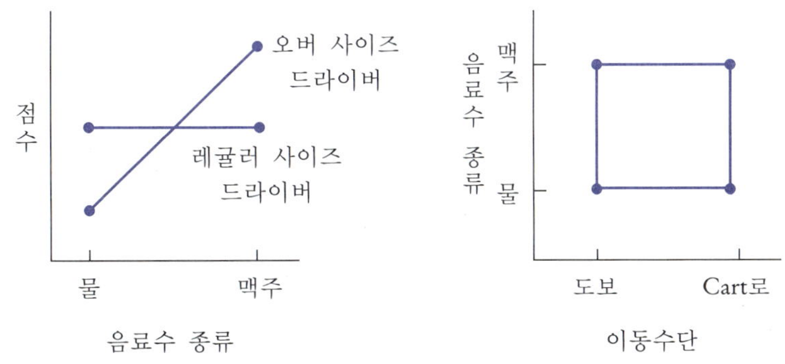

종류와 이동수단 간의 2요인 2수준의 요인실험의 결과로 모든 인자 간의 수준의 조합에서 실험이 이루어지는 실험이다. 요인실험에서는 모든 요인 효과를 추정할 수 있다.

예제 14-6: 이원실험설계

4가지 종류의 연료와 3가지 종류의 발사장치에 따른 미사일의 비행거리(km)에 차이가 있는가를 실험한 자료이다.

	연료 1	연료 2	연료 3	연료 4
발사장치 1	73.44	92.16	83.52	66.72
발사장치 2	73.60	81.60	80.16	62.08
발사장치 3	73.12	91.04	88.48	76.96

14.7 실험설계자료의 분석

실험설계의 마지막 단계는 얻은 자료에 대한 통계적 분석을 시도하여 어떤 의미있는 결과 해석을 얻는 것이다. 실험설계에서 주로 사용되는 통계분석 기법은 분산분석(ANOVA: analysis of variance)이다. 일반적으로 분산분석이라 함은 세 개 이상의 모집단이 존재할 때 모집단 간의 평균 차이를 검정하는 방법으로 요인수와 수준수에 따라 구분하는데, 이는 실험에서 표본관측값과 표본의 총평균과의 차이로 설명되는 총변동을 집단의 평균과 총평균의 차이를 설명할 수 있는 변동인 급간변동(처리변동)과, 표본관측값과 각 집단의 평균과의 차이로 설명이 안되는 부분인 급내변동(오차변동)으로 나누어 처리변동과 오차변동을 비교하여 요인의 영향력이 있는지 없는지를 분석하는 것이다.

그림 14-4 총제곱합의 분해

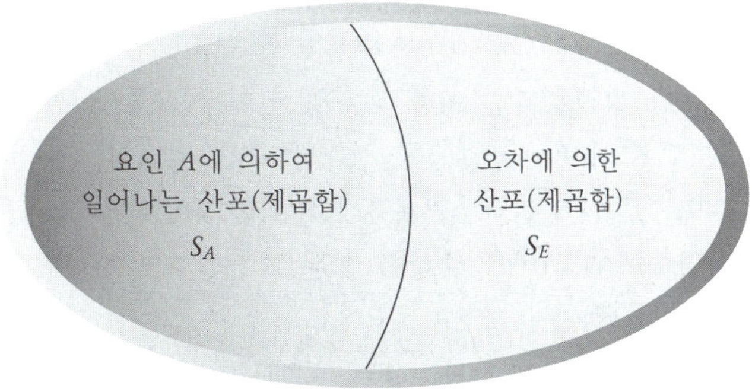

예를 들어 제빵공정에서 빵이 공정온도에 따라 어떤 변화를 일으키고 있는가를 알아보기 위하여 온도를 변화시켜 가며 빵을 측정하였다. 이때 빵은 특성값이 되고 온도는 하나의 요인이 된다. 이 요인을 A라고 하자. 그러면 특정값의 산포를 나타내는 제곱합은 요인 A에 의하여 일어나는 제곱합과 오차라는 요인의 제곱합으로 분해할 수 있다. 측정값의 제곱합을 총제곱합(total sum of squares)이라고 부르며 [그림 14-4]와 같이 분해된다.

요인 A에 의하여 발생되는 제곱합은 공정온도라는 뚜렷한 이유에 의한 것이지만 오차에 의한 제곱합은 아직 원인이 규명되지 않은 부분이라고 하겠다. 이 제곱합들을 각각 [그림 14-4]와 같이 S_A, S_E로 표시하고 이와 관련된 자유도를 각각 ϕ_A, ϕ_E로 나타내면 요인 A의 제곱합을 A의 자유도로 나눈 S_A/ϕ_A를 요인 A의 평균제곱 MSA(Mean Square A)이라 하며, 오차제곱합을 오차자유도로 나눈 S_E/ϕ_E를 오차평균제곱 MSE(Mean Square Error)이라 한다. 만약 두 평균제곱의 비

$$F_0 = \frac{MSA}{MSE}$$

가 주어진 유의수준의 F분포값보다 크면, 요인 A가 통계적으로 유의한 영향을 준다고 말한다. 분산분석표를 작성하여 F검정하는 방법은 다음 절의 분산분석에서 자세히 설명하기로 한다.

14.7.1 일원실험설계분석

일원실험설계분석(One-way ANOVA)은 단일요인변수(독립변수)에 의해 종속변수에 대한 평균값의 차이를 검정하는 데 이용한다. 범주들 간의 경향을 검정할 수 있고 대비(contrasts)를 정의할 수도 있으며, 범위검정의 다양성을 이용할 수도 있다. 일원실험설계분석을 위한 최소한의 조건은 종속변수(등간척도)가 하나이어야 하며 정수값을 갖는 요인변수가 하나이어야 하고 요인변수가 정의되어야 한다.

일원실험설계분석의 검정순서는 다음과 같다.

(1) 제곱합(변동)의 분해
(2) 자유도 계산
(3) 평균제곱 계산
(4) 검정통계량 계산
(5) 분산분석표 작성
(6) 검정

예제 14-7: 일원실험설계분석

[예제 14-5]의 자료에 대해 분석을 실시하라.

(풀이) 다음과 같은 분석표를 작성한다.

표 14-2 일원실험설계분석표

변동요인	제곱합(S)	자유도(Φ)	평균제곱(MS)	F_0	$F_{(0.05)}$
A	S_A	A의 수준수$-1=\Phi_A$	$MSA=\dfrac{S_A}{\Phi_A}$	$\dfrac{MSA}{MSE}$	$F_{(\Phi_A, \Phi_E, 0.05)}$
E	S_E	총실험횟수$-A$의 수준수$=\Phi_E$	$MSE=\dfrac{S_E}{\Phi_E}$		
T	S_T	총실험횟수$-1=\Phi_T$			

표 14-3 예제 14-5의 분석표

변동요인	제곱합(S)	자유도(Φ)	평균제곱(MS)	F_0	$F_{(0.05)}$
타이어 원주(A)	1,874.88	3	624.96	3.74*	3.29
오차(E)	2,508.80	15	167.25		
총변동(T)	4,383.80	18			

[예제 14-5]의 일원실험설계자료를 SPSS를 이용하여 분석하면 [표 14-3]과 같은 분석표가 작성된다. 변동요인은 타이어 원주(A)와 오차(E) 그리고 총변동으로 나누어지며, 타이어 원주(A)의 제곱합(S_A)은 타이어 원주의 평균과 총평균의 차이를 설명할 수 있는 변동을 말하며, 오차(E)의 제곱합은 총제곱합(S_T)에서 타이어 원주의 제곱합(S_A)을 빼주면 된다. 그리고 각 제곱합(변동)을 해당 자유도로 나누면 각 변동요인의 평균제곱이 된다. 각 요인의 평균제곱의 비가 F_0값이 되는데 이 값이 각 유의수준에 해당하는 F 분포의 값과 비교하여 크면 각 수준간의 평균의 차이가 있는 것이다. 위의 표에서는 유의수준 5%에서 F 분포값이 3.29이고 계산된 F_0값이 3.74이므로 타이어의 원주는 제품의 균형에 영향을 미친다는 것을 알 수 있다.

14.7.2 이원실험설계분석

이원실험설계분석은 일원실험설계분석과는 달리 독립변인의 수가 둘이라는 것이다. 그러면 복잡하게 이원실험설계분석을 할 필요 없이 일원실험설계분석을 두 번 한다면 어떨까? 그러나 그렇게 된다면 이원실험설계분석을 하는 가장 중요한 이유인 교호작용(interaction) 효과를 알아볼 수 없다. 예를 들어서 연령을 독립변수로 하고 직무에 대한 만족도를 종속변수로 한 일원실험설계분석 연구에서는 연령에 따른 만족도의 차이밖에는 알 수가 없다. 그러나 연구자의 관심이 성별변수와 연령변수에 따라 직무만족도가 어떻게 차이나는가를 알아보고자 한다면 이원실험설계를 해야 한다. 즉, 남자는 연령이 높아질수록 직무만족도가 증가하고 여자는 연령이 낮을수록 직무만족도가 높다면 직무만족도에 있어서 성별변수와 연령변수 간에는 상호작용 효과가 있다고 할 수 있다.

이원실험설계분석 순서는 일원실험설계분석 과정과 동일하다.

[예제 14-6]의 이원실험설계자료를 SPSS를 이용하여 분석한 결과 [표

예제 14-8: 이원실험설계분석

[예제 14-6]의 이원배치자료에 대해 분석을 실시하여라.

(풀이) 일원실험설계분석과 마찬가지의 순서로 분석표를 작성한다.

표 14-4 이원실험설계분석표

변동요인	제곱합(S)	자유도(Φ)	평균제곱(MS)	F_0	$F_{(0.05)}$
연료(A)	S_A	A의 수준수$-1=\Phi_A$	$MSA=\dfrac{S_A}{\Phi_A}$	$\dfrac{MSA}{MSE}$	$F_{(\Phi_A, \Phi_E, 0.05)}$
발사장치(B)	S_B	B의 수준수$-1=\Phi_B$	$MSB=\dfrac{S_B}{\Phi_B}$	$\dfrac{MSB}{MSE}$	$F_{(\Phi_B, \Phi_E, 0.05)}$
오차(E)	S_E	$\Phi_A \times \Phi_B = \Phi_E$	$MSE=\dfrac{S_E}{\Phi_E}$		
총합(T)	S_T	총실험횟수$-1=\Phi_T$			

표 14-5 예제 14-6의 이원실험설계분석표

변동요인	제곱합(S)	자유도(Φ)	평균제곱(MS)	F_0	$F_{(0.05)}$
연료(A)	751.88	3	250.62	17.05	5.143
발사장치(B)	130.19	2	65.10	4.43	4.757
오차(E)	88.21	6	14.70		
총변동(T)	970.28	11			

14-5]를 얻었다. 분석표를 보면, 연료(A) 변동요인과 오차(E) 변동요인의 평균제곱값의 비로 계산된 F_0의 값이 유의수준 5%에서의 F분포값보다 크므로 연료 종류에 따른 미사일 비행거리의 차이는 존재하며, 발사장치(B) 변동요인과 오차(E) 변동요인의 평균제곱값의 비로 계산된 F_0의 값은 유의수준 5%에서의 F분포값보다 작으므로 발사장치에 따른 미사일의 비행거리는 차이가 없다 할 수 있다.

연습문제

14.1 초기 진단에서 감지된 유방암에 대한 적절한 치료법은 무엇인가? 가장 일반적인 치료법은 유방의 제거이다. 그것은 단지 방사선 치료에 의하면 악성 종양과 혈칭 노드를 제거하는 것이다. 이들 치료법이 효과적인지를 연구하기 위해 의학 팀은 25개의 큰 병원에서의 기록들을 검토하여, 두 가지 치료를 받은 모든 여성들의 수술 후의 생존시간을 비교하였다.

(1) 설명변수와 반응변수는 무엇인가?

(2) 이 연구가 실험이 아닌 이유를 자세하게 설명하여라.

(3) 이 연구에서 교락이, 어떤 처리가 더 효과적인지의 발견을 왜 방해하는가를 설명하여라.

14.2 어느 교육자가 표준읽기 교육과정에서 읽기 능력을 교육하는 컴퓨터 소프트웨어의 효능성을 비교하기를 원한다. 그는 네 번째 학점을 받은 그룹에서 각 학생들의 읽기 능력을 테스트하고 나서 그들을 두 그룹으로 나눈다. 한 그룹은 정규적으로 컴퓨터를 사용하여 표준정규과정을 받게 하고, 다른 그룹은 컴퓨터의 사용 없이 표준정규과정을 받게 한다. 연말에 교육자는 모든 학생들을 재테스트하여 두 그룹에서 읽기 능력이 얼마나 상승했는지 비교한다. 이것은 실험인가? 왜 그런가? 그렇지 않다면 왜 그렇지 않은가? 설명변수와 반응변수는 무엇인가?

14.3 여성 잡지의 한 기사에서는 아기에게 우유를 먹이는 엄마보다 모유를 먹이를 엄마에게서 아기는 더욱 따뜻하고 더욱 친근하게 느낀다고 하였다. 그 작가는

아이들에게 모유를 먹이는 것이 아이들에 대해서 바람직한 효과를 가진다고 결론을 내렸다. 그럼에도 불구하고 여성들은 모유를 먹일 것인지 먹이지 않을 것인지를 선택하게 된다. 이 사실이 왜 믿을 수 없는 원인과 효과에 대한 어떤 결론을 제공하게 되는지를 잠복변수와 교락을 사용하여 설명하여라.

14.4 다이어트의 한 가지 방법인 칼슘 공급이 건강한 사람의 혈압을 줄일 것인지를 임의비교실험을 실시한다. 실험대상에게 12주 동안 칼슘 공급 또는 위약을 복용한 결과, 칼슘을 공급받은 그룹의 혈압이 위약을 먹은 그룹보다 혈압이 유의하게 낮아졌다. 이 결과는 통계적으로 유의하다는 것을 의미한다. 만약 당신이 통계를 모르는 의사의 입장에서 말한다면, 이 실험에서 "통계적으로 유의함"이 무엇을 의미하는지 설명하시오.

14.5 규칙적인 운동이 심장질환의 발생 위험을 줄일 수 있는가를 연구하기 위한 두 가지 방법을 고려하였다. 두 번째 방법이 신뢰할 만한 가치가 있다면 그 이유를 말하시오.

(1) 과거에 심장질환을 앓아본 적이 있는 40세 이상 2,000명의 남자 그룹과 규칙적으로 운동을 하지 않는 남자그룹을 각각 대조시켜 5년 동안 조사하였다.

(2) 과거에 실장질환을 앓아본 적이 없는 40세 이상 4,000명의 남자를 대상으로 규칙적인 운동 프로그램에 2,000명을 할당하고, 나머지 2,000명은 일상적인 습관을 계속 유지하게 하여 5년 동안 두 그룹을 조사하였다.

14.6 천안의 한 농부는 쌀 수입 개방에 대비하여 기능성 쌀을 재배하기로 결심하였다. 그는 우선 쌀에 녹차성분이 함유된 유기농 쌀을 생산하기 위하여 퇴비에 녹차가루를 섞어서 논에 뿌리기로 하고 어느 정도의 양을 섞는 것이 가장 품질이 좋은 녹차 쌀을 생산할 수 있는가를 실험하기로 하였다. 이 경우 설명변수와 반응변수를 설명하고 적절한 실험설계를 하라.

14.7 14.6번에서 농부는 녹차 쌀을 성공적으로 수확하여 소비자들로부터 큰 호응을 얻었다. 이에 고무된 농부는 이번에는 다시마 성분이 함유된 쌀과 몸에 좋다는 호박 성분이 함유된 쌀을 생산하기로 하고 위 문제에서와 동일한 실험을 하기로 했다. 이 경우 반응변수와 설명변수를 설명하고 적절한 실험설계를 하라.

14.8 평택의 한 과수농장 주인은 시비량에 따라 배의 맛과 향이 달라짐을 경험을 통해 깨달았다. 이에 그는 각각 다른 맛과 향을 지닌 5종류의 배를 생산하기로 마음먹고 5종류의 새로운 묘목을 각각 6그루씩 심고, 각각의 묘목에 시비량을 조절하기로 하였다.

(1) 반응변수와 설명변수는 각각 무엇이며, 실험을 위해 설계된 밭의 모양을 그

림으로 표현하라.

(2) 임의실험을 위한 각각 종류가 다른 묘목들을 시비량 차이에 따라 임의할당을 하고 이름을 붙여라.

14.9 A 제약회사에서 독감 바이러스에 대한 신약을 개발하였다. 이 신약의 효과를 알아보기 위해 실험을 하려고 한다면 다음의 각 경우에는 실험계획의 3가지 원리 중 어떤 원리를 적용해야 하는지 설명하여라.

(1) 실험용 흰쥐를 대상으로 실험을 한다면 한 그룹의 흰쥐에는 신약을 투여하고 다른 그룹의 흰쥐에는 위약(placebo)을 투여하여 두 그룹을 비교하고자 한다. 그런데 흰쥐들의 건강상태 또는 연령에 따라 그 신약의 효과가 다를 수 있으므로 한 그룹 쪽으로 특성 흰쥐들이 몰려서 실험되지 않을까 걱정이 된다.

(2) 두 마리의 실험용 흰쥐를 대상으로 실험을 하기 위해 한 마리에 신약을 다른 한 마리에 위약을 투여하였다. 그런데 그 결과가 신약과 위약의 차이인지 흰쥐들의 건강상태의 차이인지 구분이 가지 않는다.

(3) 실험의 대상이 되는 흰쥐들 중 일부는 매우 건강한 쥐이고 나머지는 건강이 좋지 않은 쥐이다. 신약을 투여할 흰쥐의 그룹에 많은 수의 건강한 쥐가 포함된다면 이 실험은 무의미할 것이다.

14.10 A 제조회사에서 영업사원들의 교육프로그램을 4가지 종류로 실시하여 평균 판매실적이 차이가 나는지를 알아보기 위해 다음과 같은 조사를 실시하였다.

프로그램 1	프로그램 2	프로그램 3	프로그램 4
74	94	62	80
67	82	75	82
83	69	59	75
71	78	79	90
77	68	68	72

위의 자료를 토대로 일원실험설계분석을 실시하여 분산분석표를 계산한 결과는 다음과 같다.

변동요인	제곱합(S)	자유도(Φ)	평균제곱(MS)	F_0	$F_{(0.05)}$
프로그램	371.75	3	123.9167	1.84	3.24
오차	1,078	16	67.375		
총변동	1,449.75	19			

위의 분산분석표를 보고 결과를 해석하시오

14.11 다음은 이원실험설계분석을 사용한 분산분석의 결과이다. 빈칸을 채우시오.

변동요인	제곱합(S)	자유도(Φ)	평균제곱(MS)	F
A	①	3	59.6	②
B	5,274.2	4	③	④
E	1,376.4	⑤	⑥	
T	⑦	19		

제15장 분할표 및 연관성 검정

주위를 보면 많은 일들이 서로 연관을 맺고 있음을 알 수 있다. 이번 학기의 성적은 공부를 얼마나 열심히 하였느냐와 연관이 있고 내가 야구공을 얼마나 멀리 던질 수 있는가는 나의 체력, 특별히 내 팔과 허리의 힘과 밀접한 관계가 있을 것이나.

앞의 제 5 장에서 상관계수라는 값을 이용하여 연속형인 두 변수의 연관성을 측정하는 방법들에 대하여 공부하였다. 상관계수는 연관성이 큰 두 변수라면

[1] 한 값이 커지면 다른 값도 커지거나

[2] 반대로 한 값이 커지면 다른 값은 작아지는

현상에 착안하여 이 연관성의 크기와 방향을 −1에서 1 사이의 값으로 표시한 것이다.

그렇다면 범주형인 두 변수의 연관성은 어떻게 측정할 수 있을까? 이를 위하여 먼저 두 범주형 자료를 어떻게 표현하는가를 알아보기로 하자.

15.1 범주형 자료의 표현

범주형 자료는 앞의 2장에서 살펴본 명목 척도를 사용한다. 범주형 자료의 예로는 성별과 혈액형, 질병의 치료 결과를 상태악화, 현상유지, 상태호전의 세 가지 범주로 구분하는 경우 등을 들 수 있다. 범주형 자료의 범주에는 성별이나 혈액형 등과 같이 범주에 순서가 없는 경우와 치료 결과와 같이 범주에 순서가 있는 순서형이 있다.

고대의 모계중심 사회에서 현대의 부계중심 사회로 넘어가며 여성이 여러 면에서 차별을 받아 왔으며 이에 따라 여성이 어떤 면에서 얼마나 차별을 받는지에 대한 관심과 연구가 많았다. 이러한 예 중의 하나로 여성과 직급을 들 수 있다. 만일 어떤 분야에서 여성이 차별을 받는다면 직급이 높을수록 여성의 비율이 줄어드는 현상이 나타날 것이다.

미국의 한 대학의 예를 통하여 범주형인 여성교수들과 이들의 직급간의 관계를 알아보기로 하자.

예제 15-1: 여성교수와 직급

미국의 어떤 대학에서 1999학년도(1998년 10월~1999년 9월)에 이 학교에 소속되어 있는 교수는 총 1,621명이며 그 중 335명이 여성이었다. 다시 말하면 20%가 조금 넘는 교수들이 여성으로 구성되어 있다. 그러나 이러한 사실만 가지고 교수들 중에 여성이 차지하는 비중 또는 여성의 위치 등에 대한 다른 정보를 얻을 수는 없다.

이를 좀더 깊이 알아보기 위해서는 다른 변수들에 대한 정보가 필요하다. 예를 들어 교수에는 여러 직급이 있는데 이러한 직급과 여성교수와의 관계를 알아보고 싶다고 하자.

1,621명의 교수들을 직급과 여성에 따라 분류한 표를 분할표(Contingency table)라 하고 다음과 같이 나타낸다.

표 15-1 직급과 성별에 따른 교수들의 분할표

	여 성	남 성	합 계
조교수	126	213	339
부교수	149	411	560
정교수	60	662	722
합 계	335	1,286	1,621

앞의 표로부터 얻을 수 있는 정보는 우선

[1] 남성교수의 비율 $= \frac{1,286}{1,621} = 0.793 = 79.3\%$

[2] 여성교수의 비율 $= \frac{335}{1,621} = 0.207 = 20.7\%$

와 같은 성비에 대한 정보가 있을 것이며 직급과 성별에 대한 관계를 알아볼 수 있는

[1] 조교수 중 여성교수의 비율 $= \frac{126}{339} = 0.372 = 37.2\%$

[2] 부교수 중 여성교수의 비율 $= \frac{149}{560} = 0.266 = 26.6\%$

[3] 정교수 중 여성교수의 비율 $= \frac{60}{722} = 0.083 = 8.3\%$

가 있을 것이다. 이 사실로부터 성별과 직급 사이에는 직급이 올라갈수록 여성의 비율이 줄어드는 관계가 있음을 알 수 있다.

여성 대학교수와 직급과 같이 두 범주형 변수에 대한 자료는 여성교수와 직급의 예에서와 같이 분할표를 통하여 표현할 수 있으며 분할표를 통하여 얻을 수 있는 간단한 기초통계량을 통하여 두 변수의 관계를 알아볼 수 있음을 보았다. 하지만 이러한 관계만으로 두 변수가 서로 영향을 주는지를 판단하는 것에는 오류가 있을 수 있다.

15.2 심슨의 패러독스(Simpson's Paradox)

변수들이 수값을 갖는 경우 두 변수의 연관성을 고려할 때는 단순하게 한 변수의 값이 크면 다른 변수의 값도 크거나 또는 반대로 작은가가 중요하지 않고 한 변수의 값이 변하면 다른 변수의 값도 여기에 영향을 받아 변하는지를 살펴보는 것이 중요하다. 왜냐하면 두 변수의 값이 실제적으로는 다른 제 3 의 변수에 영향을 받아 두 변수의 값이 같은 또는 반대 방향으로 움직일 수도 있기 때문이다. 이렇게 표면에 나타나지는 않지만 두 변수에 모두 영향을 주는 변수를 잠재변수(lurking variable)라 한다.

예제 15-2: 수명과 TV 보급률

여러 국가들에 대하여 사람들의 기대수명과 TV 보급률을 조사한 결과 기대수명이 높은 국가의 TV 보급률도 높은 것으로 나타났다. 이 결과로부터 기대수명과 TV 보급률 사이에는 강한 양의 상관관계가 있으므로 TV 보급률이 낮은 아프리카의 어느 빈국에 TV를 무상으로 보급하면 기대수명이 늘어날 것이라고 생각하는 사람은 없을 것이다.

기대수명과 TV 보급률의 두 변수는 예를 들면 국가의 부와 같은 제 3 의 변수에 영향을 받을 것이며 잘사는 국가는 TV 보급률과 기대수명 또한 높을 것이며 가난한 나라는 이 두 변수의 값이 모두 낮을 것이다. 이렇듯 겉으로 드러나지는 않았지만 뒤에 숨어서 두 변수에 영향을 미치는 변수를 잠재변수(lurking variable)라고 한다.

두 변수가 범주형인 경우 이러한 잠재변수의 효과를 Simpson's paradox 라고 한다. Simpson's Paradox를 다룬 논문의 예제를 통하여 이를 좀더 자세히 알아보자.

예제 15-3: 심슨의 Paradox

이 자료는 American Statistician이라는 전문학술지 1996년호에 Appleton, D. R.과 French, M. P., 그리고 Vanderpump, M. P.가 실은 "Ignoring coratiate: An example of Simpson's Paradox" 논문에 포함된 내용이다.

[문 제]

담배를 피우면 그렇지 않은 사람보다 정말 빨리 사망할까?

이를 알아보기 위하여 1972년부터 1994년의 기간 동안 영국 뉴캐슬 지방의 55세에서 75세 여성들을 대상으로 흡연 여부와 20년 후의 생존 여부를 추적 조사한 결과가 다음과 같다.

앞의 두 표에는 각각 55~64세, 65~74세의 두 그룹으로 구분하여 흡연 여부와 20년 후 생존 여부를 분할표로 나타냈다. 두 표에서 보면 두 그룹 모두 흡연자의 사망률이 비흡연자에 비하여 높은 것으로 나타났다. 당연한 결과가 아닌가?

그림 15-1 1942년 푸에르토리토의 시가공장

표 15-2 55세~64세 여성집단의 흡연과 20년 후 사망에 관한 분할표

55세~64세 여성	20년 후 사망	20년 후 생존	합 계
흡 연 자	51=44%	64=56%	115
비흡연자	40=33%	81=67%	121
합 계	91	145	236

표 15-3 65세~74세 여성집단의 흡연과 20년 후 사망에 관한 분할표

65세~74세 여성	20년 후 사망	20년 후 생존	합 계
흡 연 자	29=80%	7=20%	36
비흡연자	101=78%	28=22%	129
합 계	130	35	165

그렇다면 전체적으로는 어떤가? 이를 위하여 모든 나이 그룹에 대한 자료를 하나의 분할표에 정리하여 보면 다음과 같다.

표 15-4 55세~74세 여성집단의 흡연과 20년 후 사망에 관한 분할표

55세~74세 여성	20년 후 사망	20년 후 생존	합 계
흡 연 자	80=53%	71=47%	151
비흡연자	141=56%	109=44%	250
합 계	221	180	401

비록 차이가 크지는 않지만 비흡연자가 20년 후까지 생존하는 비율이 44%로 흡연자의 47%보다 낮다. 그렇다면 담배를 피우면 더 오래 산다? 도대체 무슨 일이 일어난 것인가?

세 개의 표를 자세히 살펴보면 65세에서 74세 사이의 표에서 흡연자의 수가 상대적으로 적음을 알 수 있다. 이는 담배를 피우는 경우 빨리 사망하기 때문에 65~74세 그룹에 포함되는 흡연자의 수가 적게 되며 따라서 나이그룹을 모두 포

함하는 [표 15-4]의 결과에서는 반대의 연관성이 나타나는 것이다. 흡연과 관련한 근본적인 두 그룹의 차이, 즉 흡연을 하는 경우 65세~74세 그룹에 들어가는 비율이 상대적으로 작다는 점을 간과한 것이다. 여기에는 평균수명이라는 잠재변수가 존재하는 것이다.

심슨의 패러독스를 정리하면 다음과 같으며 한 마디로 잠재변수가 있는 경우 관찰된 관련성이 사실과 다르게 나타나는 것이라고 할 수 있다.

심슨의 패러독스(Simpson's Paradox)

각각의 그룹에 대하여 성립하던 연관관계가 하나의 그룹으로 합칠 경우 사라지거나 또는 반대로 나타나는 현상

15.3 분할표에서의 통계적 추론

분할표는 지금까지 본 바와 같이 두 범주형 변수 사이의 연관성을 파악하는 데 유용하게 사용된다. 그렇다면 "한 변수의 각 범주에 따라 다른 변수의 비율이 변화하는가?" 하는 연관성에 대한 통계적 추론은 어떠한 방법으로 할 수 있을까? 여기서는 분할표에서 연관성에 대한 검정법인 카이제곱 검정에 대하여 알아보기로 하자.

예제 15-4: 금연 보조제

흡연은 여러 가지 질병에 직접적인 원인이 될 수 있으며 특히 니코틴에 의한 중독은 일반적으로 알고 있는 것보다 매우 강한 것으로 알려져 있다. 흡연자들이 담배를 끊을 수 있도록 도와주는 금연 보조제는 대부분 순수 니코틴이 그 주성분이며 이를 사용함으로써 흡연자의 금단증상을 완화시켜 서서히 담배에 대

한 욕구를 줄여 결국 금연으로 유도하게 된다.

이러한 금연 보조제는 패치, 껌, 정제 등의 형태로 제조되는데 보조제의 형태와 금연 성공률과 연관성이 있는지 알아보고 싶다고 가정하다. 즉, 보조제의 형태에 따라 금연비율에 변화가 있을까 하는 것이 주 관심사라고 하자.

이를 위하여 72명의 흡연자들 중 24명씩을 무작위로 선택하여 3개의 그룹을 만든 후 각각의 그룹에 패치, 껌, 정제 중 하나의 방법을 선택하여 금연 보조제를 3개월 동안 사용하게 하고 이후 1년 동안 전혀 담배를 피우지 않은 경우 금연에 성공한 것으로 가정하여 결과를 표와 바차트를 이용하여 정리한 것이 다음과 같다고 하자.

표 15-5 금연 보조제

그 룹	보 조 제	대상인원	금연에 성공한 인원	비 율
1	패치	24	14	58.3%
2	껌	24	6	25.0%
3	정제	24	4	16.7%

그림 15-2 각 보조제별 금연 성공률

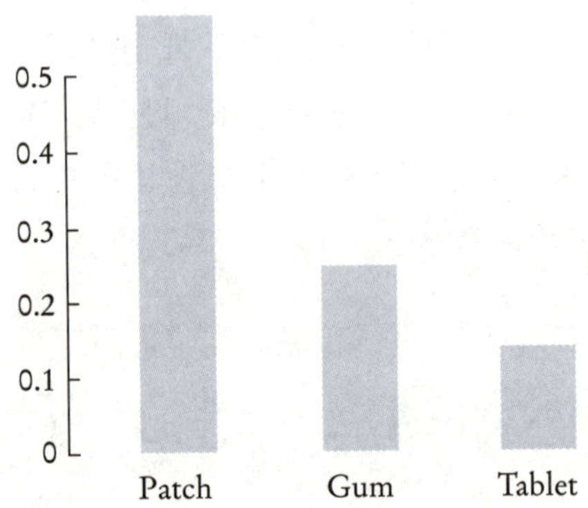

세 가지의 보조제에 따라 금연 성공비율에는 적지 않은 차이가 있어 보인다.

우선 금연 보조제에 대한 결과를 분할표로 나타내면 다음과 같다. 금연 보조제의 형태와 금연성공 여부와는 아무런 관련이 없다는 가설을 다음과 같이 표현할 수 있다.

H_0: 금연성공 여부와 보조제의 형태 사이에는 연관성이 없다.

표 15-6 금연 보조제에 대한 분할표

	성공	실패	합 계
패 치	14	10	24
껌	6	18	24
정 제	4	20	24
합 계	24	48	72

이 가설의 검정을 위하여 앞에서 보았던 가설검정 과정을 적용한다면 어떻게 될까?

[1] 영가설이 참일 때 표본평균 등의 분포를 찾고

[2] 자료에서 얻어진 표본평균 등이 어느 정도의 위치에 있는지를 p-값을 이용하여 나타내면 되었다.

이 과정을 단계별로 분할표에 적용하여 보자.

[1] 영가설이 참일 때 표본평균의 분포는?

이 부분은 영가설이 참일 때, 즉 금연 보조제의 형태가 금연성공 여부에 영향을 미치지 않을 때 분할표에서 각 셀의 값을 찾는 것과 같다. 그렇다면 두 변수가 연관성이 없을 때 성공과 실패의 비율은 어떻게 될까? [표 15-6]의 마지막 행에 있는 합을 보면 금연 보조제에 관계없이 금연에 성공한 비율은 24/72인 1/3이 된다. 만일 금연 보조제가 아무런 영향을 미치지 않는다면 보조제의 형태에 관계없이 성공은 1/3, 실패는 2/3가 될 것이다.

실제로 성공한 관측값과 영가설이 참일 때 기대되는 기대값을 표에 함께 표시하면 다음과 같다. 성공인 경우 모든 금연 보조제에 대한 기대값은

$24 \times \frac{1}{3} = 8$이 되고 실패인 경우에는 $24-8=16$이 된다. 모든 금연보조제에 대하여 똑같이 24명씩이 배정되었으므로 기대값들이 같아진다.

표 15-7 금연 보조제에 대한 분할표(관측값과 기대값)

	성공(관측값 및 기대값)		실패(관측값 및 기대값)		합 계
패 치	14	8	10	16	24
껌	6	8	18	16	24
정 제	4	8	20	16	24
합 계	24		48		72

일반적으로 영가설이 참인 경우 각 셀의 기대값은 다음과 같이 계산할 수 있다.

각 셀의 기대값 계산

영가설이 참일 때 각 셀의 기대값은

$$\text{기대값} = \frac{\text{행의 합계} \times \text{열의 합계}}{\text{전체 합계}}$$

위의 금연 보조제에 대한 표에서 "패치×실패" 셀에 대한 기대값 $16 = \frac{24 \times 48}{72}$와 같이 구할 수 있다.

그렇다면 실제 각 셀의 관측치와 영가설하에서의 기대값과의 차이를 어떻게 측정할 것인가?

[2] p-값의 계산

p-값의 계산에는 실제 관측값과 영가설 조건하에서의 기대값의 차이를 이용한 카이제곱 분포가 사용된다. 영가설이 참이라면 모든 셀에서 관측값이 기대값과 비슷할 것이며 그렇지 않은 경우 이 차이들은 커질 것이다.

모든 셀에 대하여 관측값과 기대값의 차이를 제곱한 값을 기대값으로 나눈 값들의 합은 카이제곱이라 불리는 분포를 따르는 것으로 알려져 있다. 분할표에 대한 연관성의 검정은 표본평균이 아닌 카이제곱 통계량을 사용한다.

카이제곱 통계량

카이제곱 통계량은 분할표에서 관측값이 기대값에서 얼마나 떨어져 있는지를 측정하는 값으로 각 셀에 대하여 관측값과 기대값의 차이의 제곱을 기대값으로 나눈 값들을 모두 더한 값이 된다.

$$\chi^2 = \sum \frac{(\text{관측값} - \text{기대값})^2}{\text{기대값}}$$

위의 식에서 $\sum$은 모든 셀에 대한 합을 의미한다.

금연 보조제 자료에 대한 카이제곱 통계량은

$$\chi^2 = \frac{(14-8)^2}{8} + \frac{(10-16)^2}{16} + \frac{(6-8)^2}{8} + \frac{(18-16)^2}{16} + \frac{(4-8)^2}{8} + \frac{(20-16)^2}{16}$$

$$= 4.50 + 2.25 + 0.50 + 0.25 + 2.00 + 1.00 = 10.50$$

이 된다. 카이제곱 통계량은 자유도(degree of freedom)라는 값에 따라 다른 형태의 분포를 가지며 영가설이 참이라는 가정하에서 이 카이제곱 통계량은 자유도가 (행수-1)$\times$(열수-1)$=(3-1)\times(2-1)=2$인 카이제곱분포를 따르는 것으로 알려져 있다.

인터넷을 통하여 얻을 수 있는 카이제곱분포에 대한 자바 애플릿을 이용하여 자유도가 2인 카이제곱분포의 형태와 0부터 10.5까지의 누적확률을 구한 것이 [그림 15-3]에 있다.

이 누적확률은 약 0.995이므로 결론적으로 금연 보조제의 형태가 금연성공 여부와 연관성이 있는지에 대한 가설검정의 p-값은 $1-0.995=0.005$ 정도로 매우 작은 값임을 알 수 있다.

그림 15-3 자유도가 2인 카이제곱분포와 0부터 10.5까지의 누적확률

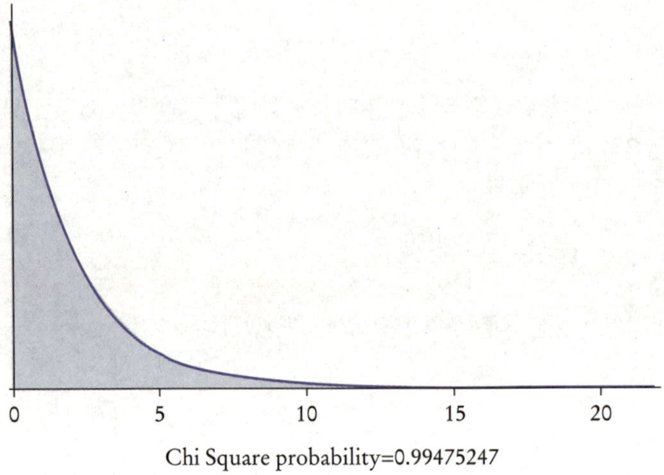

[카이제곱 검정에 대하여]

카이제곱 검정은 셀의 기대값이 5 이하인 셀이 전체의 20%를 넘지 않고 모든 셀에 대한 기대값이 1보다 큰 경우에 효과적으로 사용될 수 있다.

연습문제

15.1 분할표가 현실에 적용된 예를 탐색해 보라.

15.2 현실에서 얻어지는 자료 중 분할표로 표시할 수 있는 자료들을 찾아보고 이를 분할표로 나타내 보라.

15.3 다음은 S대학 학생들을 대상으로 부모의 흡연 여부와 자녀인 학생들의 흡연에 관한 내용을 분할표로 나타낸 것이다. 부모의 흡연과 자녀인 학생들의 흡연에는 어떤 관련이 있는가?

	학생 흡연	학생 비흡연
부모 모두 흡연	400	1,380
부모 중 한쪽만 흡연	416	1,823
부모 모두 비흡연	188	1,168

15.4 미국은 배심원제도를 가지고 있으며 이로 인하여 판결에 인종차별과 관련한 논란이 자주 일어난다. 참으로 살인자에 대한 사형선고가 희생자의 인종에 따라 영향을 받을까? 여기 326건의 사건에 대한 결과가 표에 정리되어 있다.

백인 피의자(가해자)			흑인피의자(가해자)		
	백인희생자	흑인희생자		백인희생자	흑인희생자
사형	19	0	사형	11	6
사형 아님	132	9	사형 아님	52	97

[1] 위의 표의 자료를 가지고 피의자(가해자)의 인종과 사형 여부에 대한 분할표를 만들어라.

[2] 심슨의 paradox가 성립함을 보이고 설명하라.

[3] 통계학을 잘 모르는 판사가 이해할 수 있도록 위의 현상을 말로 표현하라.

15.5 발명왕 에디슨이 병아리를 부화시키기 위하여 달걀을 품었던 이야기는 유명하다. 닭의 둥지의 온도와 병아리의 부화와는 어떤 연관이 있는지 알아보기 위한 실험의 결과가 다음의 표와 같다고 하자.

	달걀수	부화한 달걀수
저 온	27	16
보 통	56	38
고 온	104	75

이 표를 이용하여 분할표를 작성하고 카이제곱 검정을 위한 값(카이제곱 통계량)을 구하라.

부　록

[표 A] 난수표

[표 B] 표준정규분포표

표 A 난수표

번 호								
101	19223	95034	05756	28713	96409	12531	42544	82853
102	73676	47150	99400	01927	27754	42648	82425	36290
103	45467	71709	77558	00095	32863	29485	82226	90056
104	52711	38889	93074	60227	40011	85848	48767	52573
105	95592	94007	69971	91481	60779	53791	17297	59335
106	68417	35013	15529	72765	85089	57067	50211	47487
107	82739	57890	20807	47511	81676	55300	94383	14893
108	60940	72024	17868	24943	61790	90656	87964	18883
109	36009	19365	15412	39638	85453	46816	83485	41979
110	38448	48789	18338	24697	39364	42006	76688	08708
111	81486	69487	60513	09297	00412	71238	27649	39950
112	59636	88804	04634	71197	19352	73089	84898	45785
113	62568	70206	40325	03699	71080	22553	11486	11776
114	45149	32992	75730	66280	03819	56202	02938	70915
115	61041	77684	94332	24709	73698	14526	31893	32592
116	14459	26056	31424	80371	65103	62253	50490	61181
117	38167	98532	62183	70632	23417	26185	41448	75532
118	73190	32533	04470	29669	84407	90785	65956	86382
119	95867	07118	87664	92099	58806	66979	98624	84826
120	35476	55972	39421	65850	04266	35435	43742	11937
121	71487	09984	29007	14863	61683	47052	62224	51025
122	13873	81598	95052	90908	73592	75186	87136	95761
123	54580	81507	27102	56027	55892	33063	41842	81868
124	71035	09001	43367	49497	72719	96758	27611	91596
125	96746	12149	37823	71868	18442	35119	62103	39244
126	96927	19931	36809	74192	77567	88741	48409	41903
127	43909	99477	25330	64359	40085	16925	85117	46071
128	15689	14227	06565	14374	13352	49367	81982	87209
129	36759	58984	68288	22913	18638	54303	00795	08727
130	69051	64817	87174	09517	84534	06489	87201	97245
131	05007	16632	81194	14873	04197	85576	45195	96565
132	68732	55259	84292	08796	43165	93739	31685	97150
133	45730	41807	65561	33302	07051	93623	18132	09547
134	27816	78416	18329	21337	35213	37741	04321	68508
135	66925	55658	39100	78458	11206	19876	87151	31260
136	08421	44753	77377	28744	75592	08563	79140	92454
137	53645	66812	61421	47836	12609	15373	98481	14592

난수표(계속)

번 호								
138	66831	68908	40772	21558	47781	33586	79177	06928
139	55588	99404	70708	41098	43563	56934	48394	51719
140	12975	13258	13048	45144	72321	81940	00360	02428
141	96767	35964	23822	96012	94591	65194	50842	53372
142	72829	50232	97892	63408	77919	44575	24870	04178
143	88565	42628	17797	49376	61762	16953	88604	12724
144	62964	88145	83083	69453	46109	59505	69680	00900
145	19687	12633	57857	95806	09931	02150	43163	58636
146	37609	59057	66967	83401	60705	02384	905697	93600
147	54973	86278	88737	74351	47500	84552	19909	67181
148	00694	05977	19664	65441	20903	62371	22725	53340
149	71546	05233	53946	68743	72460	27601	45403	88692
150	07511	88915	41267	16853	84569	79367	32337	03316

표 B 표준정규분포표

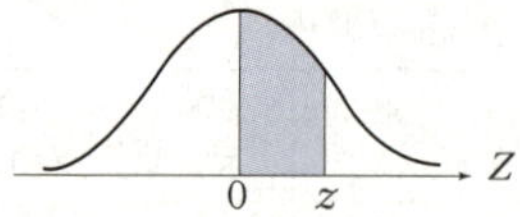

Z	0.00	0.01	0.02	0.03	0.04	0.05	0.06	0.07	0.08	0.09
0.0	0.0000	0.0040	0.0080	0.0120	0.0160	0.0199	0.0239	0.0279	0.0319	0.0359
0.1	0.0398	0.0438	0.0478	0.0517	0.0557	0.0596	0.0636	0.0675	0.0714	0.0753
0.2	0.0793	0.0832	0.0871	0.0910	0.0948	0.0987	0.1026	0.1064	0.1103	0.1141
0.3	0.1179	0.1217	0.1255	0.1293	0.1331	0.1368	0.1406	0.1443	0.1480	0.1517
0.4	0.1554	0.1591	0.1628	0.1664	0.1700	0.1736	0.1772	0.1808	0.1844	0.1879
0.5	0.1915	0.1950	0.1985	0.2019	0.2054	0.2088	0.2123	0.2157	0.2190	0.2224
0.6	0.2257	0.2291	0.2324	0.2357	0.2389	0.2422	0.2454	0.2486	0.2517	0.2549
0.7	0.2580	0.2611	0.2642	0.2673	0.2704	0.2734	0.2764	0.2794	0.2823	0.2852
0.8	0.2881	0.2910	0.2939	0.2967	0.2995	0.3023	0.3051	0.3078	0.3106	0.3133
0.9	0.3159	0.3186	0.3212	0.3238	0.3264	0.3289	0.3315	0.3340	0.3365	0.3389
1.0	0.3413	0.3438	0.3461	0.3485	0.3508	0.3531	0.3554	0.3577	0.3599	0.3621
1.1	0.3643	0.3665	0.3686	0.3708	0.3729	0.3749	0.3770	0.3790	0.3810	0.3830
1.2	0.3849	0.3869	0.3888	0.3907	0.3925	0.3944	0.3962	0.3980	0.3997	0.4015
1.3	0.4032	0.4049	0.4066	0.4082	0.4099	0.4115	0.4131	0.4147	0.4162	0.4177
1.4	0.4192	0.4207	0.4222	0.4236	0.4251	0.4265	0.4279	0.4292	0.4306	0.4319
1.5	0.4332	0.4345	0.4357	0.4370	0.4382	0.4394	0.4406	0.4418	0.4429	0.4441
1.6	0.4452	0.4463	0.4474	0.4484	0.4495	0.4505	0.4515	0.4525	0.4535	0.4545
1.7	0.4554	0.4564	0.4573	0.4582	0.4591	0.4599	0.4608	0.4616	0.4625	0.4633
1.8	0.4641	0.4649	0.4656	0.4664	0.4671	0.4678	0.4686	0.4693	0.4699	0.4706
1.9	0.4713	0.4719	0.4726	0.4732	0.4738	0.4744	0.4750	0.4756	0.4761	0.4767
2.0	0.4772	0.4778	0.4783	0.4788	0.4793	0.4798	0.4803	0.4808	0.4812	0.4817
2.1	0.4821	0.4826	0.4830	0.4834	0.4838	0.4842	0.4846	0.4850	0.4854	0.4857
2.2	0.4861	0.4864	0.4868	0.4871	0.4875	0.4878	0.4881	0.4884	0.4887	0.4890
2.3	0.4893	0.4896	0.4898	0.4901	0.4904	0.4906	0.4909	0.4911	0.4913	0.4916
2.4	0.4918	0.4920	0.4922	0.4925	0.4927	0.4929	0.4931	0.4932	0.4934	0.4936
2.5	0.4938	0.4940	0.4941	0.4943	0.4945	0.4946	0.4948	0.4949	0.4951	0.4952
2.6	0.4953	0.4955	0.4956	0.4957	0.4959	0.4960	0.4961	0.4962	0.4963	0.4974
2.7	0.4965	0.4966	0.4967	0.4968	0.4969	0.4970	0.4971	0.4972	0.4973	0.4974
2.8	0.4974	0.4975	0.4976	0.4977	0.4977	0.4978	0.4979	0.4979	0.4980	0.4981
2.9	0.4981	0.4982	0.4982	0.4983	0.4984	0.4984	0.4985	0.4985	0.4986	0.4986
3.0	0.4987	0.4987	0.4987	0.4988	0.4988	0.4989	0.4989	0.4989	0.4990	0.4990
3.1	0.4990	0.4991	0.4991	0.4991	0.4992	0.4992	0.4992	0.4992	0.4993	0.4993
3.2	0.4993	0.4993	0.4994	0.4994	0.4994	0.4994	0.4994	0.4995	0.4995	0.4995
3.3	0.4995	0.4995	0.4995	0.4996	0.4996	0.4996	0.4996	0.4996	0.4996	0.4997
3.4	0.4997	0.4997	0.4997	0.4997	0.4997	0.4997	0.4997	0.4997	0.4997	0.4998
3.5	0.4998									
4.0	0.49997									
4.5	0.499997									
5.0	0.4999997									

색 인

[ㅇ]

[ㅈ]

공저자 약력

남궁 평
성균관대학교 경상대학 통계학과 졸업
성균관대학교 대학원 통계학과 졸업(경제학 박사)
미국 Minnesota 대학교, 뉴질랜드 Auckland 대학교 교환교수
현 성균관대학교 통계학과 교수

박 종 선
성균관대학교 경상대학 통계학과 졸업
성균관대학교 대학원 졸업(경제학 석사)
미국 University of Minnesota 대학원 졸업(통계학 박사)
현 성균관대학교 통계학과 교수

허 문 열
서울대학교 공과대학 응용수학과 졸업
미국 Southern Methodist University 대학원 졸업(통계학 석·박사)
현 성균관대학교 통계학과 교수

제 2 판
통계적 사고

2005년 2월 28일 초판발행
2008년 3월 31일 제 2 판발행
2017년 2월 10일 중판발행

공저자 남궁 평·박종선·허문열
발행인 안 종 만
발행처 (주)박영사
서울특별시 종로구 새문안로3길 36, 1〇〇
전화 (733)6771 FAX (736)4818
등록 1959. 3. 11. 제300-1959-1호(倫)
www.pybook.co.kr e-mail: pys@pybook.co.kr

파본은 바꿔드립니다. 본서의 무단복제행위를 금합니다.

정 가 23,000원 ISBN 978-89-7189-197-1